Helmut Kernler · PPS der 3. Generation

Helmut Kernler

PPS der 3. Generation

Grundlagen, Methoden, Anregungen

3., überarbeitete Auflage

Hüthig Verlag Heidelberg

Die Deutsche Bibliothek – CIP-Einheitsaufnahme

Kernler, Helmut:
PPS der 3. Generation : Grundlagen, Methoden, Anregungen /
Helmut Kernler. – 3., überarb. Aufl. – Heidelberg : Hüthig, 1995
ISBN 3-7785-2420-8

Printed in Germany
Druck: Laub GmbH & Co., 74834 Elztal-Dallau
Bindung: Buchbinderei Kumler, 69207 Sandhausen

Planung stellt einen ordnenden
Akt dar, indem sie vorschreibt,
wie sich der Betriebsprozeß
vollziehen soll.
Prof. Erich Gutenberg 1951

Vorwort

Die Produktionsplanung und –steuerung (PPS) ist eine der ältesten und umfangreichsten EDV–Anwendungen im Industriebetrieb. Seit es Computer gibt, werden sie für die PPS eingesetzt und stets sind diese ein bißchen zu klein für die Fülle an Ideen und Verfahren. Fast alle Industriebetriebe haben heute PPS–Programme auf ihrer EDV installiert. Damit die bis zu 1 Million DM teuren PPS–Installationen aber rationell genutzt werden, benötigt ein Unternehmen gut ausgebildete Disponenten, die die PPS–Funktionen beherrschen und im Team die gesetzten Unternehmensziele erreichen.

In der Autoproduktion hat sich für die 3. Generation der Begriff Lean Production wie ein Heilsgedanke verbreitet. Die 3. Generation von PPS–Systemen könnte in Anlehnung daran Lean PPS genannt werden. Schlank (auf amerikanisch lean) ist eine wünschenswerte Eigenschaft der Produktion, aber auch der Organisation. Damit ist nicht mager im Sinne von mickrig gemeint, sondern fexibel, ohne Puffer, drahtig und reaktionsschnell.

Die Produktionsplanung und –steuerung der dritten Generation ist schlank, das bedeutet, daß sie nur die halbe Durchlaufzeit und die Hälfte der Lagerbestände benötigt und dabei auch noch die Kundenaufträge pünktlicher liefert. Dieses Wunder ist realisierbar, wenn bei der Planung und Steuerung der Produktion konsequent alle Termin– und Materialpuffer vermieden werden.

Die PPS hat schon zwei Verwandlungen hinter sich. Bereits vor 20 Jahren wurden EDV–gestützte PPS–Systeme eingesetzt. Sie zielten auf die Einzeloptimierung von abgegrenzten Bereichen ab. Maximale Kapazitätsauslastung und optimale Bestellpolitik waren zwei bevorzugte Optimierungsstrategien.

Durch den Einsatz von Datenbank– und Dialogsystemen wurden alle PPS–Komponenten zu einem Gesamtsystem integriert. Die PPS–Systeme der 2. Generation optimieren jedoch weiterhin die Kapazitätsauslastung und die Materialbestände getrennt.

Die PPS–Systeme der 3. Generation verwenden zwar die grundlegenden Methoden und Algorithmen der 1. und 2. Generation, ihre Zielsetzung hat sich aber grundsätzlich geändert: Die Kostenziele wie hohe Auslastung und geringe Bestände, treten in den Hintergrund gegenüber den Marktzielen kurze Lieferzeit und hohe Termintreue; die exakte Terminplanung gewinnt gegenüber der Mengenplanung an Bedeutung. Dieser Wandel wird in dem vorliegenden Buch begründet, hergeleitet, verdeutlicht und auf seine organisatorischen Auswirkungen untersucht.

Das Buch wendet sich an *PPS-Neulinge*, denen die Grundlagen der Funktionen Vertrieb, Konstruktion, Material- und Kapazitätswirtschaft, Einkauf und Fertigungssteuerung erklärt werden,

Praktikern werden die wissenschaftlichen Methoden der installierten Programme verdeutlicht,

Studenten der Betriebswirtschaftslehre und der Wirtschaftsinformatik lernen die PPS-Algorithmen kennen und

PPS-Anwender, die ihr eingesetztes PPS-System sanieren wollen, erhalten viele Anregungen für dieses Vorhaben.

Das Einführungskapitel legt die Basis für die folgenden Kapitel: Die Ziele eines PPS-Systems werden hergeleitet. Die folgenden Kapitel 2 bis 7 sind nach den konventionellen Bereichen der PPS gegliedert.

PPS-Systeme sind das zentrale Koordinationsmittel für CIM- und Logistik-Anwendungen. Im Kapitel 8 werden die Koppelungen zu den angrenzenden Funktionen erläutert und ein Vorschlag für eine generelle Koppelungsfunktion gemacht.

Bei mehr als 100 angebotenen PPS-Produkten ist es unmöglich, auf hervorragende Eigenschaften einzelner Systeme einzugehen. Stattdessen wird am Ende jedes Abschnitts erwähnt, wie umfassend zwei ausgewählte PPS-Systeme der 3. Generation die vorher erläuterten Methoden anbieten. Der Marktführer, das R2-System von SAP (Version 5,0), läuft auf Großrechnern und ist in seiner Funktionalität wohl das umfangreichste PPS-System. Demgegenüber stellt das VPPS-System der Firma infor ein PPS-System dar, das auf vernetzten PC installiert wird. Alle anderen PPS-Systeme der 3. Generation sind zwischen diesen Extremen von Riese und Zwerg anzusiedeln.

Für die vielfältige Unterstützung, die ich bei der Erstellung dieses Buchs erhalten habe, darf ich herzlich danken. Besonders hervorzuheben sind die Herren Diplom-Informatiker Werner Huttner, Diplom-Betriebswirt Erhard Kazmaier und Diplom-Informatiker Ralph Schubert, die beim Korrekturlesen eine Fülle nützlicher Anregungen beisteuerten. Auch mein Lektor Dr. Joachim Fritz gab mir viele förderliche Impulse. Für die aufwendige Erstellung der Typografie und der Abbildungen danke ich meinen Kindern Ute und Lars. Herr Diplom-Informatiker Christian Hestermann half uns geduldig bei der Handhabung des Textsatzsystems LATEX.

Die Firma infor stellt zu dem Buch ein voll funktionsfähiges PPS-System auf Disketten mit einem Begleitbuch voller Übungsmöglichkeiten zur Verfügung, wofür ich mich herzlich bedanke, da manuell lösbare PPS-Aufgaben entweder so trivial sein müssen, daß sie mit der Komplexität der Wirklichkeit nicht mehr übereinstimmen oder aber so schreibaufwendig, daß sie mit Papier und Bleistift kaum mehr bewältigt werden können. Gerade die Chance, PPS-Übungen im Dialog am PPS-System zu lösen, zeigt die Möglichkeiten der PPS-Systeme der 3. Generation deutlich auf.

Furtwangen, im Juni 1995 *Helmut Kernler*

Inhaltsverzeichnis

Kapitel 1

Einführung

1.1 Aufgaben der PPS

Die Marktstellung eines Unternehmens hängt in erster Linie von der Qualität, Funktionalität und Innovation seiner Produkte ab. Das allein kann aber nicht entscheidend sein, denn auch Unternehmen mit hochwertigen Produkten verschwinden vom Markt. Es gibt noch einen weiteren, entscheidenden Einfluß für das Gedeihen eines Unternehmens, nämlich die Organisation des Güterflusses. Auffällig ist, daß florierende Unternehmen zumeist eine straffe Organisation des logistischen Flusses vom Lieferanten bis zum Kunden besitzen; sie verwenden besonders gute PPS–Systeme. Die Produktionsplanung und –steuerung (PPS) befasst sich mit der Organisation aller Vorgänge, die beim Güterfluß durch die Produktion zu planen oder zu steuern sind.

Jeder Industriebetrieb stellt Produkte aus den drei Elementarfaktoren Material, Personal und Betriebsmittel her. In den Anfängen konzentrierte sich die Industriebetriebslehre auf die optimale Bereitstellung der drei Elementarfaktoren. So widmete sich REFA besonders intensiv der optimalen Arbeitsplatzgestaltung und damit möglichst kurzen Ausführungszeiten, die Beschaffungswirtschaft erfand Formeln zur Berechnung der günstigsten Bestellmengen und die Kapazitätswirtschaft versuchte durch optimale Reihenfolgeplanung mit Hilfe linearer Programmierung die Arbeitsplatzbelegung zu optimieren.

Prof. Gutenberg erkannte schon vor 30 Jahren, daß die gemeinsame Planung der 3 Elementarfaktoren wichtiger ist, als die Optimierung der einzelnen Elementarfaktoren.[1] Er nannte diesen koordinierenden Faktor den dispositiven Faktor. Heute ist dafür der Begriff PPS gebräuchlicher. Die Aufgabe der PPS ist es, alle Elementarfaktoren terminlich und mengenmäßig zu koordinieren.

Die Optimierung einzelner Elementarfaktoren kann nie zu einem Gesamtoptimum führen: Bei einer Optimierung der Beschaffungsteile wird vorausgesetzt, daß Personal– und Maschinenkapazität in beliebiger Menge zur Verfügung stehen. Genauso wird bei der Optimierung der Personal– oder Maschinenka-

[1] Gutenberg, Erich: Grundlagen der Betriebswirtschaftslehre Bd.1, Berlin/Heidelberg/New York: Springer 24.Aufl.1983.

pazität unterstellt, daß alle anderen Elementarfaktoren in ausreichender Menge verfügbar sind. Das führt aber letztendlich dazu, daß überhaupt alle Elementarfaktoren zu reichlich geplant werden, um Einzeloptima zu ermöglichen. Der durch Teiloptimierung erreichte Planungszustand ist in den meisten Fällen etwas desolater als derjenige, der sich unter Verzicht auf jegliche Planung einstellen würde. Die folgenden Statistikdaten untermauern diese Behauptung.

In den letzten 10 Jahren haben alle Industriebetriebe mit mehr als 500 Mitarbeitern PPS–Systeme installiert und in Betrieb genommen. Die volkswirtschaftlichen Kennzahlen müßten also eine spürbare Verbesserung bei der Nutzung der 3 Elementarfaktoren aufweisen, falls die PPS–Systeme wirkungsvoll und im Sinne von Gutenberg betrieben würden.
Laut einer Statistik des Instituts der deutschen Wirtschaft von 1991 war die Kapazitätsauslastung des verarbeitenden Gewerbes 1980: 82,3% und 1990: 89,4%. Sie ist also etwas gestiegen.
Die Lohn- und Gehaltssummen in % des Umsatzes betrugen 1980: 21,3% und 1990: 20,3% , blieben also fast unverändert.
Dem Statistischen Jahrbuch ist zu entnehmen, daß das Verhältnis der Bestände an der Bilanzsumme im verarbeitenden Gewerbe 1978: 25% und 1990: 20% betrug. Für den Maschinenbau lauten die entsprechenden Prozentsätze 1978: 40% und 1990: 32%, für die DV- und Büroindustrie waren es 1978: 30% und 1990: 21%.

Die Statistiken zeigen, daß durch die Einführung von PPS–Systemen die Kapazitätsauslastung etwas verbessert wurde, der Personaleinsatz etwa gleich geblieben ist und die Bestände um 1/3 bis 1/4 gesenkt wurden, insgesamt also keine bemerkenswerten Erfolge durch die Einführung von PPS–Systemen nachzuweisen sind.

Die unzureichende Effizienz des PPS-Einsatzes innerhalb der letzten zehn Jahre liegt in der Tatsache begründet,

- daß die Mehrzahl der ca. 120 am Markt angebotenen PPS–Systeme[2] separate Moduln für die Material-, Maschinen- und Personalplanung anbieten, also den Gutenberg'schen Gedanken nicht realisieren,

- daß die Mehrzahl der PPS–Anwender immer noch einen ausgeprägten Taylorismus im Planungsbereich praktiziert: Es gibt Abteilungen für Materialwirtschaft, Kapazitätsplanung, Beschaffung und Absatz, die möglichst unabhängig voneinander planen und

- daß die Mitarbeiter in den Betrieben mit modernen PPS–Systemen weiterhin so arbeiten, wie sie es von Karteikartensystemen gewohnt sind.

PPS–Systeme, die keine integrierte Material-, Personal- und Betriebsmittelplanung in jeder Phase anbieten, sind auch nicht in der Lage, die betriebswirtschaftlichen Ziele zu verbessern: Sie verwalten den IST–Zustand mit elektronischen Mitteln, verzichten aber auf eine betriebswirtschaftliche Verbesserung durch straffere Integration der Elementarfaktoren.

[2] ISIS Engineering Report, München: Nomina 1989.

1.2 Forderungen an PPS–Systeme

Aus der Gutenberg'schen Zielsetzung lassen sich 5 wichtige Forderungen für PPS–Systeme ableiten. Diese 5 Forderungen lauten:

a. simultane Planung aller Elementarfaktoren
b. Grundprinzip der knappen Mengenplanung
c. Grundprinzip der knappen Terminplanung
d. Echtzeitplanung
e. abteilungsübergreifende Planung

a) Simultane Planung aller Elementarfaktoren

Wer zuerst das Material und anschließend die Kapazität und daran anschließend erst die Werkzeuge plant, muß entweder das Material oder die Kapazität oder die Werkzeuge im Überfluß planen, da sonst die sukzessive Planung nur zu Sonderfällen und Eilaufträgen führen würde. Man plant also bei allen Ressourcen Puffer ein und verlängert dadurch die Durchlaufzeit der Aufträge um das 10– bis 20fache (was eine Untersuchung des VDMA bestätigt hat).

Sobald andererseits einer der Elementarfaktoren in zu geringer Menge oder zu spät bereitgestellt wird, entstehen bei allen anderen Elementarfaktoren Gemeinkosten (Brach–, Liege– und Wartezeiten). Es kommt im Industriebetrieb weniger darauf an, daß die Planung eines Elementarfaktors mit großer Genauigkeit erfolgt – vielmehr ist es wichtig, jederzeit das Zusammenspiel der Elementarfaktoren planerisch zu erfassen. In jeder Planungs– und Steuerungsphase müssen Material und Kapazität gleichzeitig (simultan) geplant und überwacht werden.

b) Grundprinzip der knappen Mengenplanung

Sobald einer der Elementarfaktoren in zu hoher Menge oder zu früh verfügbar ist, entstehen ebenfalls vermeidbare Gemeinkosten. Die bislang realisierten PPS–Systeme zeigen zwar frühzeitig auf, wo und wann Elementarfaktoren fehlen. Die Brach–, Liege– und Wartezeiten werden aber nur dann wirkungsvoll reduziert, wenn das PPS–System aufzeigt, welche Elementarfaktoren in zu großer Menge eingeplant werden: Ein PPS–System muß überwachen, wo Planungsreserven brach liegen.

c) Grundprinzip der knappen Terminplanung

Beabsichtigte oder zufällige Ungenauigkeiten in der Planung müssen über Puffer aufgefangen werden. Solche Puffer treten als Sicherheitsbestände und/oder Kapazitätsreserven in Erscheinung, wenn es sich um mengenmäßige Ungenauigkeiten handelt. Sie verlängern die Durchlaufzeiten, wenn es sich um terminliche Ungenauigkeiten handelt. JiT (Just in Time) bedeutet, daß alle Ressourcen terminlich synchronisiert werden.

Die Planung der Mengen und Zeiten erfolgt meist sehr genau, die Planung der Termine demgegenüber recht pauschal: Bei einem geplanten Auftrag über

500 Stück mit einer Fertigungsdurchlaufzeit von 4 Wochen erfolgt die Planung und Überwachung der Mengen und Vorgabezeiten sicherlich auf mindestens 10 Stück genau, und das sind 98% Genauigkeit, während die Planung der Termine wochenweise, also mit 25% Ungenauigkeit und damit 75% Genauigkeit ausreichend erscheint. Warte- und Pufferzeiten werden oft bei der Planung völlig ignoriert oder nur ganz pauschal berücksichtigt, was die geplanten Termine weiter verfälscht. Die akribisch genaue Erfassung der Vorgabezeiten ist für die Terminplanung unnütz, solange die Liege-, Warte- und Übergangszeiten nicht genauso exakt erfasst und geplant werden. Selbst die Erfassung von Ausschuß und Leistungsgradabweichungen erfolgt in aller Regel viel exakter als die Registrierung von Terminabweichungen. Die Terminabweichung eines Arbeitsgangs kann sich auf alle noch nicht bearbeiteten Arbeitsgänge und Baugruppen eines Kundenauftragsnetzes auswirken. Mengenabweichungen werden oft schon bei der darauffolgenden Baugruppe durch Lose und Sicherheitsbestände aufgefangen, haben also eine geringere Fernwirkung. Wenn aber Terminabweichungen viel krassere Konsequenzen bei den anderen Elementarfaktoren hervorrufen als Verbrauchsabweichungen, muß bei einem PPS–System die Terminplanung und –überwachung gegenüber der Mengen– und Zeitenplanung und – überwachung Vorrang haben. Wer seinen Informationsfluß straffen und den Güterfluß beschleunigen will, muß möglichst knapp planen. Alle Puffer verzögern den Güter– und Informationsfluß.

d) Echtzeitplanung

Unter Echtzeitplanung ist im kommerziellen Bereich zu verstehen, daß alle Ereignisse in ihren direkten und indirekten Folgen möglichst zeitnah verbucht werden. Es genügt nicht, einen Auftrag im Dialog zu stornieren; auch die anderen Aufträge, die jetzt vorgezogen werden können, müssen möglichst zeitnah umterminiert werden. Diese Forderung ist infolge des enormen Datenvolumens in PPS-Systemen schwierig zu realisieren. Sie lautet: Alle Planungen müssen in Echtzeit erfolgen, damit die PPS–Datenbank stets aktuelle Daten enthält. Nachweislich wird im betrieblichen Bereich keine Information durch Liegenlassen besser – vielmehr sind PPS–Informationen oft schon nach wenigen Stunden veraltet. Eine Datenbank, die die reale Welt nicht minutengenau abbildet, verzögert den Informationsfluß und führt zu Fehlentscheidungen.

Solange die Elementarfaktoren in beliebiger Menge und zu beliebigen Terminen beschaffbar waren, genügte es, vom Absatzplan ausgehend die Termine und Bedarfe der Elementarfaktoren einmalig zu berechnen. Die zunehmende Inflexibilität der Arbeits–, Investitionsgüter– und Beschaffungsmärkte zwingt, den Absatzplan ständig zu aktualisieren und ausgehend von den Elementarfaktoren auf seine Realisierbarkeit zu prüfen. Infolge von Störungen muß diese Überprüfung in Echtzeit erfolgen. Batchläufe (Stapelläufe) sind zu vermeiden, da die zwischenzeitlichen Änderungen nur unmittelbar nach einem Batchlauf in der Datenbank verbucht sind. Zwischen zwei Batchläufen kann die Datenbank keine aktuellen Informationen enthalten.

e) Abteilungsübergreifende Planung

Beim Einzelfertiger wird ein Auftrag vom Vertriebsingenieur zusammengestellt, anschließend technisch geklärt, kalkuliert, von der Konstruktion weiter spezifiziert, von der Arbeitsplanung werden die Arbeitsfolgen und Werkzeuge festgelegt. Das Terminbüro bestimmt die Termine und meldet dem Einkauf die Bedarfe. Die Werkstattpapiere werden über die Fertigungslenkung verteilt.

Jede der acht Abteilungen bearbeitet den Auftrag einige Wochen lang und gibt ihn dann weiter. Falls es stimmt (wie Prof. Scheer vermutet)[3], daß 80% bis 85% der administrativen Zeiten Rüst- und Verweilzeiten sind, so ließe sich jeder Auftrag in seiner Gesamtbearbeitungszeit mit Leichtigkeit halbieren, ohne daß in der Produktion irgendwelche organisatorischen oder technischen Umstellungen nötig wären.

Tatsächlich können nämlich fast alle Abteilungen parallel an demselben Auftrag arbeiten: Schon während der Auftragsklärung kann der Einkauf langfristige Teile bestellen, der Arbeitsplaner Werkzeuge anfordern, der Terminplaner Belastungen errechnen usw. Gerade Dialogsysteme ermöglichen eine ungehinderte, simultane Arbeitsweise aller Abteilungen am gleichen Auftrag.

Dem steht heute der Bereichsegoismus der einzelnen Abteilungen entgegen, die keinen Vorgang weiterreichen wollen, ehe er nicht gänzlich abgeschlossen ist. Mehr Verantwortung für den Gesamtablauf, frühe Informationsweitergabe an die anderen Abteilungen und flexible Organisationsabläufe würden den Informationsfluß im administrativen Bereich gewaltig beschleunigen.

Bei konventioneller Organisation (mit Karteien) war es noch erforderlich, die Aufträge nacheinander durch die Abteilungen zu schleusen, in denen die Karteien vorhanden waren: Auftragsannahme, technische Auftragsbearbeitung, Konstruktion, Arbeitsplanung, Einkauf, Terminbüro und Produktion mußten nacheinander durchlaufen werden.

Die Echtzeitverarbeitung unterstützt die Abkehr vom Taylorismus: In EDV-gestützten Dialog-Systemen sind alle Daten an jedem Arbeitsplatz verfügbar, so daß die Auftragsbearbeitung gestrafft, parallelisiert und in beliebiger Sequenz erledigt werden kann. Die Bearbeitung komplexer Prozessketten und die Abkehr vom Taylorismus in der Verwaltung wird von guten PPS-Systemen wirkungsvoll unterstützt. Arbeitsbereicherung, Dezentralisierung und Zusammenschau von Einzelvorgängen bieten darüberhinaus die einmalige Gelegenheit, die Motivation der Mitarbeiter am Geschehen der Firma neu zu entfalten.

[3] Scheer, A.-W.: Neue Anforderungen an computergestützte Steuerungssysteme in: Technik-Forum: Risikominderung mit modernen Produktionsplanungssystemen – eine erfolgreiche Wettbewerbsstrategie, Frankfurt: Arbeitgeberverband der hessischen Metallindustrie, 1984, S.32

Ziele der PPS	Verfasser									
	Hoss	Refa Band 3	VDI T23	Haberfellner/Rutz	Kunert	Graf	Meckener/Tangerm.	Brankamp	Ellinger/Wildemann	Hammer u. a.
1. hohe Termintreue	X	X	X	X	X		X	X	X	X
2. hohe und gleichmäßige Kapazitätsauslastung	X	X	X	X	X	X	X	X	X	X
3. kurze Durchlaufzeiten	X	X	X	X	X		X	X		X
4. geringe Lagerbestände		X	X			X	X	X	X	
5. geringe Werkstattbestände	X			X			X			X
6. hohe Lieferbereitschaft			X	X				X	X	
7. hohe Auskunftbereitschaft			X		X			X	X	
8. hohe Flexibilität					X			X		X
9. geringe Beschaffungskosten						X		X		
10. hohe Materialverfügbarkeit						X			X	
11. Erhöhung der Planungssicherheit									X	

Abbildung 1.1: Aufstellung der von PPS–Autoren genannten Ziele bis 1980 nach einer Recherche des fir (fir-Mitteilungen, Aachen, 1988)

1.3 Ziele der PPS

Nur sichtbare Ziele kann man treffen, sagt Tom Gilb, ein erfolgreicher Softwareberater aus Norwegen. Vielleicht liegt die mangelhafte Erfolgsquote der deutschen Industrie im PPS-Bereich in einer fehlenden Zielsetzung begründet. Die Wissenschaftler setzen sich seit mehr als 25 Jahren mit den PPS-Zielen auseinander. Das FiR (Forschungsinstitut für Rationalisierung) in Aachen hat 1987 recherchiert, welche PPS-Autoren welche PPS-Ziele nennen. Die Aufstellung von Abbildung 1.1 zeigt das Ergebnis.

Die 11 genannten PPS-Ziele lassen sich auf 4 Grundziele reduzieren:

Hohe Kapazitätsauslastung (2),

kurze Durchlaufzeiten (3),

geringe Lagerbestände (4) und

hohe Lieferbereitschaft (6).

Hohe Termintreue (1) ist nur eine andere Meßgröße für hohe Lieferbereitschaft (6). Beide Meßgrößen erfassen, ob der bestätigte (oder der im Katalog genannte) Liefertermin exakt eingehalten wird — auch wenn der Liefertermin *morgen* heißt. Geringe Werkstattbestände (5) entstehen automatisch bei kurzer Durchlaufzeit (3). Hohe Auskunftbereitschaft (7) und hohe Planungssicherheit (11) müssen sich in einer Verbesserung der 4 Grundziele bemerkbar machen — sonst sind sie unwirtschaftlich. Hohe Flexibilität bezüglich kurzfristiger Änderungswünsche von Seiten der Kunden wird erreicht durch kurze Durchlaufzeiten (3) und geringe Lagerbestände (4); hohe Fertigwarenbestände behindern die flexible Umstellung auf neue Marktanforderungen. Geringe Beschaffungskosten (9) tangieren das Verhältnis von Lagerbestandshöhe (4) und Kapazitätsauslastung (2). Hohe Materialverfügbarkeit (10) ist bei großer Lieferbereitschaft (6) gegeben.

Zwei Befragungen von PPS-Anwendern bestätigen, daß die Verringerung der Durchlaufzeit, die Reduzierung der Lagerbestände, die Steigerung der Termintreue und die Verbesserung der Kapazitätsauslastung zu den wichtigsten Zielen gezählt werden (Abb. 1.6 und 1.7 auf Seite 24). Rechnet man in Abbildung 1.6 die Flexibilitätserhöhung der Durchlaufzeitverkürzung zu, so gibt es außer den vier bekannten PPS-Zielen noch die Qualitätserhöhung (ein echtes CIM-Ziel) und die Erhöhung der Transparenz (ein Hilfsmittel) unter den häufigsten acht Nennungen. Es bleiben also **4 originäre PPS-Ziele**[1] und zwar die bekannten, betrieblichen Ziele

- geringe Lagerbestände und
- hohe Kapazitätsauslastung

und die neuen, marktorientierten Ziele

- hohe Lieferbereitschaft und
- kurze Durchlaufzeiten.

[1] Wiendahl, H.P.: 'Grundlagen neuer Verfahren der Fertigungssteuerung' in Fachdokumentation zum IFA-Seminar; Hannover, 1984, S.11

Die letzten beiden Ziele entziehen sich der Kostenrechnung, so daß kein gemeinsames Superziel „mit minimalen Kosten“ definiert werden kann. Vergleicht man die vier Ziele paarweise miteinander, so wird ersichtlich, daß sie konfliktär sind. Die folgenden Vergleiche und die Abbildung 1.2 verdeutlichen das Polylemma:

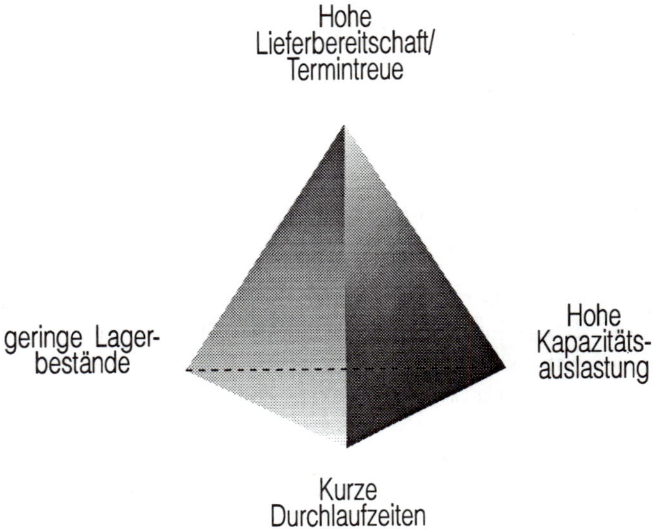

Abbildung 1.2: Die Zielpyramide zeigt das Polylemma der PPS. Die Verbesserung eines einzelnen Ziels verschlechtert die drei restlichen Ziele.

Geringe Lagerbestände

Niedrige Lagerbestände im Fertigwarenlager verringern den Servicegrad, da häufiger Fehlmengen zu erwarten sind.

Geringe Bestände in den Produktionslagern behindern die Möglichkeiten von Kapazitätsausgleich und von Losbildung. Sie verhindern auch die schnelle Produktion von Eilaufträgen aus Produktionsbeständen.

Niedrige Rohstoffbestände verlängern die Wiederbeschaffungszeit der Endprodukte um die Lieferzeit der Rohstoffe und verhindern das Vorziehen von Aufträgen zwecks Kapazitätsausgleich.

Hohe Kapazitätsauslastung

Leerstehende Kapazität kann am wirkungsvollsten durch Zusatzaufträge genutzt und Überlast am besten durch Bedarfsstornierung behoben werden. Der Vertrieb hat also den größten Einfluß auf den Kapazitäts–Nutzungsgrad. Demgegenüber sind die Möglichkeiten der effizienten Kapazitätsnutzung im Produktionsbereich ziemlich bescheiden.

Durch Losgrößenbildung und Vorziehen von Aufträgen kann der Rüstanteil gesenkt werden. Eine hohe Kapazitätsauslastung setzt voraus, daß die Bestände ansteigen dürfen, da Bedarfe aus Rüstgesichtspunkten verfrüht gefertigt werden. Trotzdem wird es zu Fehlmengen kommen, da Sonderbedarfe nicht kurzfristig gefertigt werden können. Durch die Losbildung steigen die Durchlaufzeiten an, weil zukünftige Bedarfe vorgezogen und dadurch verfrüht gefertigt werden.

Hohe Lieferbereitschaft / Termintreue
Die beiden marktorientierten Ziele treten in jüngster Zeit stärker in den Vordergrund. In fortschrittlichen Unternehmen wird dem Servicegrad eine besonders hohe Bedeutung beigemessen. Ein hoher Servicegrad ist am besten erreichbar durch überhöhte Fertigwarenbestände. Reichweiten von einigen Monaten oder sogar Jahren werden z.B. in der pharmazeutischen Industrie toleriert. Für die rasche Produktion von Sonderbedarfen muß zumindest die Endmontage überdimensioniert werden.

Kurze Durchlaufzeiten
Die hier definierte Durchlaufzeit für Endprodukte ist diejenige Zeit, die verstreicht, bis eine Fertigware aus lagergängigen Teilen gefertigt werden kann. Sie sollte eigentlich präziser „Wiederbeschaffungszeit“ lauten. Sie ist gleichbedeutend mit „Flexibilität gegen Absatzunsicherheiten“. Bei einer langen Durchlaufzeit muß sich der Vertrieb sehr frühzeitig mit seinen Bedarfsschätzungen festlegen. Bei kurzer Durchlaufzeit sind kurzfristige Nachfrageabweichungen noch abzufangen.

Eine hohe Lieferbereitschaft von Endprodukten kann einerseits durch eine hohe Bevorratung erzielt werden; andererseits bewirken kurze Durchlaufzeiten für die Fertigware gleichermaßen eine rasche Bedarfsdeckung. Dazu müssen ausreichende Rohmaterial- oder Zwischenprodukt-Bestände geführt werden, die Kapazität muß überdimensioniert sein und die Ware muß ohne Wartezeiten durch die Produktion geschleußt werden.

Die 4 PPS-Ziele stehen also in einem ursächlichen Wirkzusammenhang: Die Änderung einer Zielsetzung hat großen Einfluß auf die anderen 3 Zielgrößen. Daher müssen die 4 Ziele stets gemeinsam betrachtet und bearbeitet werden. Es ist wenig sinnvoll

- die Logistik für die Lagerbestände,
- die Produktion für die Auslastung,
- den Vertrieb für die Lieferbereitschaft/Termintreue und
- die Arbeitsvorbereitung für die Durchlaufzeiten

einzeln verantwortlich zu machen. Vielmehr sind alle gemeinsam für alle 4 Ziele verantwortlich. Jeder Logistiker, Einkäufer, Produktionsplaner und Vertriebskoordinator beeinflußt gleichermaßen alle 4 Zielsetzungen. Die Zielsetzungen sind also nicht separierbar, sondern bilden eine Einheit.

Die Zielpyramide (Abb. 1.2) verdeutlicht dieses Polylemma: Die einseitige Maximierung eines Ziels verschlechtert die anderen 3 Ziele überproportional. Es ist die Aufgabe des PPS-Managements, gemeinsam die Wichtigkeit der 4 Ziele festzulegen. Dazu muß je Ziel eine Meßmethode vereinbart werden. So kann beispielsweise der **Lagerbestand** gemessen werden, indem man die Lagerumschlagshäufigkeit mißt, also das Verhältnis vom Lagerabgang zum Bestand. Die **Durchlaufzeit** für die Endprodukte wird in Tagen gemessen und zwar auf dem längsten Weg durch die Fertigung. Die **Lieferbereitschaft/Termintreue** wird ermittelt, indem das Verhältnis der pünktlichen Lieferpositionen zu allen Auftragspositionen gebildet wird. Pünktlich ist beispielweise jede Lieferung, die nicht mehr als zwei Tage vom Kundenwunschtermin abweicht. Dabei ist zu beachten, daß auch eine vorzeitige Ablieferung als Terminabweichung registriert wird (auf Seite 145 gehe ich darauf näher ein). Die **Kapazitätsauslastung** wird gemessen als das Verhältnis der Stör- und Auftragszeiten zu der zur Verfügung stehenden Arbeitszeit.

Sind die Meßmethoden und Maßeinheiten für die 4 Ziele festgelegt, dann ist vom Management je Produktgruppe zu bestimmen, welche Ausprägungen die 4 Ziele haben sollen. Eine solche Zielsetzung kann lauten

- Kapazitätsauslastung der 10 Engpaßmaschinen 95%
- Lieferbereitschaft/Termintreue 98%
- Umschlagshäufigkeit des Lagerbestandes 5 Turns pro Jahr [4]
- Durchlaufzeit der Endprodukte 4 Wochen

Bei besonders fortschrittlichen und PPS-bewußten Firmen hat sich herausgestellt, daß mit einer klaren Zielvorgabe und einem guten PPS-System alle Ziele um mindestens 50% gegenüber dem IST-Zustand verbessert werden können und das bedeutet mindestens eine Verdoppelung des Nutzens.

Die folgenden Kapitel zeigen auf, wie Unternehmen mit Hilfe guter PPS-Systeme und geänderter Ablauforganisation einen Quantensprung machen können. Gelingt es, die Zielerreichung gegenüber dem IST-Zustand wesentlich zu verbessern, dann ist damit immer eine Gemeinkostensenkung verbunden. Und die Gemeinkosten tangieren die Wirtschaftlichkeit der Industriebetriebe in ganz besonderem Maße.

1.4 Notwendigkeit der PPS

Zur EDV-gestützten Produktionsplanung und -steuerung gibt es in absehbarer Zeit keine Alternative. Der Markt fordert von den europäischen Unternehmen hohe Variantenvielfalt, kurze Lieferzeit, ständige Produktinnovation und hohe Produktqualität. Das führt zu immer höherem Datenvolumen und zu erhöhtem Planungs- und Steuerungsaufwand. Ohne EDV-Unterstützung ist das drastisch gestiegene Datenvolumen selbst für kleine Unternehmen nicht mehr zu handhaben (Abb. 1.3).

[4] für alle Teile und Materialien über den Wert der Abgänge im Verhältnis zu den Beständen ermittelt

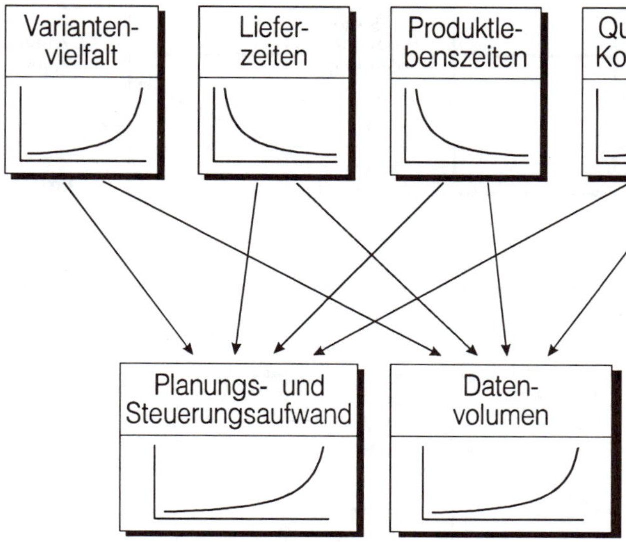

Abbildung 1.3: Erhöhte Variantenvielfalt, kürzere Lieferzeiten, kürzere Produktlebenszeiten und höhere Qualität erfordern einen höheren Planungs- und Steuerungsaufwand und vervielfachen das Datenvolumen.

1.5 Die Struktur der PPS–Systeme

Die Übersicht von Abbildung 1.4 zeigt die Struktur eines konventionellen MRP–Systems (Manufacturing Resource Planning)[5]. Jedes Kästchen entspricht einem selbständigen MRP-Modul. Besonders gut ausgeprägt sind normalerweise die Funktionen der Stammdatenverwaltung (Routing und Bills of Material), der Materialdisposition (Material Requirements Planning) und der Kapazitätswirtschaft (Detailed Capacity Planning). Die Pfeile weisen fast ausschließlich von oben nach unten. Die Informationsübergabe zwischen den Funktionen erfolgt sukzessive. Rückkopplungen sind nicht vorgesehen; die Moduln im oberen Teil der Abbildung 1.4 müssen mit großen Puffern planen, damit die unteren, detaillierteren Planungsmoduln überhaupt noch einen Planungsspielraum haben. Die Forderung nach knapper Planung der Ressourcen kann mit solchen Systemen nicht erfüllt werden.

In modernen PPS–Systemen (Abb. 1.5) sind die betrieblichen Funktionen eng miteinander verzahnt. Die PPS hat die Aufgabe, die Informationen zwischen allen Funktionen in alle Richtungen schnell auszutauschen. Je präziser dieser Informationsaustausch stattfindet, desto kurzfristiger und knapper können die Ressourcen geplant werden. Alle Funktionen arbeiten in Echtzeit miteinander. Diese Forderung nach gemeinsamer Material– und Kapazitätsplanung wird inzwischen auch von MRPII–Systemen verstärkt verlangt.

PPS–Systeme der ersten Generation versuchen in Teilbereichen optimale Lösungen zu errechnen. Deren Methoden wurden fast unverändert in die PPS–

[5] Vollmann, Berry, Whybark: Manufacturing Planning and Control Systems 2.Aufl., Homewood:Irwin-V., 1988, S.35)

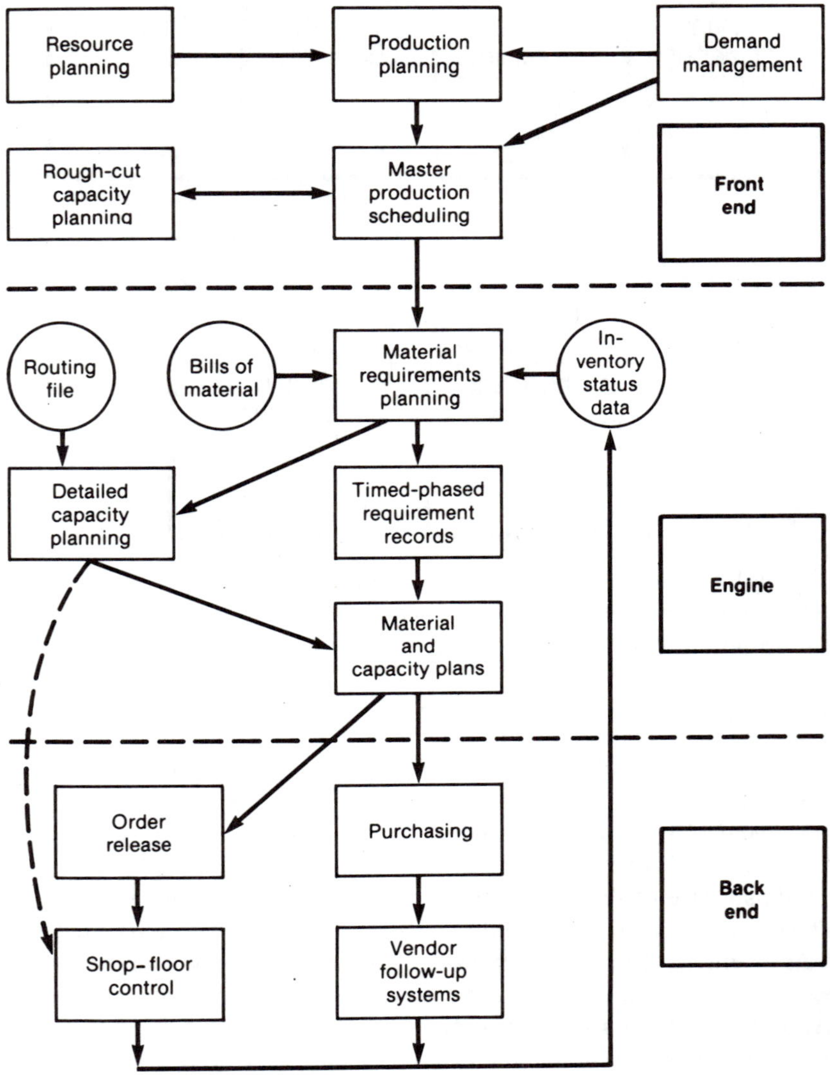

Abbildung 1.4: Struktur eines konventionellen MRP–Systems.

Systeme der zweiten Generation übernommen.

PPS–Systeme der 3. Generation basieren auf denselben betriebswirtschaftlichen Methoden. Sie zeichnen sich aber durch eine **wirkungsvolle, umfassende Kombination der generalisierten Methoden** aus. Heute weiß man, daß Insellösungen zwar Teiloptima schaffen können, daß aber jedes Teiloptimum aufgrund des Zielkonflikts von Abbildung 1.2 die Optimierung eines anderen Bereichs behindert. Infolge dieser gegenseitigen Behinderungen bei der Teiloptimierung hebt sich der Nutzen der Teiloptima für die gesamte Logistik oft wieder auf; eine Teiloptimierung bewirkt manchmal sogar eine Verschlechterung des Ge-

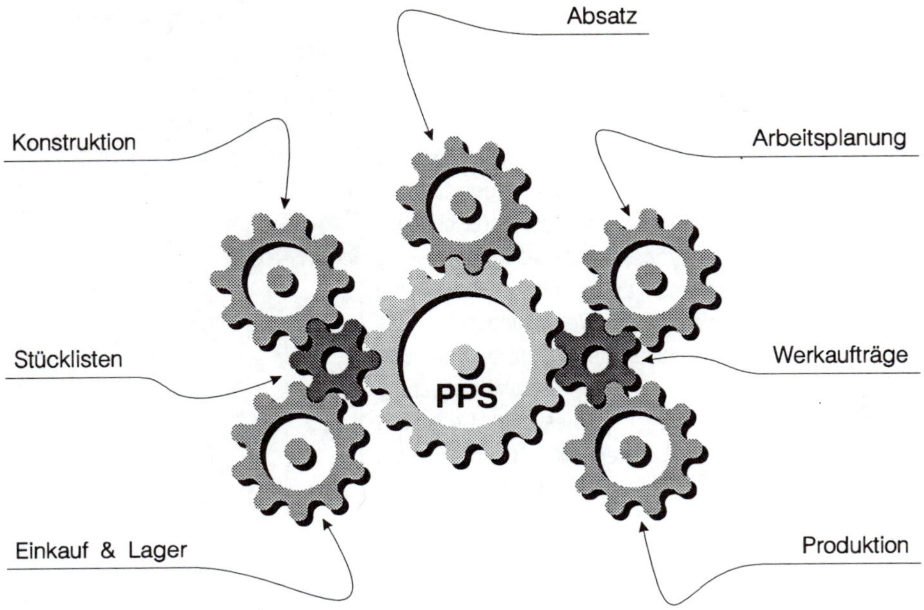

Abbildung 1.5: Getriebemodell eines modernen, integrierten PPS–Systems.

samtnutzens. Das Gesamtoptimum könnte nur durch einen ganzheitlichen, integrierten Algorithmus errechnet werden. Dieser Gesamtoptimierungsalgorithmus ist noch nicht gefunden.

Die PPS–Systeme der 3. Generation versuchen durch Integration der Teilbereiche zu einem Gesamtsystem die Puffer zwischen den Inseln abzubauen. Das Gesamtoptimum wird dadurch nicht gefunden, aber eine Halbierung der Durchlaufzeiten und der Lagerbestände, eine Verbesserung der Termintreue bei hoher Kapazitätsauslastung sind durchaus erreichbar. Und das ist mehr als die Hälfte des überhaupt erreichbaren Nutzens.

Zu Beginn jedes Kapitels werden die Grundlagen erläutert und dann das Zusammenwirken dargestellt. Leser, welche die Grundlagen aus ihrer PPS–Praxis bereits kennen, können diese überspringen.

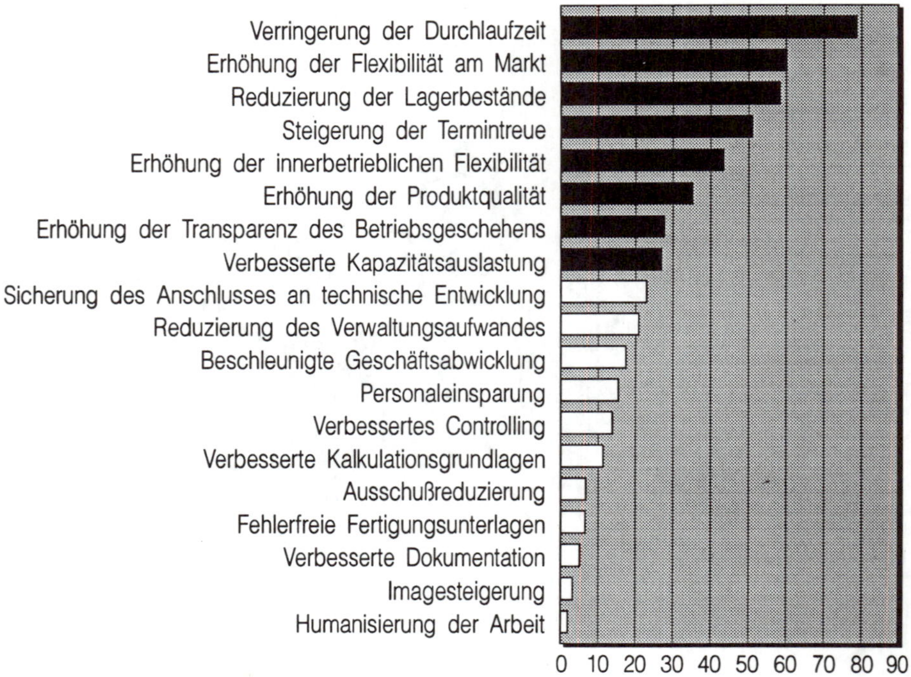

Abbildung 1.6: Häufigkeiten, mit denen die fünf wichtigsten Ziele einer CIM–Realisierung genannt wurden (Computer Magazin 10/88).

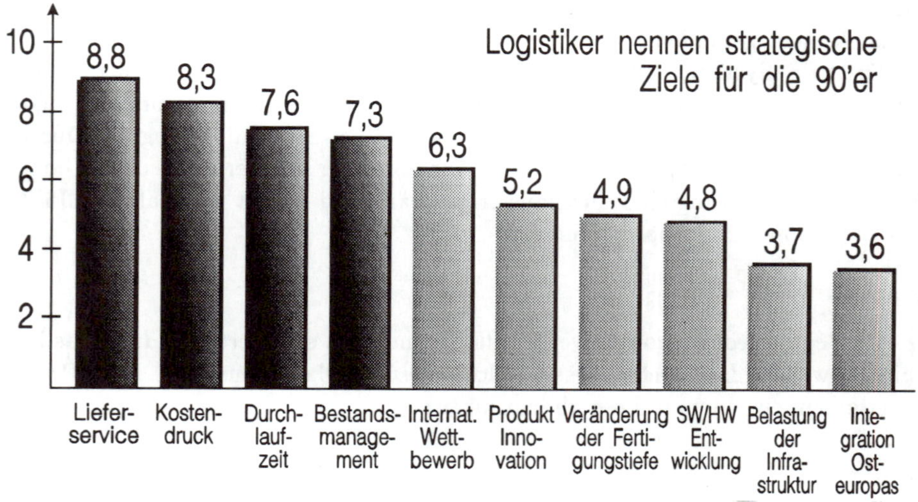

Abbildung 1.7: Eine Befragung von Logistikern der TU Berlin/BVL Prof. Baumgarten ergab, daß die vier wichtigsten Ziele Lieferservice, Kostendruck und damit hohe Kapazitätsauslastung, Durchlaufzeitverkürzung und Senkung der Lagerbestände lauten.

Kapitel 2

Grunddatenverwaltung

2.1 Mengengerüst eines Einzelfertigers

Ein mittelständischer Betrieb fertigt und liefert Transportanlagen für den innerbetrieblichen Transport flacher Güter also z.B. Glasplatten, Holztafeln, Bleche usw. Im Archiv der Konstruktionsabteilung befinden sich 10.000 Zeichnungen. Auf diesen Zeichnungen sind 80.000 Eigenfertigungsteile, Endprodukte, Werknormteile und Einkaufsteile dargestellt. Etwa 6.000 Zeichnungen werden jährlich geändert oder kommen neu hinzu.

Solche Änderungen erfordern einen großen Suchaufwand: Zuerst wird im Archiv das Zeichnungsoriginal gesucht, auf dem das Teil dargestellt ist. Aber auch alle Zusammenbauzeichnungen, auf denen das zu ändernde Teil vorkommt, müssen gesucht werden. Außerdem müssen die Arbeitspläne, von denen etwa 5.000 existieren, geprüft werden, ob die Änderung des Teils eine Änderung der Fertigungsmethode nach sich zieht. Bei 10.000 Vorrichtungen oder Werkzeugen kann indirekt eine Änderung erforderlich sein. Höchst fraglich ist bei diesem Volumen, ob tatsächlich alle zu ändernden Unterlagen gefunden werden.

Noch schwieriger ist die Suche nach den betroffenen Teilen, Arbeitsgängen, Baugruppen und Endprodukten, wenn eine Fertigungsmaschine durch eine moderne Anlage ersetzt wird. Alle betroffenen Arbeitspläne, Stücklisten, Zeichnungen, Baugruppen, Werkzeuge und Vorrichtungen müssen gesucht und überprüft werden.

Die Grunddatenverwaltung erleichtert die oben erwähnten Recherchen und stellt darüberhinaus die Basisdaten für die Material- und Zeitwirtschaft zur Verfügung.

2.2 Der Gozintograf

Die Endprodukte eines Industriebetriebs bestehen aus Baugruppen, diese wiederum aus Teilen und die Teile aus Rohmaterial. Die Endprodukte und alle ihre Komponenten werden als Teile bezeichnet.

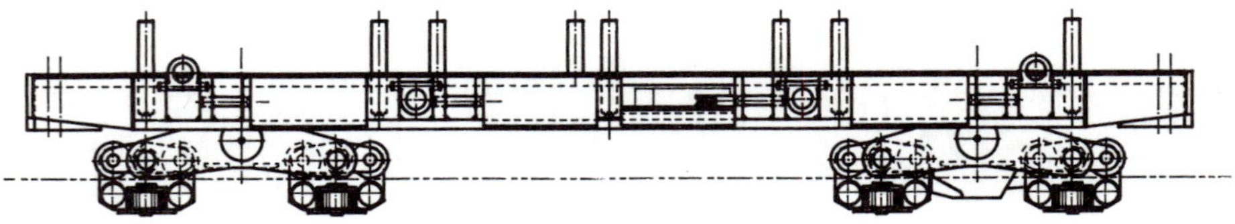

Abbildung 2.1: Zeichnung eines Tragwagens mit einer Plattform, 4 Schwingen und je 2 Rädern.

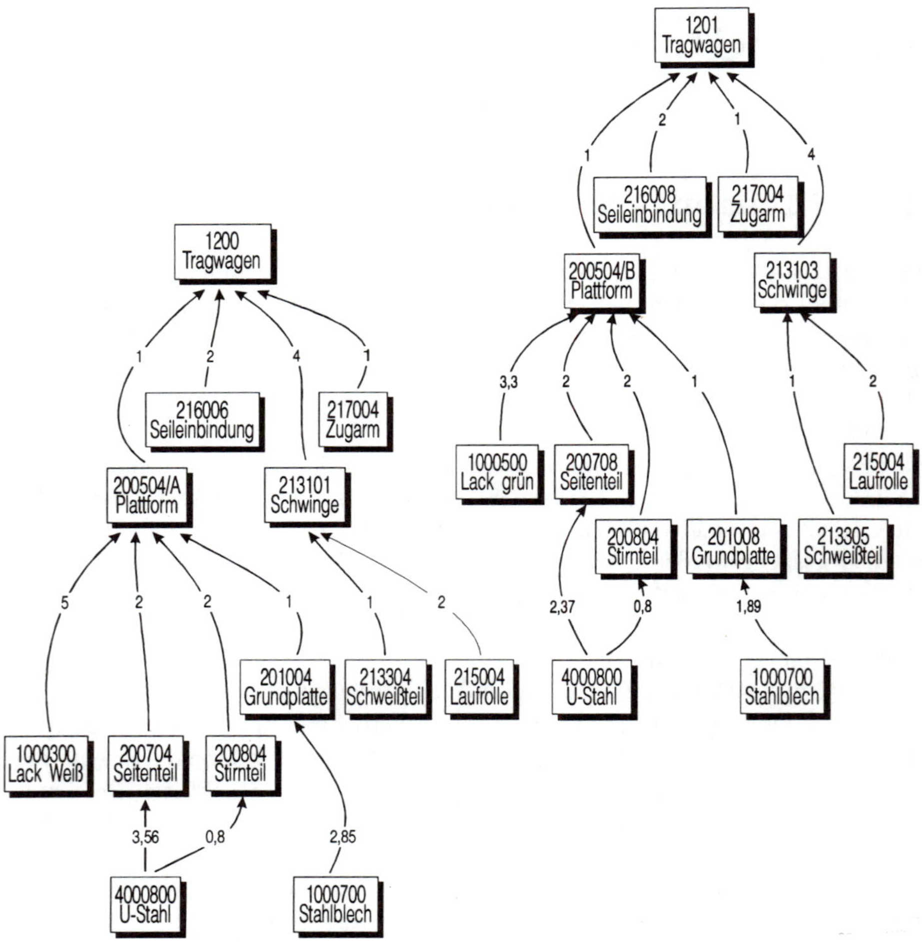

Abbildung 2.2: Strukturbäume von 2 ähnlichen Tragwagen mit Angabe der Mengenfaktoren.

Der Zusammenhang zwischen den Teilen wird häufig als Baum dargestellt, bei dem das Endprodukt die Wurzel und die Einkaufsteile die Blätter darstellen. Abbildung 2.2 zeigt zwei technische Produkte, nämlich zwei Transportwagen, die aus je sieben Einkaufsteilen und aus je fünf Eigenfertigungsteilen bestehen.

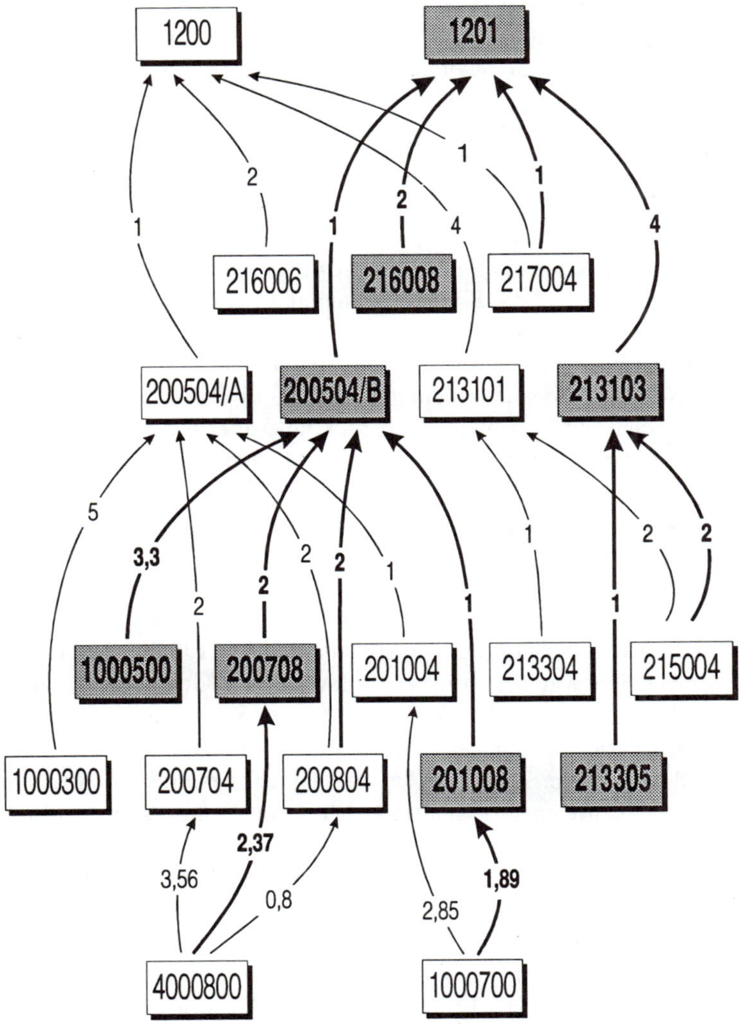

Abbildung 2.3: Vereinigung der beiden Bäume aus Abbildung 2.2 zu einem Gozintograf (Netz). Fett ist gekennzeichnet, was durch das Produkt 1201 zum Produkt 1200 hinzugefügt wird.

Die Zahlen an den Verbindungslinien geben an, in welcher Menge die untergeordneten in die übergeordneten Teile eingehen (Mengenfaktor). So bedeutet die Zahl 3,56 in Abbildung 2.2 an der Verbindungslinie zwischen dem Seitenteil 200704 und dem U–Stahl 4000800, daß je Seitenteil 3,56 Meter U–Stahl benötigt werden.

Bäume sind gut geeignet, um zu visualisieren, aus welchen Bestandteilen ein bestimmtes Endprodukt besteht. Sie verheimlichen aber, welche Zwischenprodukte und Einkaufsteile auch in anderen Endprodukten vorkommen. Wählt man statt der Bäume Netze als Darstellungsmittel, so wird zusätzlich ersichtlich, in welchen übergeordneten Baugruppen die Teile verwendet werden: Abbildung 2.3 veranschaulicht, wie die beiden Bäume der Transportwagen aus Abbildung 2.2 zu einem Netz vereinigt werden. Die Sicht der Bäume bleibt dabei erhalten. Ersichtlich ist aus dem Netz zusätzlich, daß die Laufrolle 215004 über die Baugruppen 213101 und 213103 in die beiden Endprodukte eingeht.

Bäume zeigen nur die Sicht von Endprodukten zu den Einzelteilen: Die Stücklistensicht. Netze zeigen zusätzlich die Sicht von den Einkaufsteilen zu den Endprodukten: Die Verwendungssicht.

Stücklistennetze bezeichnet man als Gozintografen. Die Knoten im Gozintografen stellen Teile dar, die Kanten (so nennt man die Verbindungspfeile zwischen den Knoten) stellen die Stücklistenpositionen dar. Sie geben an, in welchem Verhältnis zwei Knoten zueinander stehen. Ändert man einen Knoten, so sind alle Knoten, die auf beliebigen Kanten in Pfeilrichtung liegen, durch die Änderung eventuell betroffen. So kann eine Änderung des Stirnteils 200804 bewirken, daß indirekt auch die Plattformen 200504/A und /B und weiter die Endprodukte 1200 und 1201 infolge der Änderung ebenfalls konstruktiv angepaßt werden müssen. Alle Knoten, die auf beliebigen Kanten entgegen der Pfeilrichtung liegen, sind erforderlich für die Herstellung dieses Teils. So werden für die Herstellung der Plattform 200504/B die Baugruppen 200708, 200804 und 201008 und die Einkaufsartikel 1000500, 4000800 und 1000700 benötigt.

In vielen Betrieben existieren Stücklistennetze mit 100.000 Knoten und mindestens ebensovielen Kanten. Ein so umfangreicher Gozintograf kann nur als Denkmuster dienen, keinesfalls kann er auf Papier gezeichnet werden.

Jeder Gozintograf kann leicht in eine Matrix überführt werden. Jede Zeile und jede Spalte stellt ein Teil dar. Auf den Kreuzungspunkten wird beim Vorhandensein einer Kante eingetragen, in welcher Menge das untergeordnete in das übergeordnete Teil eingeht.

Abbildung 2.4 zeigt die Matrix, die dem Gozintografen von Abbildung 2.3 entspricht. Jede Matrixzeile zeigt, in welche Baugruppen und Endprodukte ein Teil direkt eingeht — wir nennen diese Sicht die Verwendungssicht. Jede Matrixspalte verdeutlicht, aus welchen Komponenten das Teil zusammengebaut wird — die Stücklistensicht. Logischerweise besitzen Endprodukte leere Zeilen und Einkaufsteile leere Spalten. Man erkennt, daß sehr viele Matrixfelder schon in unserem Kompaktbeispiel unbesetzt sind: Von 441 Matrixfeldern sind nur 25 besetzt, das sind etwa 5%. Die Matrix für alle Produkte eines Industriebetriebs kann leicht auf 100.000 mal 100.000 Felder also auf 10.000.000.000 Felder anwachsen. Da der Gozintograf im gleichen Fall nur ca. 1.000.000 Kanten benötigt, basieren fast alle PPS–Datenbanken auf dem speichergünstigeren Denkmuster der Gozintografen. Abgespeichert werden in einer Datei alle Knoten des Gozintografen, also in unserem Fall 21 Sätze. Jeder Satz enthält die Knotennummer = Teilenummer, die Benennung und viele weitere Felder. In einer weiteren Strukturdatei werden alle Kanten des Gozintografen gespeichert, das sind in unserem Beispiel 25 Sätze. Jeder Struktursatz enthält

den Quellknoten		4000800		213101
den Zielknoten	z.B.	200708	oder	1200
den Mengenfaktor		2,37		4

	1200	1201	200504/A	200504/B	213101	213103	216006	216008	217004	1000300	1000500	200704	200708	200804	201004	201008	213304	213305	215004	4000800	1000700
1200																					
1201																					
200504/A	1																				
200504/B		1																			
213101	4																				
213103		4																			
216006	2																				
216008		2																			
217004	1	1																			
1000300			5																		
1000500				3.3																	
200704			2																		
200708				2																	
200804			2	2																	
201004			1																		
201008				1																	
213304					1																
213305						1															
215004					2	2															
4000800												3,56	2,37	0,8							
1000700															2,85	1,89					

Abbildung 2.4: Diese Matrix entspricht dem Gozintografen von Abbildung 2.3. Die Spalten zeigen die Stücklistensicht, die Zeilen die Teileverwendung.

...und ein paar weitere Felder. Durch die Suche nach allen Kanten mit dem Knoten 4000800 erhält man die vorletzte Zeile der Matrix von Abbildung 2.4. Eine Suche nach allen Kanten mit dem Zielknoten 1200 entspricht der ersten Spalte der Matrix von Abbildung 2.4. Statt einer Matrix mit 441 Feldern werden 25 kurze Sätze abgespeichert.

Jetzt können Sie anhand eines Beispiels die Erstellung eines Gozintografen üben.

1. Die folgende Stückliste der Baugruppe A soll als Gozintograf gezeichnet werden.

	4103	Baugruppe A	
Pos	Ress#	Benenng.	MF
01	1808	Teil 8	2x
02	4793	Teil 3	1x
03	2133	Teil 2	2x

2. Erweitern Sie Ihren Gozintografen um die Ressourcenliste von Teil 3:

	4793	Teil 3	
Pos	Ress#	Benenng.	MF
01	2133	Teil 2	4x
02	1844	Mat 5	1x
03	A400	Schweissen	10′

2.3 Teilestammdaten

Jeder Knoten im Gozintografen stellt ein lagerfähiges Teil (oder einen Arbeitsplatz) dar. Jedes Teil kommt nur einmal im Gozintografen vor. Je Knoten wird im PPS-System ein Stammsatz angelegt: Der Teilestammsatz. Er enthält alle Datenfelder, die für das Teil gelten. Es sind dies (Abb. 2.5):

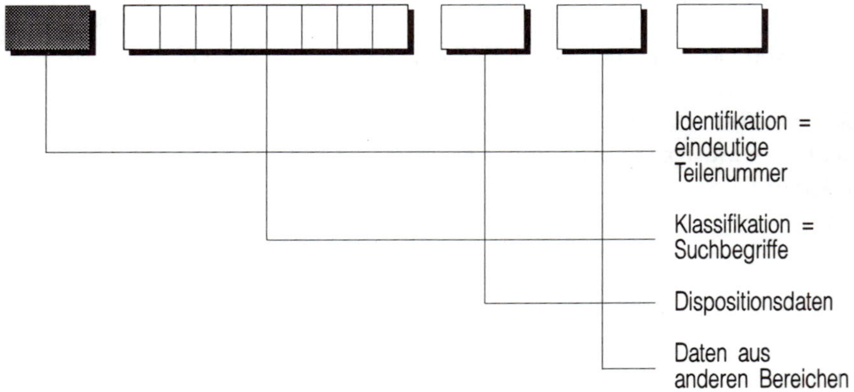

Abbildung 2.5: Die Datenfelder eines Teilestammsatzes.

- Identifikation
  - Die eindeutige Teilenummer

- Beschreibende Felder
  - Die Klassifikation (z.B. Teileart oder ABC-Klassifikation)
  - Die Bezeichnung des Teils
  - Die Zeichnungsnummer der Originalzeichnung
  - Die Lieferantennummer
  - Der Lagerort, an dem das Teil zu lagern ist
  - Die Mengeneinheit, in der die Lagerbestandsführung erfolgt
  - Die Mengeneinheit, in der die Disposition erfolgt
  - Die Stücklistennummer
  - Die Arbeitsplannummer
- Dispositionsparameter
  - Der Alpha-Faktor für die exponentielle Glättung (Seite 121)
  - Die Lieferbereitschaft (Seite 145, Abb. 5.31)
  - MAD = die mittlere absolute Abweichung der Verbräuche (Seite 129)
  - Das Losgrößenmodell (Seite 80)
  - und so fort.
- Kostendaten
  - Die Rüstkosten mit den einmalig je Auftrag/Bestellung erforderlichen Kosten
  - Der Lagerkostenprozentsatz
  - Die Herstellkosten
  - Die Materialkosten
  - Die Verkaufspreise
  - Die Verrechnungspreise
- Versionsdaten
  - Die derzeit gültige Versionsnummer
  - Die Gültigkeitstermine mit der Angabe, ab wann und bis wann das Teil gilt
  - Sonstige Systemfelder (Benutzernummer, Datum der letzten Änderung, Sperrvermerke ...)

Für die eigentlichen Zwecke der PPS reichen die ersten drei Feldgruppen nämlich die Identifikation, Klassifikation und die Dispositonsfelder aus. Da die Teilestammdatei bei CIM-Systemen den wesentlichen Integrationskern darstellt, werden die Stammsätze um die Felder der zu integrierenden Bereiche angereichert. Die Disposition, Kalkulation, Konstruktion, Arbeitsplanung, der Vertrieb,

Einkauf und die Qualitätssicherung speichern teilespezifische Daten in entsprechend benannten Segmenten des Teilestammsatzes. Zusätzlich zu den Elementarfeldern beinhalten die Teilestammsätze von Systemen der 2. Generation kumulierte Datenfelder wie z.B. die Nachfragewerte der letzten zwölf Monate, die Gesamtbearbeitungszeit, den durchschnittlichen Verbrauch des Vormonats, die Prüf- und Einlagerungszeit, die Summe der offenen Bestellungen oder Reservierungen. Dadurch wächst der Teilestammsatz auf stattliche 128 Datenfelder im Durchschnitt an.[1] Bei PPS-Systemen der 3. Generation werden Summen dynamisch errechnet. Ab der Seite 224 werden Beispiele dazu gezeigt. Schlanke Stammsätze sind ein Kennzeichen moderner PPS-Systeme.

Das allerwichtigste Feld des Teilestammsatzes ist die eindeutige Teilenummer. Sie darf sich während der Lebensdauer eines Teils nie ändern. Diese Identnummer sollte eine nichtsprechende, kurze Zählnummer sein. Die Idealnummer ist maximal sechs Stellen lang und ohne irgendeine Bedeutung der einzelnen Ziffern. Ändert sich ein Teil, bleibt aber austauschbar, so wird für die gleiche Identnummer eine neue Versionsnummer mit zugehörigem Datum vergeben.

Die Eigenschaften eines Teils werden in den beschreibenden Feldern festgehalten. Bezeichnung, Teileart, Lagerort, Mengeneinheit und Zeichnungsnummer sind solche beschreibenden Felder. Sie müssen nicht eindeutig sein, denn

- auf einer Zeichnung können mehrere Teile festgehalten sein,
- an einem Lagerort liegen mehrere unterschiedliche Teile,
- mehrere Teile haben vielleicht dieselbe Bezeichnung.

Die beschreibenden Felder verwendet man auch als klassifizierende Schlüssel. Die Datenbank erlaubt den Zugriff auf die Teilestammsätze über die Identnummer oder über die klassifizierenden Schlüssel. Während die Datenbank aber für die Abfrage nach der Teilenummer genau einen Teilestammsatz liefert, wird sie auf eine Anfrage mit einem beschreibenden Feld einen, viele oder aber auch gar keinen Teilestammsatz liefern.

Zusammenfassend ist festzustellen, daß die Felder eines Stammsatzes in drei Klassen eingeteilt werden können:

- die Identifikation, das ist normalerweise die eindeutige Teilenummer,
- die klassifizierenden Felder oder Schlüsselfelder, nach deren Inhalt in der Datenbank gesucht werden kann
- und die sonstigen Datenfelder mit Kennzeichen, Parametern, allgemeingültigen Werten (Defaultwerten) und Systemdaten, wie dem Gültigkeitstermin.

2.3.1 Klassifikation

Zu Lochkartenzeiten versuchte man aus Platzgründen, die ersten beiden Klassen zu vermischen: Es entstanden Verbundschlüssel. In heutigen Systemen spielen einige Zeichen zusätzlichen Platzbedarfs keine Rolle mehr. Man trennt die

[1] Löffelholz, F. von: Weniger ist mehr; Datenhalden verhindern eine wirksame Datenhaltung, in: Tagungsband PPS89, Bad Soden:AWF, S.317.

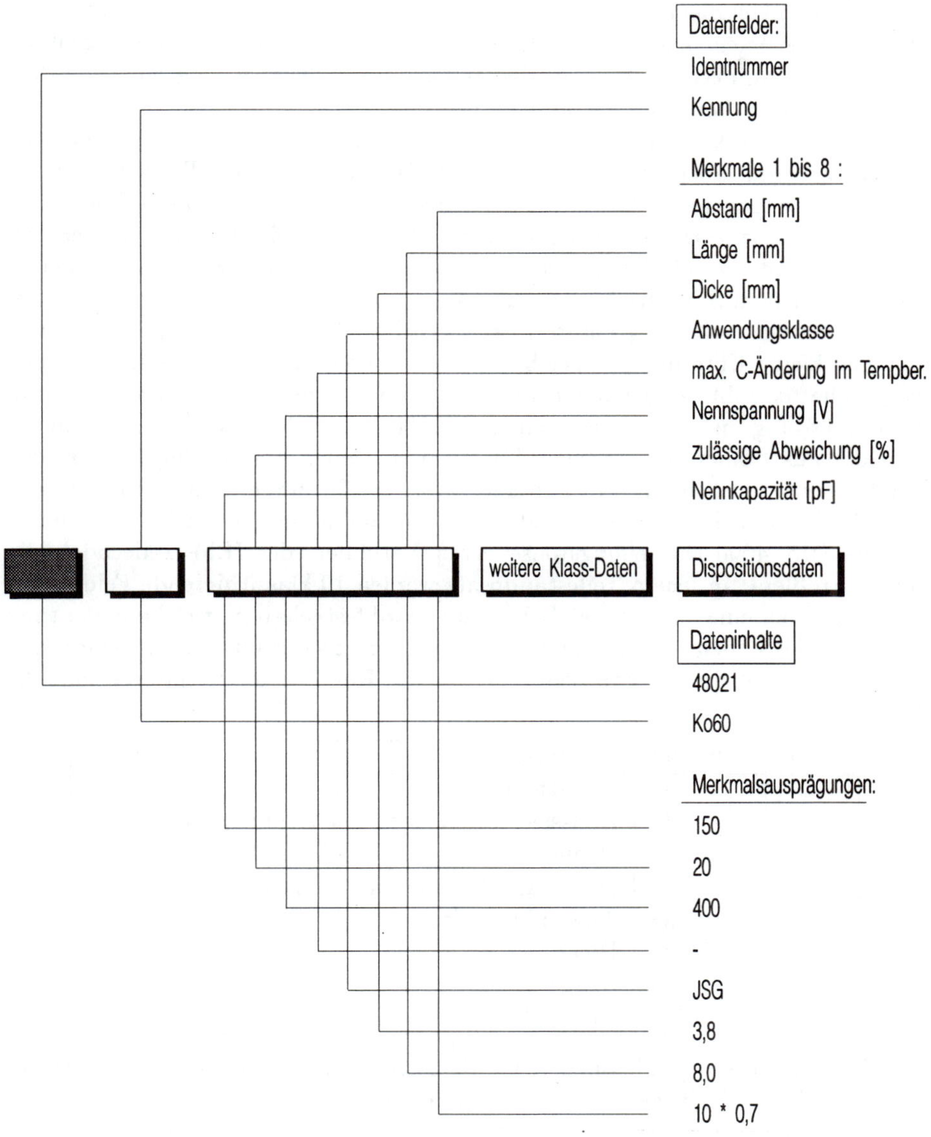

Abbildung 2.6: Aufbau der Parallelnummmer für einen Stammsatz.

Identifikationsnummer und die klassifizierenden Felder strikt voneinander und nennt dies einen Parallelschlüssel (Abb. 2.6). Da die klassifizierenden Daten von der Identifikationsnummer separiert sind, kann der Parallelschlüssel nicht platzen. Die häufig benötigte Identifikationsnummer kann kurz gehalten werden. So reichen drei alfanumerische und drei numerische Stellen, um 13.824.000 Teilestammsätze zu identifizieren.

Datenbanken dienen nicht nur der Speicherung von Daten, sondern vor allem der gezielten Suche nach Datensätzen. Der direkteste und schnellste Zugriff auf einen Teilestammsatz geht über die Teilenummer. Dieser Weg wird von fast allen PPS–Verarbeitungsprogrammen gewählt.

Ein Benutzer kennt nur in wenigen Fällen die Teilenummer eines Teilestammsatzes. Er kennt aber sicher klassifizierende Daten wie z.B. die Bezeichnung, die Teileart, den Lagerort oder die Zeichnungsnummer. Einige der klassifizierenden Felder, wie beispielsweise die Bezeichnung, Teileart und Zeichnungsnummer treffen für alle oder zumindest für einen Großteil der Stammsätze zu. Diese Felder werden in jedem Stammsatz angelegt. Andere klassifizierende Felder wie Spannung, Volumen, Nennkapazität, Prüfvorschrift oder Gewindelänge gelten nur für eine kleine Untermenge aller Stammsätze. Von diesen teileklassifizierenden Eigenschaften gibt es aber in einem Unternehmen sicherlich etwa 1000. Die einfachste Lösung, in jedem Teilestammsatz 1000 klassifizierende Felder zu führen, scheidet aus. Einerseits wären ja für einen speziellen Teilestammsatz von den 1000 Feldern nur 8 bis 10 mit gültigen Daten gefüllt, andererseits brächte diese umständliche Suche nach den gefüllten Datenfeldern ein neues EDV–Problem.

Die DIN 4000 (beziehungsweise deren Vorläufer, der IBM–Teilecode) löst dieses Problem: In jedem Teilestammsatz werden 10 klassifizierende Felder vorgesehen. Über eine davorstehende Kennung wird festgehalten, welche Bedeutung die 10 Felder haben. Die Kennung und ihre Merkmale nennt man Merkmalsleiste. So bedeutet die Merkmalsleiste (Kennung) Ko60 = Kondensatoren, daß die Merkmale

Ko60	Nummer	Merkmal
	27	Nennkapazität
	31	zulässige Abweichung der Nennkapazität
	481	Nennspannung
	68	maximale C–Änderung im Temperaturbereich
	81	Anwendungsklasse
	21	Dicke
	20	Länge
	407	Abstand

bei Kondensatoren als klassifizierende Schlüssel gespeichert werden. Die Merkmalsleiste T30 Tragwagen bedeutet, daß die Merkmale

T30	Merkmalsnummer	Merkmal
	7	Anzahl Seile
	12	Spurweite
	13	Maximales Transportgewicht
	14	Länge des Tragwagens
	15	Breite des Tragwagens
	16	Geschwindigkeit
	17	Export (J/N)
	18	Farbe
	19	Seildicke

bei Tragwagen gespeichert sind. Die Merkmalsleisten sind mit

der Merkmalsleistennummer (Kennung) und
maximal 10 Merkmalsnummern

in einer Merkmalsleistendatei gespeichert. Für diese Merkmalsleistendatei gibt es hierarchische Suchbäume. Jedes Merkmal ist mit

der Merkmalsnummer	481
der Merkmalsbeschreibung	Nennspannung
der Dimension	Volt
dem Format	numerisch, 2 Dezimalen
den möglichen Ausprägungen	10..500

in einem Merkmalskatalog festgehalten.

Leiste: T30.. Tragwagen				
Merkmal		Typ	von Untergrenze	bis Obergrenze
7	Anzahl Seile	M	1	2
12	Spurweite	M	....	....
13	Max.Transportgewicht	N	120	200
14	Länge Tragwagen (mm)	N	....	....
15	Breite Tragwagen (mm)	N	1000	1800
16	Geschwindigkeit m/s	N	....	....
17	Export	M	nein	....
18	Tragwagenfarbe	M	....	....
19	Seildicke mm	N	....	....
....	....	.	....	....

Abbildung 2.7: Suchsystem nach DIN 4000.

Ressource	Spurweite	Max. Gew.	Länge	Breite	Geschw.	Farbe	Seildicke
99001200/1	650...	..180	..4000	..1500	4	weiß	...23
99001228..	650...	..160	..6000	..1600	2	gelb	...22
....	......	.....	......	......	....	.....	.....

Abbildung 2.8: Ergebnis der Datenbankrecherche von Abbildung 2.7

Mit Hilfe des Merkmalsystems gemäß DIN 4000 (Abb.2.7) kann jeder Benutzer alle Teile, die einen gewünschten Wert bei einem oder mehreren Merkmalen besitzen aus der Teilestammdatenbank suchen. So beantwortet das Datenbanksystem die Anfrage von Abbildung 2.7 mit allen zutreffenden Teilestammsätzen (Abb. 2.8).

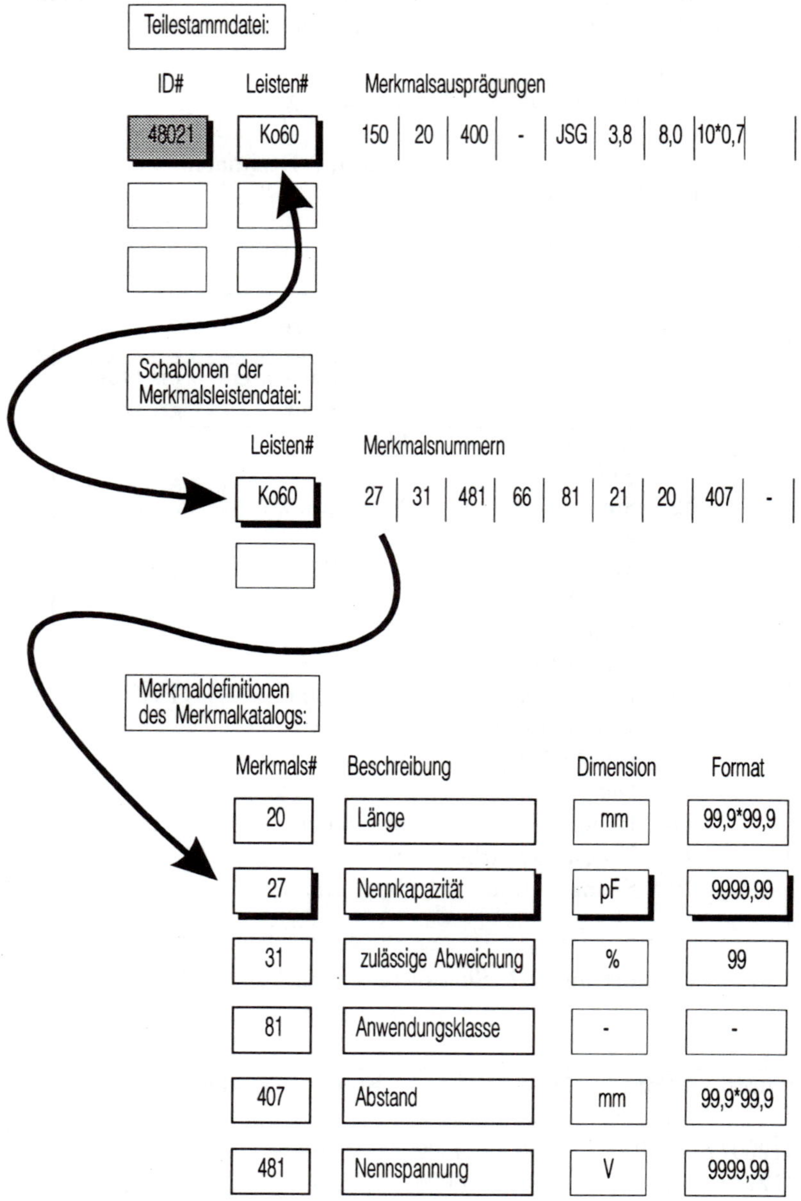

Abbildung 2.9: Die internen Zusammenhänge zwischen Teilestammdatei, Merkmalsleistendatei und Merkmalkatalog werden an einem Beispiel verdeutlicht.

Anhand von Abbildung 2.9 soll der EDV-interne Weg von zwei Recherchen verfolgt werden:

1. Mit der gewünschten Identnummer 48021 wird der Stammsatz gelesen. Seine Merkmalsausprägungen sind jetzt vorhanden, nicht aber die Bedeutung der einzelnen Felder. Dazu wird mit der Merkmalsleistennummer Ko60 die Schablone aus der Merkmalsleistendatei geholt. Zu jeder der 10 Merkmalsnummern (27,31...) wird aus dem Merkmalskatalog die Beschreibung und Dimension gesucht. Jetzt können die 10 Merkmalsausprägungen des Stammsatzes mit ihrer Bedeutung angezeigt oder ausgewertet werden.

2. Alle Kondensatoren mit einer Nennspannung von 150 Volt und einer Nennkapazität von 100 bis 200 pF sind zu suchen. Aufgrund der Leistennummer Ko60 für Kondensatoren werden dem Anwender alle 10 Merkmalsdefinitionen am Bildschirm angezeigt. Er füllt bei Nennspannung und Nennkapazität seine Suchwünsche ein. Aus der Teilestammdatei werden alle Stammsätze geholt mit

der Weiche	=	Ko60
1.Merkmal	=	100..200
3.Merkmal	=	150

   Die Liste dieser Stammsätze wird am Bildschirm zur Auswahl angezeigt.

Merkmalsleisten können nicht nur für Teile sondern für alle Ressourcen gleichermaßen eingesetzt werden. Auch Maschinen, Arbeitsplätze, Werkzeuge, Vorrichtungen, Transportmittel oder Prüfmittel lassen sich mit derselben Methode klassifizieren und recherchieren.

Das Merkmalsleistenverfahren nach DIN 4000 ist in vielen PPS–Systemen verfügbar. Bei neuen Teilen ist der Erfassungsaufwand gering, jedoch ist die Nacherfassung der Merkmale aller bereits gespeicherten Teile mühevoll und zeitaufwendig. Solange aber nur ein geringer Anteil der Teilestammsätze erfasst ist, verpufft die Wirkung der Recherchiermethode. Dies ist auch der Grund, warum sich die DIN 4000 nur sehr zögernd durchsetzen kann. Neuerdings werden am Markt fertige Merkmalkataloge für Einkaufsteile angeboten. Dann müssen nur die Baugruppen und die Eigenfertigungsteile klassifiziert werden.

Der Nutzen der DIN 4000 hängt wesentlich von der organisatorischen Einbettung in den Konstruktionsablauf ab. Jede neue Zeichnung verursacht etwa 3000 DM Kosten. Das sind zum einen die direkten Kosten für die Nutzung des CAD–Systems und die Konstruktionsstunden. Das Erfassen und Speichern der Stammmdaten, Stücklisten und des Arbeitsplans kostet ca. 400 DM, die Auswahl eines Lieferanten, die Bereitstellung von Lagerplatz, Werkzeugen und Vorrichtungen und schließlich noch die Verschrottung der übrigbleibenden Restbestände kommen hinzu. Jedesmal, wenn ein Konstrukteur durch eine Recherche ein Teil findet, das er wiederverwenden kann, spart er dem Unternehmen 3000 DM, die eine Neukonstruktion erfordern würde. Der Nutzen besteht darin, daß durch die gezielte Suche nach den geeigneten Teilen mit einer kleineren Anzahl an Komponenten und Teilen viel mehr Kundenwünsche abzudecken sind.

Moderne CAD–Systeme verleiten dazu, aus bereits vorhandenen Zeichnungen durch ein paar schnelle Änderungen am laufenden Band neue Teile zu erzeugen.

Ressource 1200	Disponent KE
Zeichnung 99001200/1	
Kurztext Tragwagen	ME stk

TNR	ZNR	MF	Pos	ME	BEZ
200504/A	992005	1,00	10	stk	Tragwagenplattform....
213100..	992131	4,00	15	stk	Schwinge mit Schräg-rollen...............
216006..	992160	2,00	20	stk	Seileinbindung........
217004..	992170	1,00	25	stk	Zugarm...............
....	......	.,..	..	...	....
....	......	.,..	..	...	....

Abbildung 2.10: Die Baukastenliste des Tragwagens 1200.

Ressource 1200	Disponent KE
Zeichnung 99001200/1	
Kurztext Tragwagen	ME stk

APL	AFO	tr	te	TXT
Brenn-8410	5	20,00	55,32	Teile gem. Zeichng brennschneiden
Bohr-5010	10	20,00	43,47	Teile gem. Zeichng bohren
Grat-8415	25	20,00	106,00	Teile gem. Zeichng entgraten
Säge-2070	35	10,00	12,00	Teile gem. Vorgabe sägen
Mont-1200	45	30,00	100,00	Teile gem. Zeichng schweißen
Mont-1200	50	20,00	75,00	Schwinge gem. Zeichng montieren
Lack-8370	65	10,00	20,00	Teile nach Vorgabe lackieren
Mont-1200	75	50,00	700,00	Teile gem. Zeichng montieren
....	..	..,..	...,..	....
....	..	..,..	...,..	....

Abbildung 2.11: Der Arbeitsplan für den Tragwagen 1200.

Diese Teileinflation sollte mit organisatorischen Mitteln etwas gebremst werden, indem der Konstrukteur oder der Normeningenieur

- vor der Freigabe eines neuen Teils eine Suche im Merkmalsystem nach ähnlichen Teilen aufsetzen muß,
- begründen muß, daß die Neukonstruktion mindestens 3000 DM einspart und
- jedes neue Teil sofort klassifizieren muß, damit es anderen Konstrukteuren zur Wiederverwendung zur Verfügung steht.

2.4 Stücklisten, Arbeitspläne

Abbildung 2.10 zeigt eine einfache Beispielstückliste. Im Kopfteil stehen Angaben aus dem Teilestammsatz des zu erzeugenden Teils. Darunter sind in Tabellenform alle Komponenten aufgeführt, die zur Erzeugung des Teils 1200 erforderlich sind. Bei den aufgeführten Feldern handelt es sich um *weitere Klass.-Daten* gemäß Abbildung 2.6. Die einzelnen Felder haben folgende Bedeutung:

TNR	=	Teilenummer der Komponente
ZNR	=	Zeichnungsnummer der Komponente
MF	=	Mengenfaktor, also diejenige Menge, die für die Erzeugung von einem Teil erforderlich ist
POS	=	Positionsnummer auf der Liste und Reihenfolge der Entnahme
ME	=	Mengeneinheit
BEZ	=	Bezeichnung der Komponente

Im Gozintografen entspricht diese Liste einem Knoten (Kopfsatz) und allen Kanten, deren Pfeile in dem Knoten enden. Die letzten beiden Felder stammen aus den Knoten, von denen die Kanten herkommen.

Abbildung 2.11 zeigt einen Arbeitsplan. Im Kopfteil stehen wiederum die Angaben aus dem Teilestammsatz des zu erzeugenden Teils. Darunter stehen in Tabellenform alle Arbeitsgänge und die Arbeitsplätze, die zur Bearbeitung durchlaufen werden. Die einzelnen Felder haben folgende Bedeutung:

APL	=	Arbeitsplatznummer, auf dem der Arbeitsgang bearbeitet wird
AFO	=	Arbeitsfolgenummer, die die Reihenfolge der Bearbeitung festlegt
tr	=	Rüstzeit, die einmal je Auftrag benötigt wird
te	=	Stückzeit, die für jedes zu bearbeitende Teil benötigt wird
TXT	=	Arbeitsgangbeschreibung

Die Bearbeitung beginnt mit dem obersten Arbeitsgang, dem Brennschneiden, und endet mit dem untersten, dem Montieren gemäß Zeichnung. Die Ähnlichkeit zwischen Stückliste und Arbeitsplan ist auffällig: Beide zeigen auf, in welcher Reihenfolge und in welcher Menge Ressourcen benötigt werden, um ein Teil herzustellen. Die Stückliste enthält die Materialressourcen, der Arbeitsplan alle restlichen Ressourcen. Der Gedanke, beide in einer gemeinsamen Ressourcenliste zu vereinigen, ist nicht nur naheliegend, sondern auch nützlich und übersichtlich. Bei getrennter Speicherung müssen die beiden Listen vor jeder Terminierung, Freigabe oder Verfügbarkeitsprüfung zuerst zusammengemischt werden, da die Materialbedarfstermine von den zeitlich nachfolgenden Arbeitsfolgen abhängen. Auch auf den Werkstattpapieren werden die Material- und die sonstigen Ressourcen gemeinsam ausgedruckt, um den Werkern die Handhabung mit dem Papier zu vereinfachen. Durch Selektieren der gewünschten Sätze kann am Bild-

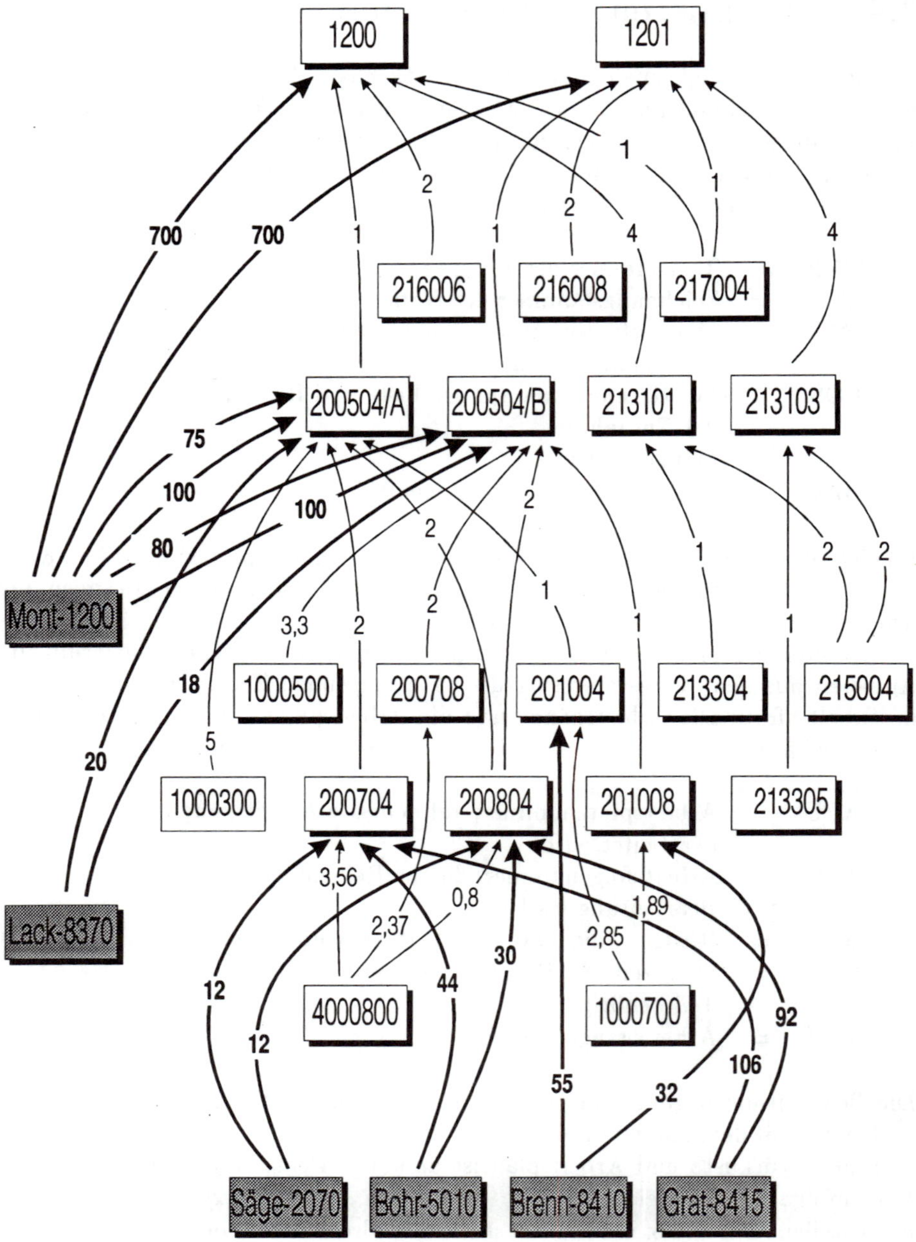

Abbildung 2.12: Der Gozintograf von Abbildung 2.3 wurde um die Arbeitsgänge ergänzt.

schirm jederzeit aus der gesamten Ressourcenliste die Stückliste oder alternativ der Arbeitsplan ausgewählt werden. Wir erweitern also unseren Gozintografen um die Arbeitsgangkanten und erhalten Abbildung 2.12.

Abbildung 2.14 zeigt ein Nahrungsmittel und dessen Komponenten als Res-

200504/B		Plattform			
POS	TNR/APL	Beschreibg.	tr	MF/te	ME
10	200708	Seitenteil		2,0	stk
20	200804	Stirnteil		2,0	stk
30	201008	Grundplatte		1,0	stk
40	Mont-1200	montieren	20	80	min
50	1000500	Lack grün		3,3	kg
60	Lack-8370	lackieren	10	18	min
70	Mont-1200	montieren	30	100	min

Abbildung 2.13: Baukastenliste der Plattform 200505/B.

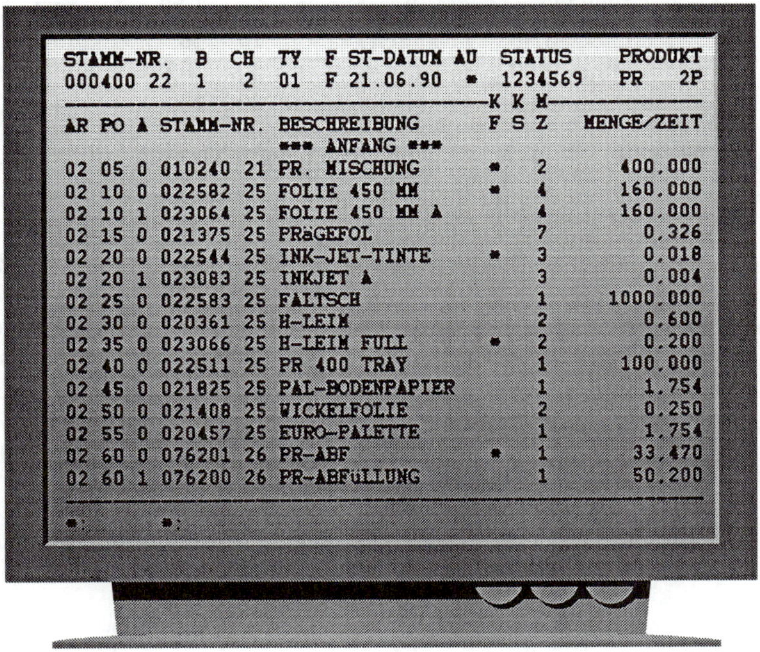

Abbildung 2.14: Baukastenliste eines Produktes aus der Nahrungsmittelindustrie.

sourcenliste. Alle Komponenten, die zur Verpackung benötigt werden, sind mit ihren Mengen aufgeführt. Die erste und die beiden letzten Zeilen stellen Arbeitsgänge dar.

Die einfache Sicht im Gozintografen, von einem Knoten ausgehend alle direkt untergeordneten Knoten aufzulisten, heißt **Baukastenliste**. Die Abbildungen 2.10 und 2.13 zeigen Baukastenlisten aus dem Gozintografen von Abbildung 2.12.

200504/B Plattform					
ST	TNR/APL	Beschreibg	tr	MF/te	ME
.1	1000500	Lack grün		3,3	kg
.1	200708	Seitenteil		2,0	stk
..2	4000800	U–Stahl		2,37	m
.1	200804	Stirnteil		2,0	stk
..2	4000800	U–Stahl		0,8	m
..2	Säge-2070	sägen	10	12	min
..2	Bohr-5010	bohren	20	30	min
..2	Grat-8415	entgraten	20	92	min
.1	201008	Grundplatte		1,0	stk
..2	1000700	Stahlblech		1,89	qm
.1	Lack-8370	lackieren	10	18	min
.1	Mont-1200	montieren	30	100	min
..2	Brenn-8410	brennschneiden	20	32	min

Abbildung 2.15: Strukturliste der Plattform 200504/B mit allen abhängigen Ressourcen.

Um ein Teil ganzheitlich zu betrachten, wären im Anlagenbau viele Hundert Baukastenlisten vonnöten, die der Benutzer dann neben– und untereinander anordnen müßte. Die **Strukturliste** baut aus allen Baukastenlisten die Sicht von einem Knoten zu allen direkt oder indirekt untergeordneten Knoten als Baum auf. Jede Astgabelung wird dabei durch eine Stufennummer gekennzeichnet: Die Stammäste haben die Nummer .1, alle davon abzweigenden Äste die Nummer ..2 usw. Die Strukturliste für unsere einfache Baugruppe zeigt Abbildung 2.15.

1201 Tragwagen			
TNR	Bezeichng.	MENGE	ME
1000500	Lack grün	3,3	kg
1000700	Stahlplatte	1,89	qm
200504/B	Plattform	1,0	stk
200708	Seitenteil	2,0	stk
200804	Stirnteil	2,0	stk
201008	Grundplatte	1,0	stk
4000800	U–Stahl	6,34	m
....	....	...	...
Säge-2070	sägen	34	min

Abbildung 2.16: Mengenübersichtsliste für den Tragwagen 1201.

Strukturlisten zeigen die exakte Struktur eines Endproduktes. Jede Komponente wird an allen Stellen einzeln aufgeführt, an denen sie für die Erzeugung des Endproduktes nötig ist. Manchmal interessiert aber nicht so sehr diese detaillierte Struktur, sondern eine verdichtete Form. Multipliziert man über die gesamte Strukturliste die Mengenfaktoren aller Äste, so ergibt sich daraus für alle Knoten ein Bedarfswert. Kommt eine Komponente oder ein Blatt im Baum an mehreren Stellen vor, dann werden die Bedarfsmengen addiert. Die so entstandene **Mengenübersichtsliste** weist für alle Teile deren benötigte Gesamtmenge für die Herstellung eines Endproduktes aus. Die Struktur geht dabei verloren (Abb. 2.16). Es errechnet sich die Gesamtmenge des U–Stahls 4000800 aus

$$\begin{array}{rrrll} 2\cdot & 2{,}37 = & 4{,}74 & \text{für} & 200708 \\ +2\cdot & 0{,}8 = & 1{,}60 & \text{für} & 200804 \\ \hline & & 6{,}34 & & \end{array}$$

Ergänzen Sie Ihren Gozintografen von Seite 30 um den Arbeitsplan der Baugruppe A:

	4103	Baugruppe A	
Pos	Ress#	Benenng.	t_e
04	A 800	Montage	30
05	A 905	Kontrolle	10
06	A 901	Packerei	2

Erzeugen Sie übungshalber für das Erzeugnis A der Aufgabe von Seite 30 die Strukturliste und die Mengenübersichtsliste.

Bei den bisherigen 3 Listenarten wurde der Gozintograf von Abbildung 2.3 stets entgegen der Pfeilrichtung, also vom Endprodukt zu den Einzelteilen hin durchlaufen. In Netzen kann dasselbe Verfahren auch in Pfeilrichtung angewandt weden. Analog erhält man

• zu der Baukastenliste	• die Baukastenverwendung
• zu der Strukturliste	• die Strukturverwendung
• zur Mengenübersichtsliste	• die Mengenübersichtsverwendung.

4000800 U–Stahl			
TNR	Bezeichng.	MF	ME
200708	Seitenteil	2,37	m
200804	Stirnteil	0,8	m

Abbildung 2.17: Baukastenverwendung für das Einkaufsteil 4000800.

Die **Baukastenverwendung** von Abbildung 2.17 enthält für das Einkaufsteil 4000800 alle Teile, in die das Einkaufsteil direkt eingeht. **Die Strukturverwendung** (Abb. 2.18) zeigt in Erweiterung dazu auch noch alle Baugruppen und

4000800 U–Stahl				
ST	TNR	Bezeichng.	MF	ME
.1	200704	Seitenteil	3,56	m
..2	200504/A	Plattform	2,0	stk
...3	1200	Tragwagen	1,0	stk
.1	200708	Seitenteil	2,37	m
..2	200504/B	Plattform	2,0	stk
...3	1201	Tragwagen	1,0	stk
.1	200804	Stirnteil	0,8	m
..2	200504/A	Plattform	2,0	stk
...3	1200	Tragwagen	1,0	stk
..2	200504/B	Plattform	2,0	stk
...3	1201	Plattform	1,0	stk

Abbildung 2.18: Strukturverwendungsliste für den U–Stahl 4000800.

4000800 U–Stahl			
TNR	Bezeichng.	MENGE	ME
200704	Seitenteil	3,56	m
200708	Seitenteil	2,37	m
200504/A	Plattform	8,72	m
200504/B	Plattform	6,34	m
1200	Tragwagen	8,72	m
1201	Tragwagen	6,34	m
200804	Stirnteil	0,8	m

Abbildung 2.19: Mengenübersichtsverwendung für das Einkaufsteil 4000800.

Endprodukte, in die das Einkaufsteil indirekt eingeht und die **Mengenübersichtsverwendung** (Abb. 2.19) schließlich zeigt auf, in welchen Mengen das Einkaufsteil in den verschiedenen möglichen Baugruppen und Endprodukten insgesamt vorkommt. Die Menge ist sehr aufschlußreich bei Preisänderungen von Einkaufsteilen: Multipliziert man die Preisdifferenz mit der Menge, dann erhält man die Materialkostendifferenz für jede Baugruppe und jedes Endprodukt. So würde eine Preiserhöhung von 50 Pfg je Meter U–Stahl folgende Kostenerhöhungen bewirken:

	Brenn–8410		Brennschneide–platz	
ST	TNR	BEZ	MF	ME
.1	201004	Grundplatte	55	min
..2	200504/A	Plattform	1	Stk
...3	1200	Tragwagen	1	Stk
.1	201008	Grundplatte	32	min
..2	200504/B	Plattform	1	Stk
...3	1201	Tragwagen	1	Stk

Abbildung 2.20: Strukturverwendungsliste des Arbeitsplatzes Brenn-8410.

TNR	Bezeichnung	Erhöhung
200704	Seitenteil	1,78 DM
200708	Seitenteil	1,18 DM
200504/A	Plattform	4,36 DM
200504/B	Plattform	3,17 DM
1200	Tragwagen	4,36 DM
1201	Tragwagen	3,17 DM
200804	Stirnteil	0,40 DM

Durch die gezielte Auswahl der darzustellenden Stammsatzfelder können mit den 6 Grundarten für jeden Sachbearbeiter unterschiedliche Bildschirmmasken erstellt werden. Für den Sachbearbeiter entsteht daraus der positive Eindruck, daß in der Datenbank genau seine spezifische Stücklistensicht gespeichert sei.

2.5 Kostenträgerkalkulation

Mit Hilfe der Ressourcenlisten kann dynamisch eine Kostenträger–Plankostenrechnung erfolgen. Dazu ist erforderlich, daß in allen Blättern des Gozintografen Soll– und eventuell auch Ist–Kostensätze abgespeichert sind. In den Arbeitsplatzsätzen steht der Standardstundensatz, bei den Einkaufsteilen der Einstandspreis. Für ein Endprodukt, also einen Kostenträger, wird im Zeitpunkt der Abfrage eine aktuelle Strukturliste erstellt und programmintern abgespeichert. Eine leicht modifizierte Form einer Strukturliste enthält Abbildung 2.21. Sie stellt für den Tragwagen 1200 den Strukturbaum inklusive aller Arbeitsgänge dar. Bitte vergleichen Sie den Strukturbaum von Abbildung 2.21 mit dem Gozintografen von Abbildung 2.12. Gegeben sind vor Beginn der Kostenträgerkalkulation die Mengenfaktoren für Teile, die Vorgabezeiten für Arbeitsgänge, die Einzelteilpreise der Einkaufsteile und die Maschinenstundensätze der Arbeitsplätze. Der Rechengang der Kalkulation ist in den letzten drei Spalten skizziert: Zuerst werden die Kosten der untersten Blätter (also derjenigen mit der Stufennummer ...3) ausgerechnet, indem die Einzelkosten mit den Mengenfaktoren oder mit den

	vorgegeben			errechnet		
	MF	te	Einzelkosten	Σ..2	Σ.1	Σ
1200						2383,50
– Mont-1200		700	1,-			
– 200504/A	1				1339,50	
– – MONT-1200		100	1,-			
– – LACK-8370		20	1,50			
– – 1000300	5		10,-			
– – MONT-1200		75	1,-			
– – 200704	2			287,-		
– – – GRAT-8415		106	0,50			
– – – BOHR-5010		44	1,-			
– – – SÄGE-2070		12	1,-			
– – – 4000800	3,56		50,-			
– – 200804	2			128,-		
– – – GRAT-8415		92	0,50			
– – – BOHR-5010		30	1,-			
– – – SÄGE-2070		12	1,-			
– – – 4000800	0,8		50,-			
– – 201004	1			254,50		
– – – BRENN-8410		55	1,-			
– – – 1000700	2,85		70,-			
– 213101	4				46,-	
– – 213304	1		30,-			
– – 215004	2		8,-			
– 216006	2		70,-			
– 217004	1		20,-			

Abbildung 2.21: Rechenschema für die Kostenträgerkalkulation.

Vorgabezeiten multipliziert und zu den Herstellkosten der Baugruppe summiert werden. Dann werden die Kosten der Baugruppen der Stufe ..2 auf die gleiche Art summiert. Zuletzt werden alle Teile–, Baugruppen– und Montagekosten des Tragwagens auf der obersten Stufe zu den Gesamtkosten von 2.383,50 DM addiert.

Anstelle der *einen* Kostenart in Abbildung 2.21 werden fixe und variable Material–, Lohn–, Konstruktions– und Transpostkostenarten parallel errechnet.

2.6 Varianten

Im Gegensatz zum US–amerikanischen Markt, der günstige, kurzlebige Produkte anpeilt und zum fernöstlichen Markt, der preiswerte, qualitativ hochwertige Standardartikel anbietet, ist der europäische Markt ein Markt für Sonderwünsche und Varianten. Jedes PPS–System sollte also auf die Speicherung, Verwaltung, Disposition und Steuerung von variantenreichen Produkten ausgelegt sein. Die Spielarten der Variantenspeicherung sind selbst extrem variantenreich. Man kann jedoch 4 grundsätzliche Prinzipien unterscheiden:

Bei der einfachsten Methode A wird jede Variante als neue Stückliste gespei-

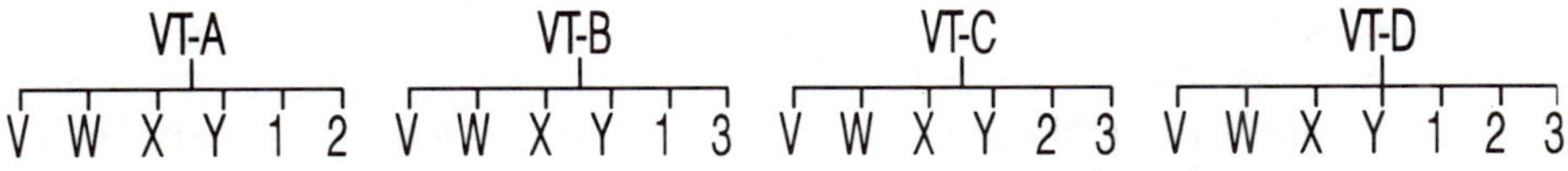

Abbildung 2.22: Bei der Methode A wird jede Variante als selbständige Stückliste gespeichert.

chert (Abb. 2.22). Ein Kraftfahrzeughersteller, der 500 Sonderausstattungen, 50 Achsvarianten, 20 Lackfarben, 100 farbige Außenverkleidungsteile, 8 Ausstattungsfarben, 5 Ausstattungsmaterialien und 500 Motorvarianten für eine Baureihe anbietet, müßte 10^{12} Stücklisten speichern. Daher kann die Lösung A nur für variantenarme Produktpaletten empfohlen werden.

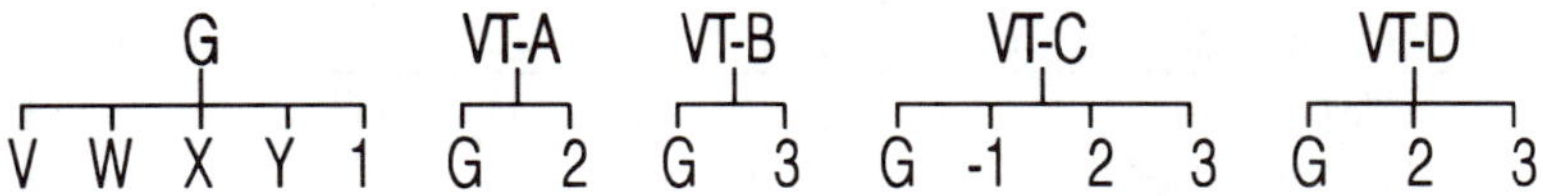

Abbildung 2.23: Methode B, bei der eine Gleichteilegruppe und Plus–/ Minus–Positionen gespeichert werden.

Eine weit verbreitete, aber die PPS–Programmierung erschwerende Möglichkeit B ist die Speicherung von Gleichteilen und Plus–/Minus–Teilen (Abb. 2.23): Alle voraussichtlich in allen Varianten einer Teilegruppe vorkommenden Teile werden einer Gleichteile–Baugruppe zugeordnet. Sämtliche Varianten führen die Gleichteilebaugruppe (auch Pseudobaugruppe genannt) und die zusätzlichen bzw. entfallenden Teile auf. Für die Termindisposition sind solche Stücklisten ungeeignet: Angenommen, das Teil 1 habe eine Wiederbeschaffungszeit von 4 Wochen, alle anderen Teile eine von einer Woche, so errechnet ein unkompliziertes, schlankes Terminierungsprogramm, daß die Pseudobaugruppe G vier Wochen Wiederbeschaffungszeit und das Endprodukt VT-C somit fünf Wochen Wiederbeschaffungszeit hat — was nachweislich völlig falsch ist. Ähnlich falsch verläuft auch die Verfügbarkeitsprüfung. Pseudobaugruppen stören bei der Disposition, sind undurchsichtig für den Anwender und dadurch schwierig zu handhaben.

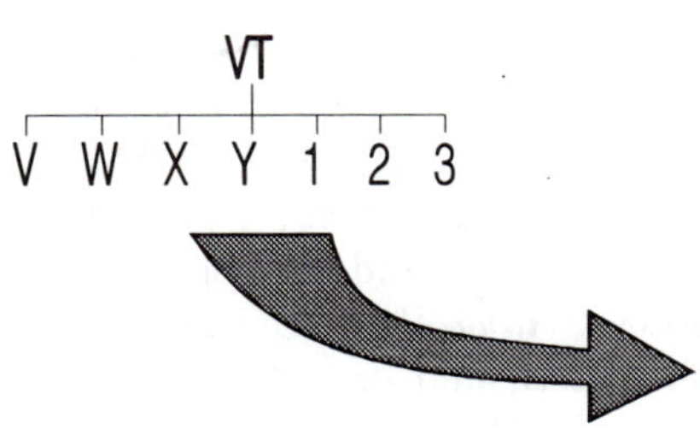

VT-	A	B	C	D
V	2	2	2	2
W	1	1	1	1
X	1	1	1	1
Y	2	2	2	2
1	3	3		2
2	1		1	1
3		1	1	1

Abbildung 2.24: Faßt man alle möglicherweise vorkommenden Teile in einer Matrix zusammen, erhält man die Methode C.

Die genau gegenteilige Methode wird bei der Lösung C in Abbildung 2.24 verwendet: Alle irgendwie in einer Teilegruppe vorkommenden Komponenten werden in der gemeinsamen Matrixstückliste geführt. Jede Matrixzeile entspricht einer Kante des Gozintografen. Über eine Kennzeichnung in den einzelnen Spalten wird je Kante gespeichert, welche der Komponenten in welcher Menge wirklich eingebaut werden sollen. Am Bildschirm sind die Unterschiede der einzelnen Varianten deutlich und leicht erkennbar. Das Hinzufügen einer neuen Variante ist trivial: Eine neue Spalte wird mit den erforderlichen Mengenfaktoren versehen.

	Tabelle 35	A	B	C	D	E
Bedingungen	Personen <	4	6	6	10	Sonstige
	Anz. Stockwerke <	10	10	10	12	Sonstige
	Geschwindigkeit m/s =	1	1	2	1	Sonstige
Aktionen	Seiltype	141	142	143	143	
	Zuschlag für Antrieb Z	5m	5m	7m	5,5m	
	Seillänge nach Formel 1	X	X	X	X	
	Fortsetzung Tabelle	40	40	42	40	

Formel 1 : L=2*N*H+Z

Abbildung 2.25: Bei der Methode D werden die Kanten dynamisch aus den Merkmalen der Baugruppe hergeleitet.

Die Lösung D von Abbildung 2.25 schließlich ist die flexibelste: Es werden überhaupt keine Kanten des Gozintografen fest gespeichert, sondern nur die Knoten. Die Kanten werden bei jeder Anfrage aufgrund der Merkmale, die das Endprodukt haben soll, neu ermittelt. Gespeichert werden nicht die starren Strukturen eines Endproduktes und seiner Teile, sondern die Regeln, nach denen die Strukturen zu bilden sind. Regelorientierte KI–Systeme oder deren Vorläufer, Entscheidungstabellensysteme, haben sich für diese flexible Art der Stukturgenerierung bestens bewährt. Die Entscheidungstabelle von Abbildung 2.25 enthält links oben alle Bedingungen, von denen die Erzeugung der Struktur für einen Knoten abhängt. Es sind dies die Anzahl der zu befördernden Personen, die maximale Stockwerkszahl und die Geschwindigkeit des Aufzugs. Unten wird eine Kante, nämlich die Verbindung zwischen dem Aufzug des Kunden und dem Aufzugsseil und deren Mengenfaktor berechnet. Im rechten Teil sind die Regeln angeordnet: Für einen Aufzug für 5 Personen, 8 Stockwerke mit einer Geschwindigkeit von 2 m/s gilt die Regel C und und diese entspricht einer Kante vom Kundenauftragskopf zum Knoten *Seiltype 143.* Aus der Stockwerksanzahl N, der Stockwerkshöhe H von drei Metern und dem Zuschlag Z errechnet die Formel eine Seillänge $L = 2 \cdot 8 \cdot 3 + 7 = 55$ Meter als Mengenfaktor für die frisch erzeugte Kante.

Leider können für Entscheidungstabellen– und KI–Systeme keine Verwendungslisten erstellt werden. Daher werden viele Systeme als Mischform zwischen Lösung C und D realisiert: Vor jede Matrixstückliste der Lösung C kann der obere Teil einer Entscheidungstabelle vorgelagert werden. Über den Bedingungsteil wird dynamisch die Variante der A bis Z ausgewählt, die dann in der Matrixstückliste die richtigen Komponenten auswählt (Abb. 2.26). Wünscht ein Kunde einen Aufzug des Typs 4721 für 5 Personen, 11 Stockwerke und eine Geschwindigkeit von 2 m/s, dann wird aus der (gegenüber Abbildung 2.25 etwas geänderten) Entscheidungstabelle ET 4721 die 8. Regel ausgewählt. Für den Aufzugtyp 4721 existiert eine Stückliste mit 10 Kanten. Aus dieser wird die Spalte E ausgewählt, wodurch die Mengen des Kundenauftrags festgelegt sind.

ET 4721

Personen <	4	4	4	4	6	6	6	6	10	10	10	10	ELSE
Anz. Stockwerke <	10	10	10	12	10	10	12	12	10	10	12	12	
Geschwindigkeit m/s =	1	2	1	2	1	2	1	2	1	2	1	2	
Variante	A	B	C	C	D	C	C	E	E	E	E	E	-

STL 4721

	A	B	C	D	E	F
Seil 141	65					
Seil 142		65		70		
Seil 143			70		70	
Fahrkorb 1	1	1				
Fahrkorb 2			1	1	1	
Antrieb 1	1					
Antrieb 2		1		1		
Antrieb 3			1		1	
Türen 1	2	2				
Türen 2			2	2	2	

Abbildung 2.26: Kombination der Methoden C und D.

Hiermit kann zwar nicht der detaillierte Verwendungsnachweis eines untergeordneten Knotens für alle möglichen Merkmalsausprägungen aller Endprodukte aufgezeigt werden, aber es ist zumindest möglich anzuzeigen, in welche Teilefamilien eine Komponente eingehen kann. Aus der Matrix–Ressourcenliste 4721 ist ersichtlich, daß das Seil 143 für den Aufzugtyp 4721 benötigt wird. Es wäre aber nur über eine komplizierte Analyse der Entscheidungstabelle ET 4721 möglich, zu ermitteln, für welche Kombinationen von Kundenmerkmalen das Seil 143 ausgewählt wird.

2.7 Unternehmensdatenmodell

Bei den PPS–Systemen der ersten Generation stand die Funktionalität im Vordergrund. Die Art der Losgrößenrechnung, Bedarfsauflösung, Terminierung oder des Kapazitätsausgleichs waren die entscheidenden Merkmale. Auch die dazugehörigen Datenbestände waren auf die Funktionalität abgestimmt. Das Ergebnis war eine Vielzahl von Dateien mit uneinheitlichem Satzaufbau und erheblichen Redundanzen. Die logischen Verbindungen zwischen den einzelnen Dateien wurden durch PPS–Programme hergestellt.

Die zweite Generation von PPS–Systemen brachte nur unbedeutende Weiterentwicklungen bei der Funktionalität, jedoch wurden die Dateien vereinheitlicht und in speziellen PPS–Datenbanksystemen zusammengefasst. Insbesondere bei vielen, gleichzeitigen Datenänderungen durch die Benutzer waren diese PPS–Datenbanksysteme überfordert. Wichtige PPS–Funktionen, wie die Bedarfsauflösung, wurden daher bevorzugt durch periodische Stapelprogramme erledigt.

Die Hard– und Software bietet jetzt laufzeitakzeptable Rechner, preisgünstige Speichermedien und leistungsstarke Relationale Datenbanken an. Aufgrund dessen ist es möglich, die Architektur der PPS–Systeme weiter zu verbessern. Die dritte Generation von PPS–Systemen zeichnet sich in ihrer Architektur dadurch aus, daß die Daten in allgemeingültigen, universell einsetzbaren Datenbanken gespeichert werden und die Funktionen fast ausschließlich als Dialogprogramme realisiert werden. Dem liegt die Erkenntnis zugrunde, daß die Datenstrukturen eines Unternehmens viel stabiler sind als die Funktionsabläufe und daß die Reihenfolge der Funktionen einem ständigen Wechsel unterliegt.
Die PPS–Entwicklung folgt damit dem allgemeinem Trend, der

- von Dateiverwaltungssystemen (1. Generation)
- über proprietäre, netzartige Datenbanken (2. Generation)
- zu offenen relationalen Datenbanken (3. Generation) und
- jetzt gerade zu objektorientierten Datenbanken

führt. Gerade der Schritt von der netzorientierten Denkweise zum relationalen Ansatz ist geprägt durch eine Vereinfachung und Konsolidierung der Datensichten.

Relationale Datenbanken speichern die Daten in „flat files" also in Dateien ohne weitere Strukturen. Da aber kaum ein PPS–Anwendungsgebiet ohne Strukturen existiert, müssen eben die Strukturen in eigenen flat files gespeichert werden. Abbildung 2.27 zeigt ein Beispiel aus der Kundenauftragsverwaltung. Die Aufträge mit den Lieferterminen sind in der Relation **Auftrag**, die lieferbaren Artikel in der Relation **Artikel** und die Beziehungen zwischen den beiden in der Relation **Auftragsposition** gespeichert. Die Pfeile verdeutlichen, wie das Datenbanksystem aus den 3 Relationen einen Lieferschein oder eine Rechnung für den Kundenauftrag 1803 zusammenstellen kann.

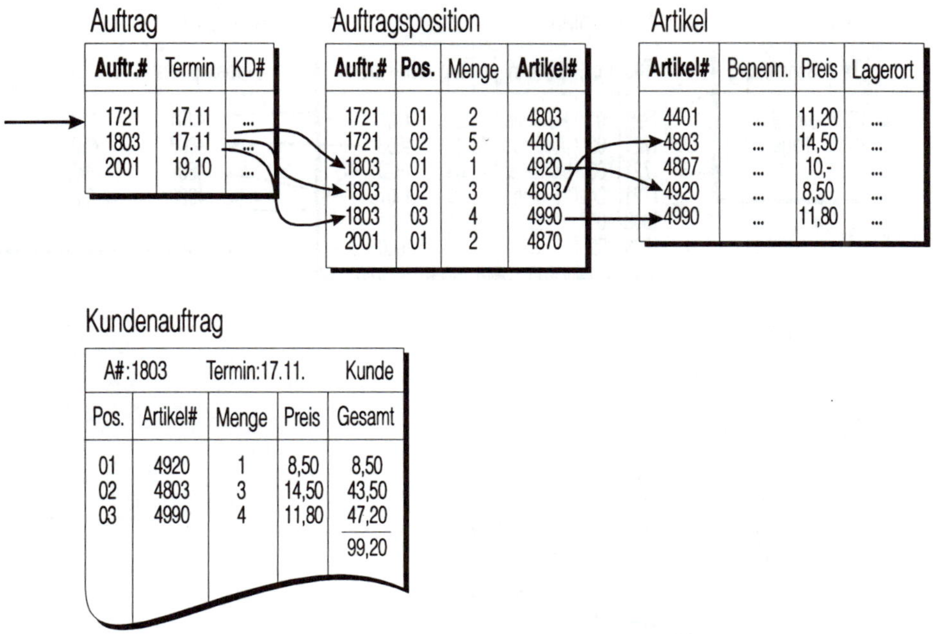

Abbildung 2.27: Aus den Relationen Auftrag, Auftragsposition und Artikel wird mit Hilfe einer Datenbankabfrage (Pfeile) ein Kundenauftrag zusammengestellt.

Ein weiteres Beispiel, nämlich die Arbeitsplanverwaltung, ist in Abbildung 2.28 dargestellt. Arbeitsgänge stellen die Beziehung (Relationship) her zwischen Teilestammsätzen und Arbeitsplätzen. Die Pfeile zeigen, wie das Datenbanksystem die Sätze für die Vorkalkulation von 10 Stück bereitstellt [Kosten = $(t_r + m \cdot t_e) \cdot (\text{Stundensatz} : 60)$].

Eine Prinzipdarstellung von miteinander in Beziehung stehenden Relationen ist das ERM (Entity Relationship Model) von Chen.[2] Jede Stammrelation (Entity) wird als Kasten, die Beziehung (Relationship) wird als Rhombus dargestellt. Pfeile zwischen den Kästen und Rhomben zeigen, ob jeweils einer oder mehrere Sätze in der entsprechenden Relation vorkommen. Es bedeuten

◁–▷ eine 1 : 1–Beziehung, d.h. in jeder Relation besteht ein entsprechender Satz

◁ – ▷▷ eine 1 : n–Beziehung, d.h. zu einem Satz gibt es in der zugehörigen Relation mehrere Sätze

◁◁–▷▷ eine m : n–Beziehung. So hat bei der DIN 4000 ein Stammsatz mehrere Merkmale und jedes Merkmal bezieht sich auf mehrere Stammsätze.

Unser Beispiel der Kundenauftragsverwaltung von Abbildung 2.27 vereinfacht sich als ERM zur Abbildung 2.29. Das Arbeitsplanbeispiel (Abb. 2.28) sieht als ERM so aus, wie Abbildung 2.30 es zeigt.

[2]Chen, P.P.: The Entity–Relationship Model, ACM Transactions on Database–Systems, Vol.1, No1, 1976 (9–36).

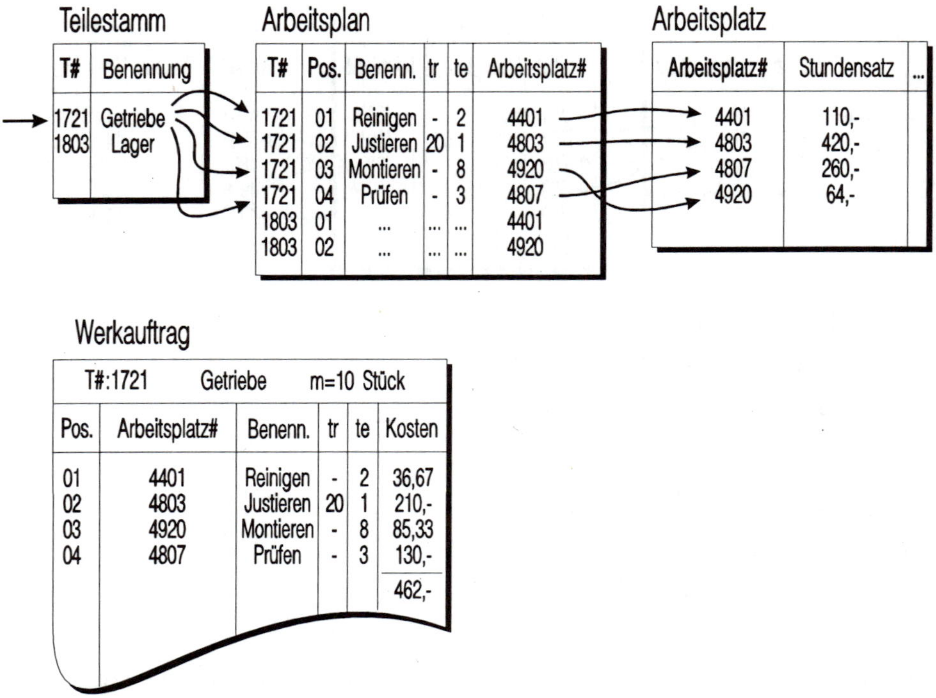

Abbildung 2.28: Aus den Relationen **Teilestamm**, **Arbeitsplan** und **Arbeitsplatz** wird mittels einer Datenbankabfrage und einer Zusatzberechnung ein Getriebeauftrag vorkalkuliert.

Abbildung 2.29: ERM einer Kundenauftragsverwaltung.

Die Struktur von Abbildung 2.29 wiederholt sich auf einer logistischen Kette vom Kundenauftrag bis zu den Fremdlieferungen (Abb. 2.31) Das Diagramm ist von links nach rechts folgendermaßen zu lesen: Ein Auftrag besteht aus mehreren Auftragspositionen mit jeweils einem Artikel. Jeder Artikel besteht aus mehreren Baugruppen laut Montagestückliste. Jede Baugruppe besteht laut Werkauftrag aus mehreren Teilen und jedes Teil kann von mehreren Lieferanten geliefert werden. Auch die rückwärts gerichtete Sicht ist von rechts nach links erkennbar: Jeder Lieferant kann mehrere Teile liefern. Jedes Teil kann für unterschiedliche Baugruppen verwendet werden. Jede Baugruppe kann in unterschiedliche Artikel eingebaut werden. Jeder Artikel ist in beliebig vielen Kundenaufträgen enthalten.

Abbildung 2.30: ERM einer Arbeitsplanverwaltung.

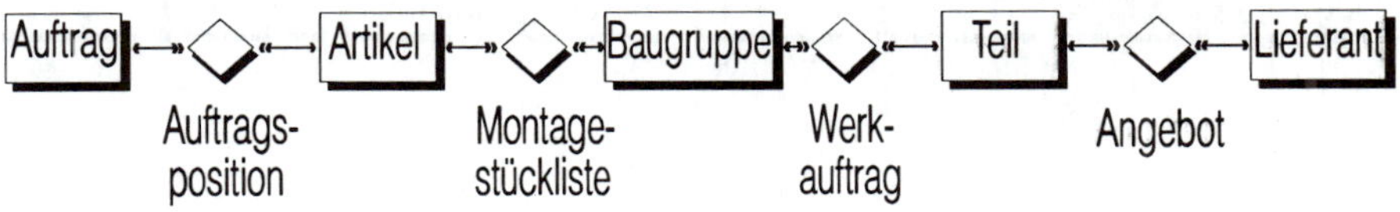

Abbildung 2.31: ERM der logistischen Kette vom Kundenauftrag bis zum Lieferanten.

Stellt man alle Relationen eines Industriebetriebs generell und ziemlich grob als ERM dar, so gibt das ein Diagramm mit etwa 300 Relationen (Scheer, Mertens)[3].

Die objektorientierte Betrachtungsweise bringt einen zusätzlichen Aspekt in die Datenmodellierung: Endprodukte, Eigenfertigungsbaugruppen und -teile, Material und Fremdbezugsteile haben viele Ähnlichkeiten. Aber auch Arbeitsplätze, Montagegruppen, Vorrichtungen, Werkzeuge, Transporteinrichtungen, Prüfmittel und Transportbehälter haben viele gleiche Eigenschaften. Bei der objektorientierten Betrachtungsweise wird die Ähnlichkeit zum tragenden Prinzip. Die Ähnlichkeit wird in Form von Vererbungsstrukturen festgehalten: Eine Unterklasse erbt von ihrer Oberklasse deren Eigenschaften. So sind Fremdbezugsteile und Fertigwaren Unterklassen vom Material, erben also alle dessen Felder (Attribute), wie Teilenummer, Lagerort, Preis, Benennung und Klassifikation. Ergänzt werden bei Fremdbezugsteilen die Felder Lieferkonditionen, Qualitätsprüfvorschriften und bei Fertigwaren die Preise und Rabatte. Fasst man alle Stammdaten zu einer Vererbungshierarchie zusammen, so ergibt das die Klassen von Abbildung 2.32. Die Vorteile dieser Klassenhierarchie liegen auf der Hand:

- Ein Ersatzteil erbt automatisch alle Eigenschaften der darüberliegen Klassen, also
  - die Felder *Benennung* und *Teilenummer* von der Ressource,
  - den *Lagerort* vom Material

[3] Scheer, A.: Enterprise-Wide Data Modelling (EDM), Berlin/Heidelberg: Springer-Verlag, 1989;
Mertens, Peter: Integrierte Informationsverarbeitung 1, , Wiesbaden: Gabler-Verlag, 8.Aufl. 1991.

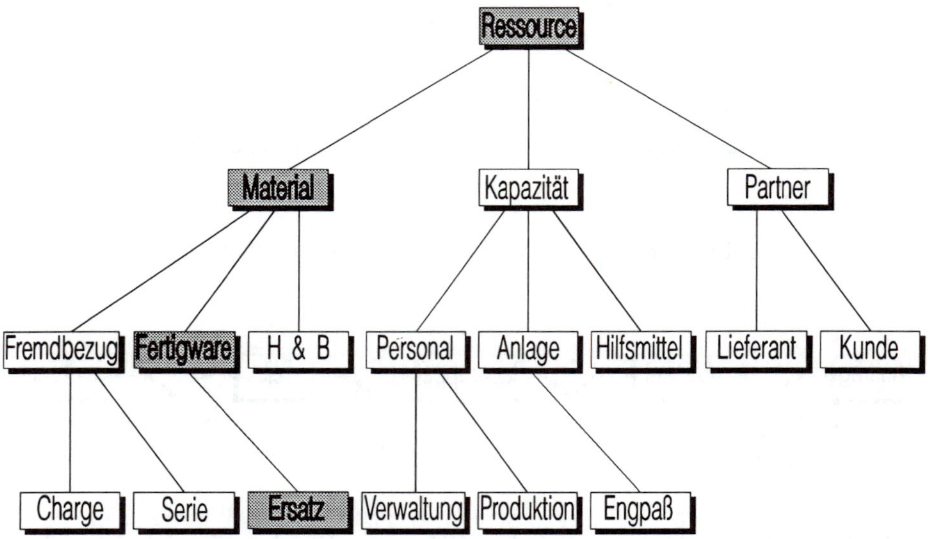

Abbildung 2.32: Klassenhierarchie der Stammdaten als objektorientierte Darstellung. Die grau unterlegten Teile entsprechen einem Ersatzteilstammsatz herkömmlicher Art.

  - den *Preis* von der Fertigware.
  - Der *Mittelwert der Nachfragen* wird jedoch nicht vererbt, sondern ergänzt.

- Alle Programme, die mit den Feldern einer Oberklasse arbeiten, können unverändert auch Ersatzteile verarbeiten. So können alle Stücklisten- und Kalkulationsprogramme unverändert für Ersatzteile eingesetzt werden.

- Neue Klassen für Spezialfälle können leicht in der Hierarchie unten angefügt werden, ohne daß dadurch die vorhandenen PPS-Programme geändert werden müssen.

Man nennt diese Zusammenfassung von Entitäten mit ähnlichen Eigenschaften auch „Beseitigung der funktionalen Redundanzen". Im ERM wird nämlich entweder bei jeder Entität aus unserer Ressourcenhierarchie *Material* ein Feld Lagerort definiert und bei jedem *Geschäftspartner* ein Feld Telefonnummer, oder aber es werden neue Relationen gebildet, die nur die Felder Lagerort oder Adresse und Telefonnummer enthalten. Die Vererbungsstruktur beseitigt die redundante Definition von Feldern und die Inflation der Relationen bei der Normalisierung.

Genauso, wie man alle Stammdaten zur Vererbungsstruktur Ressource zusammenfasst, werden auch alle Beziehungen zwischen den Stammdaten, also die Strukturdaten, zu einer Vererbungsstruktur konsolidiert (Abb. 2.33). Das ERM aller Stammdaten mit ihren Strukturen vereinfacht sich somit zu Abbildung 2.34 und durch Vereinigung der beiden Kästchen *Ressource* weiter zu Abbildung 2.35,

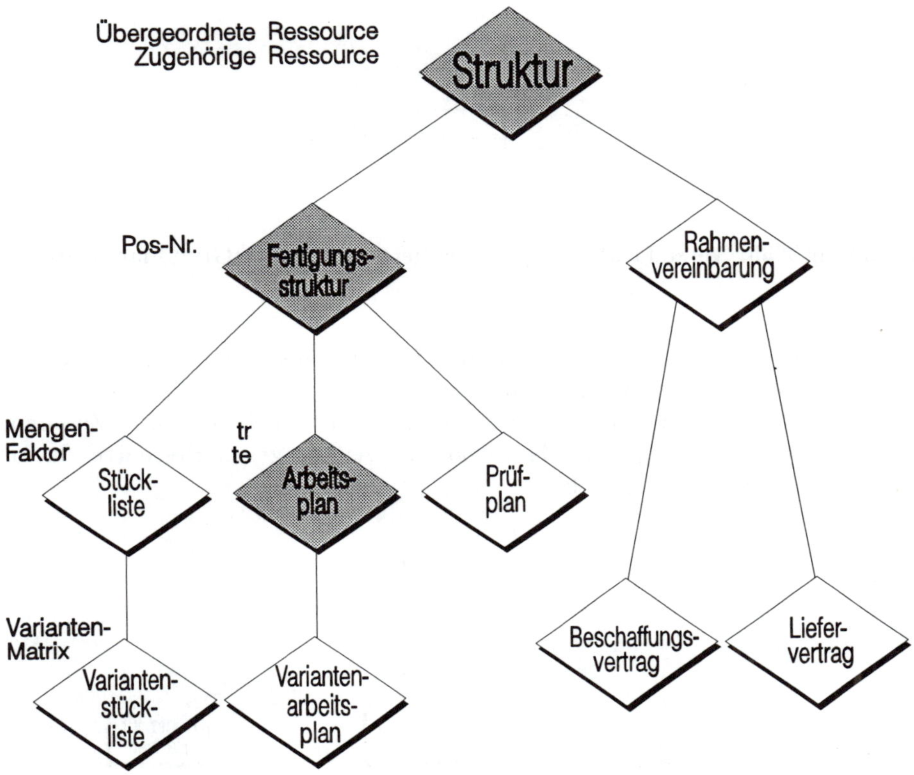

Abbildung 2.33: Klassenhierarchie der Strukturdaten als objektorientierte Darstellung. Ganz links sind einige Felder einer Stücklistenstruktur angedeutet. Grau unterlegt sind die Bestandteile eines herkömmlichen Arbeitsgangsatzes.

wobei *Ressource* jedes Element aus der Klassenhierarchie Ressource und *Struktur* jedes Element aus der Klassenhierarchie Struktur sein darf.

Abbildung 2.34: Objektorientiertes ERM der Grunddatenverwaltung.

Außer den generellen, zeitneutralen Stammdaten mit ihren Strukturen, gibt es im Industriebetrieb noch Auftragsdaten, das sind zeitbezogene Daten. In Analogie zu den relativ statischen Stammdaten gibt es die zeitbezogenen Zu– und Abflüsse zu einer Ressource. So bilden alle Lagerzugänge und –abgänge der

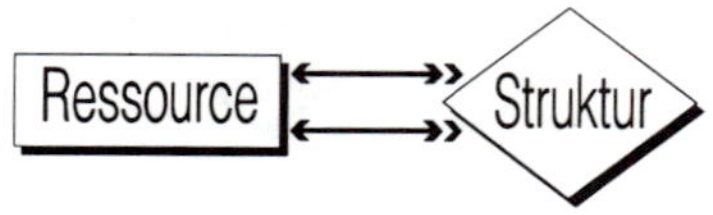

Abbildung 2.35: Vereinfachtes, objektorientiertes ERM der Grunddatenverwaltung.

Vergangenheit den Lagerbestand, aus den Lagerabgängen und Lagerzugängen der Zukunft errechnet sich der Nettobedarf. Da jede Ressource nur dann disponiert wird, wenn sie ein knappes Gut darstellt, hat auch jede Ressource Zu- und Abflüsse. Die Vererbungshierarchie *Konto* der zeitbezogenen Ressourcendaten ist in Abbildung 2.36 dargestellt.

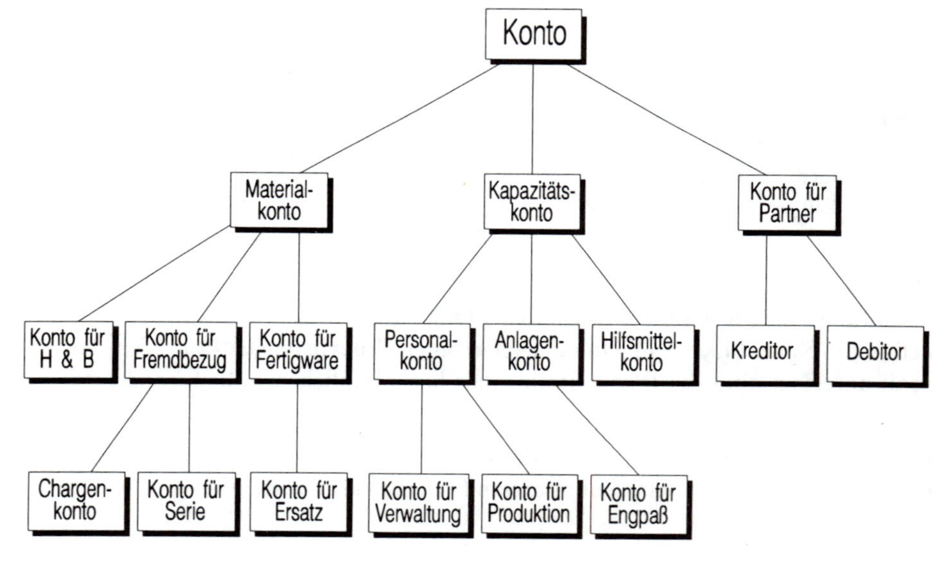

Abbildung 2.36: Klassenhierarchie der Konten als objektorientierte Darstellung.

Bei allen Kapazitätskonten besteht der Zufluß aus einem Schichtplan: Jede Woche fließen 37,5 Stunden Kapazitätszugang in das Kapazitätskonto. Die Abflüsse entsprechen den zu bearbeitenden Aufträgen. Der Saldo zeigt, ob es Überkapazität oder Kapazitätsmangel gibt. Im Kapitel Kapazitätswirtschaft werden diese Zusammenhänge ausführlich erläutert.

In Industriebetrieben hängen die Zuflüsse der Baugruppenkonten mit den Abflüssen der Komponentenkonten über Aufträge zusammen: Jeder Werkauftrag besteht aus einem Zufluß bei der Baugruppe und mehreren Abflüssen (Reservierungen) bei den Komponenten. Die detaillierte Erläuterung folgt in Abbildung 3.5. Die *Auftragshierarchie* zeigt einige der möglichen Auftragsarten und deren Vererbungsstruktur (Abb. 2.37). Die Zu- und Abgänge werden in einer eigenen Relation gespeichert. Ein Konto (z.B. auf Seite 70) setzt sich aus mehreren Zu- und Abflüssen zusammen. Ein Auftrag (z.B. auf Seite 221) besteht aus einem Zufluß (dem Header oder Auftragskopf) und mehreren Abflüssen (den Auftragspositionen).

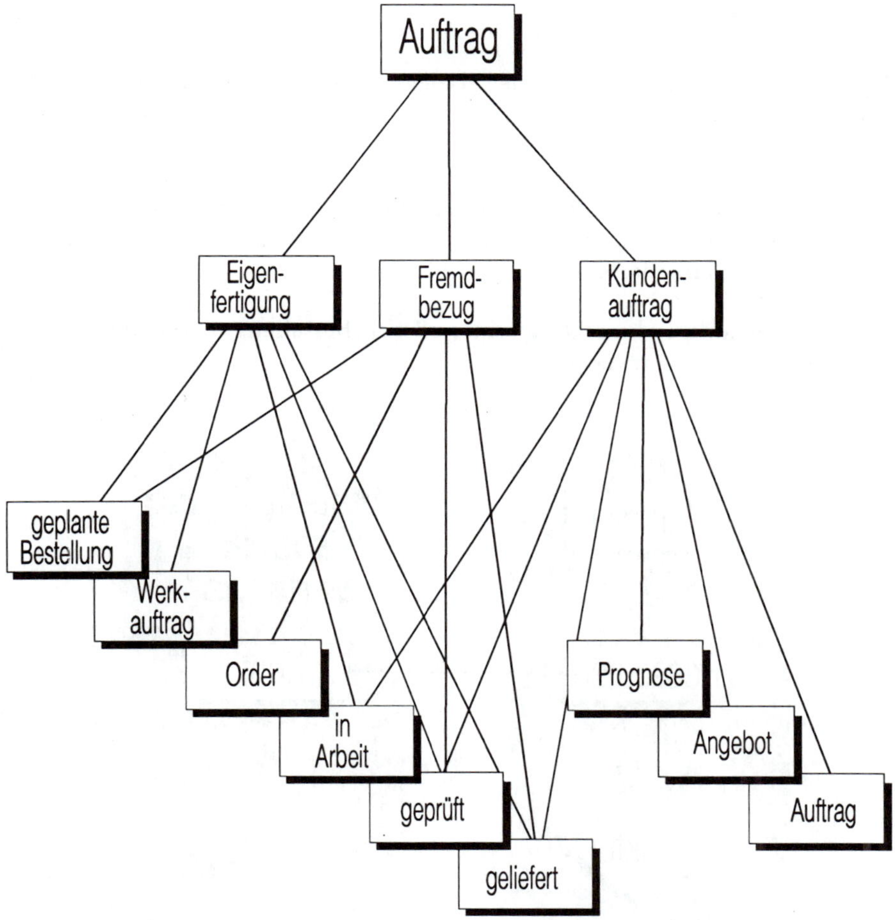

Abbildung 2.37: Klassenhierarchie der Aufträge als objektorientierte Darstellung.

Das Unternehmensdatenmodell von Abbildung 2.35 wird um die zeitabhängigen Datenstrukturen erweitert auf die vier Grundrelationen von Abbildung 2.38. Ein paar Beispiele dienen der Erläuterung:

1. Zu jedem Fremdbezugsteil gibt es ein Konto (mit allen Zu- und Abgängen).

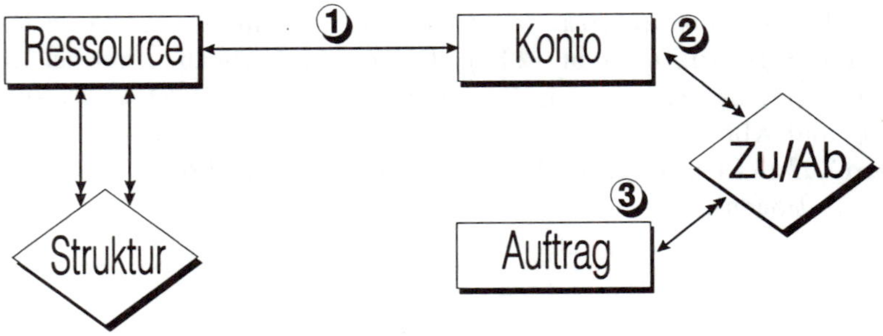

Abbildung 2.38: ERM Unternehmensdatenmodell mit den statischen und zeitabhängigen Daten. Die Ziffern beziehen sich auf die Beispiele im Text.

2. Das Konto einer Baugruppe besteht unter anderem aus Lagerzugängen, Werkaufträgen, geplanten Bestellungen, Lagerabgängen, Reservierungen und Sekundärbedarfen.

3. Ein Werkauftrag besteht aus einer offenen Bestellung mit einem reservierten Bedarf je Auftragsposition.

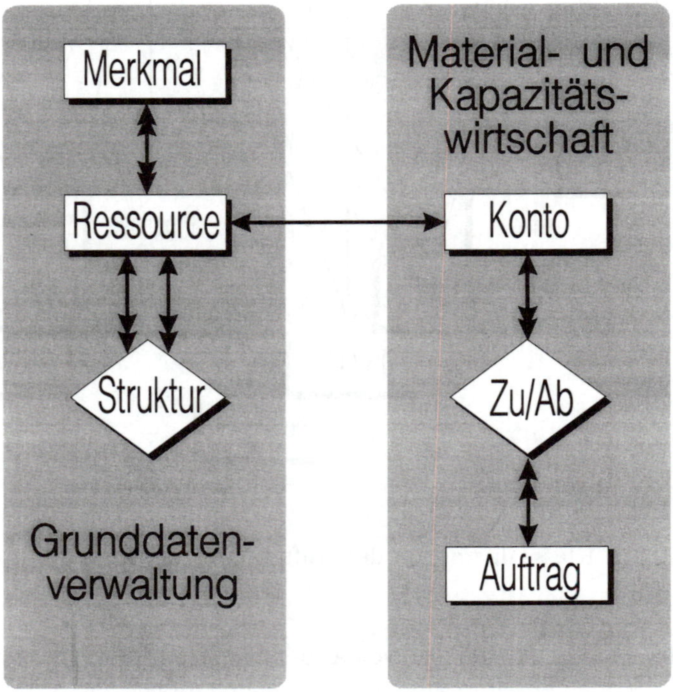

Abbildung 2.39: Komplettes Unternehmensdatenmodell auf der Basis objektorientierter Klassen.

Zusammen mit den auf Seite 36 behandelten Merkmalen besteht unser Unternehmensmodell aus 6 Relationen (Abb. 2.39). Die drei linken Relationen speichern alle Daten der Grunddatenverwaltung, die drei rechten Relationen diejenigen der folgenden Kapitel Material- und Kapazitätswirtschaft.

Und zum Abschluß noch ein paar Übungen für ein Unternehmensdatenmodell:

Ressource

Ress#	Benennung	Ress-Art	Lagerort	Leistungsgrad	Stundensatz	Einstandspreis

Struktur

Ziel-Ress#	Quell-Ress#	Pos	Mengenfaktor	t_e	Ress-Art

1. Vorgegeben sind die Relationen **Ressource** und **Struktur**.

   Speichern Sie die Baukastenliste aus der Übung von Seite 30 mit der Ressourcen-Art = M (Stückliste) in die beiden Relationen ein. Ergänzen Sie fehlende Daten nach Belieben.

2. Speichern Sie zusätzlich den Arbeitsplan aus der Übung von Seite 43 mit der Ressourcen-Art = A in die beiden vorgegebenen Relationen ein.

3. Für die Baugruppe A soll ein Werkauftrag Nr.444 über 10 Stück mit Liefertermin 13.5. erstellt werden. Speichern Sie die Zeilen des Werkauftrags in die Relation **Zu-/Abgang** ein, und nehmen Sie an, daß zwischen zwei Arbeitsgängen immer ein Arbeitstag liegen soll.

Zu-/Abgang

Auftr#	Ress#	Pos	Menge	Dauer	Termin	H = Kopfsatz M = Stücklistensatz A = Arbeitsgang

4. Markieren Sie mit Pfeilen den Ablauf einer Datenbankabfrage für eine Vorkalkulation von 4103 (Arbeitsplatz- und Materialkosten).

5. Markieren Sie mit andersartigen Pfeilen den Ablauf einer Werkstattpapierschreibung, bei der für den Auftrag 444 die Materialentnahmeliste gedruckt werden soll.

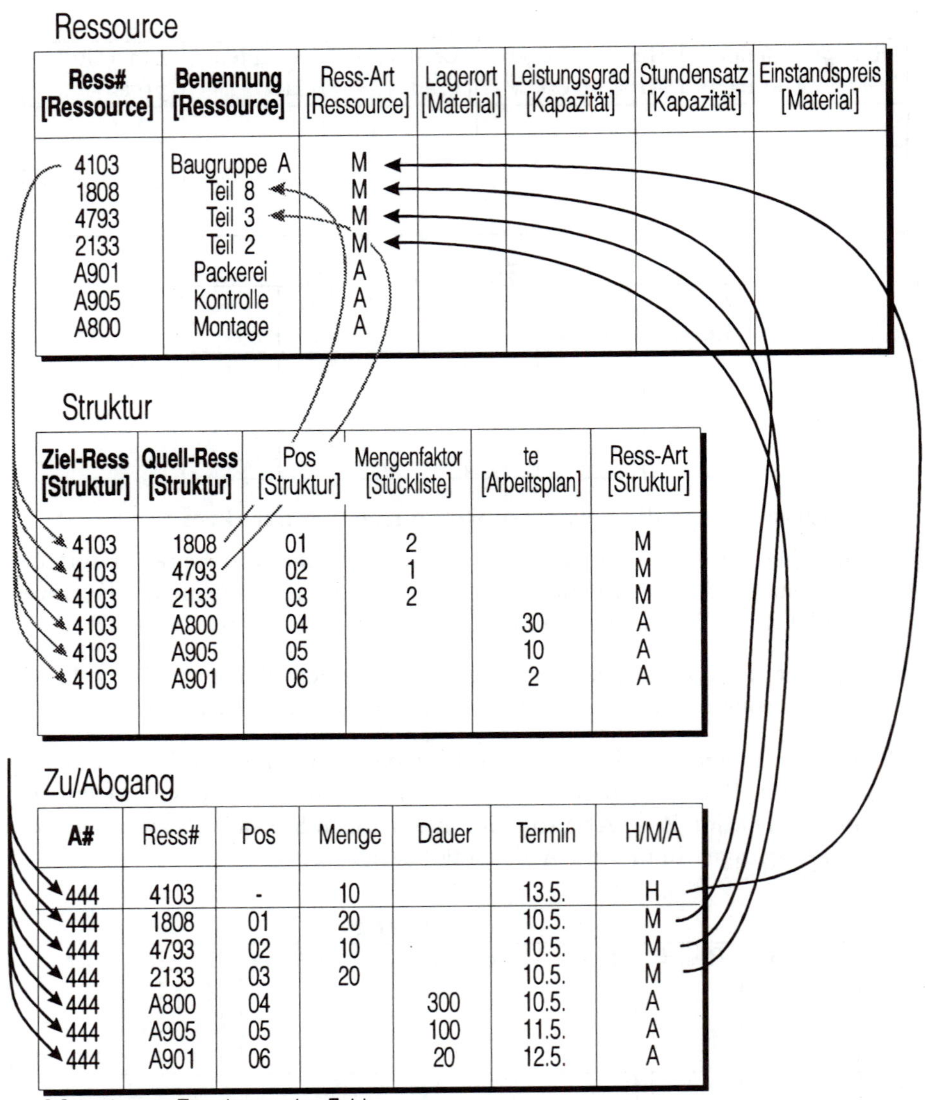

Ressource

Ress# [Ressource]	**Benennung [Ressource]**	Ress-Art [Ressource]	Lagerort [Material]	Leistungsgrad [Kapazität]	Stundensatz [Kapazität]	Einstandspreis [Material]
4103	Baugruppe A	M				
1808	Teil 8	M				
4793	Teil 3	M				
2133	Teil 2	M				
A901	Packerei	A				
A905	Kontrolle	A				
A800	Montage	A				

Struktur

Ziel-Ress [Struktur]	**Quell-Ress [Struktur]**	Pos [Struktur]	Mengenfaktor [Stückliste]	te [Arbeitsplan]	Ress-Art [Struktur]
4103	1808	01	2		M
4103	4793	02	1		M
4103	2133	03	2		M
4103	A800	04		30	A
4103	A905	05		10	A
4103	A901	06		2	A

Zu/Abgang

A#	Ress#	Pos	Menge	Dauer	Termin	H/M/A
444	4103	-	10		13.5.	H
444	1808	01	20		10.5.	M
444	4793	02	10		10.5.	M
444	2133	03	20		10.5.	M
444	A800	04		300	10.5.	A
444	A905	05		100	11.5.	A
444	A901	06		20	12.5.	A

[ ] bedeutet: Zuordnung der Felder zu den Vererbungsstrukturen (Aufgabe 3 & 4)

Abbildung 2.40: Lösungsvorschlag für die Aufgaben zum Abschnitt Unternehmensdatenmodell (graue Pfeile = Aufgabe 4, schwarze Pfeile = Aufgabe 5).

2.8 PPS–Realität

Alle am Markt angebotenen PPS–Systeme beherrschen die sechs Grundformen der Stücklisten und der Teileverwendungslisten. Die meisten PPS–Systeme bieten auch einen Klassifikationsbaustein — meistens gemäß DIN 4000 — an. Die Parallelnummer ist zum Standard geworden.

Zur Datenspeicherung verwenden die älteren PPS–Systeme netzartige Datenbanken. Bei Netzdatenbanken werden alle Elemente eines Stücklisten–, Arbeitsplan– oder Auftragsnetzes nahe beieinander gespeichert, was sich in enorm guten Zugriffs– und Antwortzeiten bemerkbar macht. Außerdem ist die referentielle Integrität sichergestellt. Dadurch wird gewährleistet, daß zu jeder Kante im Gozintographen auch die beiden Knoten existieren, daß kein Arbeitsplan ohne Stammsatz, keine Auftragsposition ohne Auftrag, kein Arbeitsgang ohne Arbeitsplatz, kein Kundenauftrag ohne Kundenstamm und kein Sekundärbedarf ohne Konto vorkommt. Allerdings ist diese strenge Prüfung für eine flexible Ablauforganisation manchmal hinderlich. So kann es durchaus vorkommen, daß ein Kundenbedarf schon existiert, ehe der Artikelstamm mit allen Feldern angelegt ist, daß eine Bestellung ohne Lieferantenstammsatz oder ein Lagerzugang ohne Kontenstammsatz getätigt werden. Gerade in variantenreicher Umgebung mit paralleler Ablauforganisation kommen solche Inkonsistenzen temporär vor. Die Garantie, daß zu jedem Zeitpunkt referentielle Integrität herrscht, wird oft durch eine streng serielle, unflexible und zeitaufwendige Ablauforganisation erkauft.

Relationale Datenbanken werden bei neueren Systemen bevorzugt. Ihre Vorteile bestehen in einer einfacheren Anpassbarkeit, leichteren Recherchiermöglichkeiten und der Bearbeitung von Datenmengen anstelle von Einzelsätzen. Bei der Terminierung oder der Führung des Bestandskontos sind Mengenoperationen günstig einzusetzen, weil alle Sätze, die zu einem Auftrag gehören oder alle Sätze, die zu einem Konto gehören, mit *einem* Zugriff aus der Datenbank zur Verfügung gestellt und bearbeitet werden können.

Jedes PPS–System liefert dem Anwender ein eigenes Unternehmensdatenmodell mit. Der Anwender muß sich zwangsläufig an dieses Modell organisatorisch anpassen. Die meisten PPS–Systeme bestehen aus mehr als 100 Dateien oder Relationen, deren Satz– und Feldaufbau nicht oder nicht einfach geändert werden kann.

Das SAP–System ist derzeit das umfassendste PPS–System. Es basiert auf einem Datenmodell gemäß dem ERM. Mehr als 300 Relationen sind für die Speicherung der Daten erforderlich. Es besitzt getrennte Dateien für Stücklisten und Arbeitspläne. Eine Klassifikation, die noch flexibler ist als DIN 4000, ist enthalten. Varianten können auf zwei prinzipiell unterschiedliche Arten gespeichert werden. Die gebräuchlichere Art ist wohl die Matrixspeicherung; ein Verkaufsgruppenkonzept wählt die Varianten gemäß Merkmalsausprägungen aus. Die Kostenträgerkalkulation ist enthalten. Besonders viele Prüfungen bei der Erfassung und Änderung der Grunddaten stellen sicher, daß keine Fehler in der Datenbank vorkommen.

Das SAP–System RM (PPS–Modul) umfasst die Komponenten[4]

- Stammdatenverwaltung,
- Stücklisten und Rezepturen,
- Arbeitsplanverwaltung,
- Produktionsplanung,
- Materialbedarfsplanung,
- Kapazitätsplanung,
- Fertigungsauftragsabwicklung,
- Netzpläne,
- Kalkulation,
- Einkauf,
- Bestandsführung,
- Rechnungsprüfung und
- Instandhaltung.

Das VPPS–System ist klassenorientiert entworfen. Alle Ressourcen werden in einer logischen Ressourcen–Stammdatei gespeichert, alle Aufträge in der Auftragsdatei und alle Strukturen in der Ressourcenlisten–Datei. Dadurch reduziert sich die Anzahl der grundsätzlichen Dateien auf etwa 20 und die der Grunddatenverwaltung auf etwa 10. Von Vorteil ist, daß damit auch die Anzahl der Datenverwaltungsprogramme und der Verarbeitungsprogramme erheblich reduziert werden konnte, ohne daß die Funktionalität darunter leidet. Dieser Ansatz entspricht dem ERM–Modell von Abb. 2.39. Allerdings können die Felder in ihrer Anordnung und Art nicht vom Anwender verändert werden. Es existiert keine Vererbungshierarchie, wie im objektorientierten Ansatz. VPPS enthält eine Klassifikation aller Ressourcen nach DIN 4000, die auch für die Variantengenerierung verwendet werden kann. Die Variantenerzeugung erfolgt über Entscheidungstabellen und/oder Matrixspeicherung. Es gibt eine Kostenträgerkalkulation. Sie gilt auch für Varianten.
Das VPPS–System besteht aus den Komponenten [5]

- Stammdatenverwaltung und Technische Datenbank,
- Disposition,
- Fertigungssteuerung und Leitstand,
- Betriebsdatenerfassung und –auswertung,
- Vertrieb,
- Einkauf,
- Kalkulation,
- Lagerführung und
- Personalzeit.

[4] System RM Funktionsbeschreibung, SAP AG, D–6909 Walldorf, Artikelnummer: D3012, 1988.
[5] infor Anwenderhandbuch, infor GmbH D-6680 Neunkirchen, 3. Auflage, Releasestand 3.33, 1991.

Kapitel 3

Bestandsführung

3.1 Bestandsführung im Ersatzteillager

In der Ersatzteilabteilung eines Sonderfahrzeugherstellers gibt es 10.000 Artikel. Fast alle davon sind vorrätig (mit Ausnahme von Reifen, Öl, etc). Die zwei Ersatzteildisponenten sind dafür verantwortlich, daß

- jeder Zugang aus der Produktion gebucht wird,
- jeder Abgang an den Versand gebucht wird,
- der Bestand regelmäßig überprüft wird,
- bei Bedarf rechtzeitig von der Produktion Nachschub bestellt wird,
- die bestellte Menge möglichst wirtschaftlich gewählt wird,
- alle offenen Bestellungen terminlich auf Verzug überwacht werden,
- jederzeit Auskunft erteilt wird, wieviel von einem Artikel wo lagert.

In unserem kleinen Ersatzteillager müssen bei konventioneller Organisation

- 10.000 Bestandskarten angelegt und verwaltet werden, das sind 7 Karteikästen
- 1500 Zu- und Abgangsbuchungen pro Woche eingetragen werden,
- 300 Bestellungen pro Woche errechnet und bestellt werden,
- 3000 offene Bestellungen terminlich überwacht werden,
- 1000 Bestandssalden pro Woche fortgeschrieben werden.

Bei 15 Sekunden Zeitaufwand pro Tätigkeit ergibt das etwa 24 Stunden pro Woche. Hinzu kommt noch die Lokalisierung und Beseitigung von Buchungs- und Rechenfehlern sowie Verwechslungen. Der folgende Abschnitt erläutert ein EDV-gestütztes Verfahren, mit dem

- die Planungssicherheit erhöht,
- der Rechenaufwand eliminiert,
- die Auskunftsbereitschaft verbessert und präzisiert,
- die Terminüberwachung automatisiert und
- die Arbeit vereinfacht werden kann.

Die Abhandlung gilt aber nicht nur für Ersatzteile, sondern für alle Eigenfertigungs- und Fremdbezugsteile, Materialien und Produkte eines Unternehmens.

3.2 Verwaltung der Zu- und Abgänge

Jedes Material, jede Baugruppe und jedes Endprodukt, das an einem Lagerort gelagert werden kann, wird als Teil bezeichnet. Die Bestandsführung registriert den Zu- und Abfluß der Teile bezüglich des Lagerorts. Jedes Teil hat eine eindeutige Identifikation: die Teilenummer. Je Teilenummer wird ein Sachkonto geführt:

die Zugänge werden addiert,
die Abgänge subtrahiert
und der Saldo entspricht dem Bestand.

Früher führte man die Bestände auf Lagerkarten von Hand. Abbildung 3.1 zeigt eine stark vereinfachte Lagerkarte für das Bestandskonto einer Muffe mit der Teile-Nr. 384103. Für aktuelle Anfragen nach dem Lagerbestand genügt ein einziges Lagerbestandsfeld im Teilestammsatz. Dort wird jeweils der letzte Saldo gespeichert. Für detailliertere Auskünfte reicht dieses eine Feld nicht aus.

384103 Muffe Lagerort: Zentrallager
Lagerfach: 1803

	Datum	Auftr#	Abgang	Zugang	Bestand
IV= Inventur	15.1.	0001		500 Stk	500 Stk
GZ= Zugang	18.1.	18023		300 Stk	800 Stk
GA= Entnahme	18.1.	19031	500 Stk		300 Stk
UA= ung.Entn.	19.1.		100 Stk		200 Stk
UZ= Rücklief.	20.1.			50 Stk	250 Stk
GA= Entnahme	20.1.	19305	200 Stk		50 Stk

Abbildung 3.1: Vereinfachte Lagerkarte mit Zu- und Abgängen.

Exakte Auskünfte über Entnahmen und Zugänge sind wichtig, wenn es darum geht,

- einen Buchungsfehler zu lokalisieren,
- fehlerhaftes Material zurückzuverfolgen,
- den Verlauf der Zu- oder Abgänge statistisch zu analysieren,
- den Lagerbestand an einem Stichtag zu rekonstruieren.

Diese vier Fälle werden Ihnen am Beispiel unserer Muffe 384103 demonstriert:

> Die Inventur am 21.01. ergibt einen Ist–Bestand von 150 Stück. Die Durchsicht der Original–Belege ergibt, daß die ungeplante Entnahme am 19.01. nicht vom Teil 384103 erfolgte, sondern vom Teil 384130. Die Bestandsführung ist wieder korrekt, wenn diese Zeile auf unserer Bestandskarte gestrichen und in die Bestandskarte von 384130 eingefügt wird.
>
> Falls das Lagerpersonal angewiesen ist, immer zuerst die ältesten Bestände zu entnehmen (fifo = first in first out), dann kann eine Reklamation bei der Entnahme mit der Auftragsnummer 19305 am 20.01. dem Zugang 18023 vom 18.01. eindeutig zugeordnet werden. Der Lieferant dieser Sendung ist für die Qualität verantwortlich.
>
> Existieren bereits viele Eintragungen auf der Lagerkarte, dann kann die durchschnittliche Abgangsmenge pro Tag, die durchschnittliche Menge der ungeplanten Entnahmen, die Standardabweichung der Abgänge (also die Abweichungsbreite), der Trend der Abgänge und die Frequenz der Entnahmen statistisch errechnet werden. Diese Daten dienen der Vorhersage und der Sicherheitsbestandsberechnung. Wir behandeln diese Werte später ausführlich.
>
> Der Lagerbestand am Stichtag 19.01. ist (nach der Korrektur) 300 Stück gewesen.

Moderne PPS–Systeme arbeiten wie unsere Bestandskarte. Sie führen

- einen Saldensatz der Vergangenheit (das ist oft ein Inventursatz)
- alle Zugangssätze mit Belegnummer, Zugangstermin, Menge, Zugangsart und Lagerort
- alle Abgangssätze mit Belegnummer, Abgangstermin, Menge, Abgangsart und Entnahmeort
- optional kann zusätzlich ein Lagerbestandsfeld mit dem aktuellen Saldo geführt werden.

Die Inventur, das Zählen der physischen Lagerbestände, sorgt für einen korrekten Start bei der Saldierung. Die verschiedenen Methoden, eine Inventur durchzuführen, sind auf Seite 236 erläutert.

Das letzte Feld, der Lagerbestand, ist nicht unbedingt erforderlich: Der Saldo kann ja jederzeit aus den Zu– und Abgangssätzen errechnet werden. Eine EDV–Anlage mit 50 MiPS (Millionen Instruktionen pro Sekunde) errechnet den Saldo aus 2000 Zu– und Abgangssätzen in einer tausendstel Sekunde. Allerdings müssen dafür 2000 Bewegungssätze gelesen werden – und das dauert selbst bei günstigster Dateiorganisation etwa 4 Sekunden. Auskünfte, die nur den aktuellen Lagerbestand benötigen, können also schneller beantwortet werden, wenn nicht jedesmal das Lagerbestandskonto neu berechnet wird, sondern der aktuelle Saldo zusätzlich in einer Datei zwischengespeichert ist.

384103 Muffe					Lagerort: Zentrallager Lagerfach: 1803
	Datum	Auftr#	Abgang	Zugang	Bestand
IV= Inventur	15.1.			500	500
GZ= Zugang	18.1.	18023		300	800
GA= Entnahme	18.1.	19031	500		300
UZ=Rück-lieferung	20.1.			50	350
GA= Entnahme	20.1.	19305	200		150
............heute............					
SB=Sicher-heitsbestand	21.1.		50		100
OB=Werk-auftrag	22.1.	20203		100	200
RB=Reser-vierung	24.1.	19131	100		100
OB=Werk-auftrag	24.1.	20205		200	300

Abbildung 3.2: Lagerkarte für die Muffe 384103.

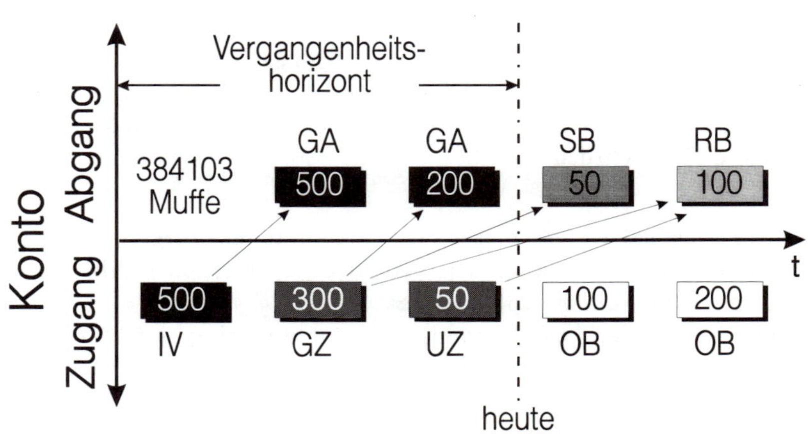

Abbildung 3.3: Die grafische Darstellung der Lagerkarte von Abb. 3.2 zeigt oben die Abgänge, unten die Zugänge der Muffe 384103.

Wir haben bislang 5 Arten von Bewegungssätzen kennengelernt:

IV den Inventursatz oder Saldensatz mit der Startmenge in der Vergangenheit

GZ den geplanten Zugang ans Lager

UZ den ungeplanten Zugang ans Lager (Rücklieferung)

GA den geplanten Abgang vom Lager (Entnahme)

UA den ungeplanten Abgang vom Lager (ungeplante Entnahme)

Der Lagerverwalter muß die geplanten von den ungeplanten Zu- und Abgängen unterscheiden.
Bei den geplanten Zugängen gibt es folgende Bewegungsarten (Abb. 3.2):

OB die offene Bestellung ist ein Zugang, der demnächst sicher erwartet wird. Sie ist fest bei einem Lieferanten bestellt (Fremdbestellung) oder an die Produktion übergeben (Werkauftrag). Das Kennzeichen offener Bestellungen ist, daß verbindliche Papiere dafür ausgegeben wurden.

GB die geplante Bestellung ist ein Zugang, der noch ungewiß ist (Planauftrag). Der Lagerzugangstermin liegt in der Regel außerhalb der Beschaffungszeit oder Durchlaufzeit. Die **Beschaffungszeit** ist diejenige Zeit, die ein Lieferant ab dem Moment der Bestellschreibung bis zum Eingang der Ware benötigt.
Die **Durchlaufzeit** ist diejenige Zeit, die die eigene Produktion benötigt, um das Teil aus den bevorrateten Komponenten herzustellen; sie ist die Zeitspanne, die zwischen der Bereitstellung der ersten Komponente bis zur Ablieferung des Teils verstreicht.

Für alle vergangenen und zukünftigen Bewegungen werden wir stets den **Lagerzu- oder -abgangstermin** verwenden. Geplante Bestellungen werden in offene Bestellungen verwandelt, wenn ihr Lagerzugangstermin in den Horizont der Beschaffungs- oder Durchlaufzeit fällt: Spätestens jetzt muß die Produktion oder der Lieferant eine verbindliche Anweisung erhalten, das Teil zu fertigen. Eine geplante Bestellung für unsere Muffe 384103 wird am 28.01. am Lager eintreffend benötigt. Die Beschaffungszeit beträgt vier Tage. Spätestens am 24.01., nämlich 4 Tage vor dem 28.01., muß die geplante Bestellung in eine offene Bestellung umgewandelt werden. Die Terminprüfung errechnet den Vergleichstermin aus Heute + Beschaffungszeit.

Die Mengen der noch nicht am Lager eingegangenen Zugänge, also der offenen und geplanten Bestellungen, werden in den PPS-Systemen unterschiedlich notiert. Da das Bestandskonto stets das Lager als Bezugspunkt wählt, ist es in Analogie zu den Terminen sinnvoll, auch alle Mengen als Lagerzugangsmengen und Lagerabgangsmengen zu führen – und so werden wir dies auch tun. Bei Fremdbestellungen gibt es dabei kaum ein Problem, da der Lieferant genau die bestellte Menge als Gutstückzahl anliefern muß. Bei der Eigenfertigung jedoch wird nicht die Lagerzugangsmenge im Auftrag angegeben, sondern eine um den mittleren Ausschuß erhöhte Menge.

Diese erhöhte Gesamtmenge wird im Normalfall nicht angeliefert – sie steht aber auf allen Fertigungspapieren. Wir halten also fest: Alle Lagerzu- und -abgänge in unseren Beispielen enthalten die Gutstückzahl und den Lagerzu- oder -abgangstermin.

RA Rahmenaufträge sind Abmachungen mit Lieferanten, eine festgelegte Gesamtmenge irgendwann zu liefern. Der Rahmenauftrag ist nicht auf einen Zeitpunkt, sondern auf einen Zeitraum definiert, also noch ungewisser als die geplante Bestellung.

Bei den Abgängen gibt es folgende Bewegungsarten:

SB der Sicherheitsbestand (oder besser Sicherheitsbedarf) ist ein Bedarf für ungeplante Entnahmen. Er deckt die zufälligen Abweichungen der Nachfragen ab. Der Sicherheitsbestand wird mit Hilfe statistischer Methoden errechnet – das kommt später noch. Er darf für die normalen, planmäßigen Vorgänge nicht verwendet werden.

RB reservierte Bedarfe gibt es für alle fest zugesagten Kundenaufträge: zum zugesagten Liefertermin wird für den Kunden eine Lagerentnahme durchgeführt. Man nennt diese Reservierungen für Kunden auch Terminaufträge. Bei Teilen, die in Baugruppen einfließen, wird eine Reservierung vorgemerkt, sobald eine offene Bestellung für die Baugruppe erstellt wird. Besteht also unsere Muffe aus 20 mm Rohr, so muß bei der Freigabe einer offenen Bestellung (Werkauftrag) über 100 Muffen auch eine Reservierung von 2000 mm Rohr erfolgen – denn ohne Rohr kann die Produktion keine Muffen fertigen.

Reservierungen sollten mindestens über den Zeitraum der Beschaffungs- oder Durchlaufzeit bekannt sein, da sonst eine verbindliche und knappe Zuteilung der Zugänge zu den Abgängen nicht möglich ist. Die Reservierungen sollten innerhalb der Beschaffungs-/Durchlaufzeit nach Möglichkeit nicht mehr terminlich verschoben oder geändert werden.

Abgänge, die außerhalb der Beschaffungs- oder Durchlaufzeit liegen, können zwar reserviert sein, müssen aber nicht. Solche Abgänge dürfen noch ungewiß sein oder sich ändern. Man unterscheidet Kunden– oder Ersatzteilbedarf, Plan–Sekundärbedarf und vorhergesagten Bedarf.

KB Der Bedarf bei Endprodukten ist ein vom Vertrieb geschätzter Planbedarf oder ein angenommener Kundenbedarf, der noch nicht bestätigt ist.

PS Bei allen Komponenten, die in Endprodukte eingehen, wird zu jeder geplanten Bestellung die laut Stückliste erforderliche Menge als Plan–Sekundärbedarf festgehalten. Dieser Plan–Sekundärbedarf wird also in übergeordneten Baugruppen für geplante Bestellungen benötigt. Statt Plan–Sekundärbedarf wird im folgenden vereinfachend nur noch die Abkürzung Sekundärbedarf verwendet.

Die längste Zeit, die irgendeine Komponente eines Produkts für die Lieferung und Fertigung benötigt, bestimmt den Planungshorizont. Der Planungshorizont ist die Addition der Beschaffungs– und Vorlaufzeiten auf dem terminlich längsten Ast der Strukturliste (Abb. 4.6). Da die Bestimmung des exakten Planungshorizonts für jedes Endprodukt aufwendig ist, wird in den PPS–Systemen mit einem pauschalen Planungshorizont gearbeitet, der natürlich viel zu groß ist. Aber das ist nur bedeutsam für das Volumen der zu speichernden Daten. Für die PPS–Methoden ist ein großzügig gewählter Planungshorizont eher förderlich.

VB Da die Kundenbedarfe nur in ganz seltenen Fällen für den gesamten Planungshorizont vorliegen, muß die Lücke durch Schätzungen der Geschäftsführung oder von einem Prognoseverfahren gefüllt werden. Aufgrund der bekannten Nachfragen wird eine Vorhersage der Bedarfsmengen bis zum Ende des Planungshorizonts gemacht, so daß die Einkaufsteile rechtzeitig beschafft werden können.

384103 Muffe					Lagerort: Zentrallager Lagerfach: 1803
	Datum	Auftr#	Abgang	Zugang	Bestand
IV= Inventur	15.1.			500	500
GZ= Zugang	18.1.	18023		300	800
GA= Entnahme	18.1.	19031	500		300
UZ=Rück-lieferung	20.1.			50	350
GA= Entnahme	20.1.	19305	200		150
....		heute	....		
SB=Sicher-heitsbestand	21.1.		50		100
OB=Werk-auftrag	22.1.	20203		100	200
RB=Reser-vierung	24.1.	19131	100		100
OB=Werk-auftrag	24.1.	20205		200	300
________		Durchlaufzeit	________		
KB=Kunden-bedarf	26.1.	19182	150		150
GB=Geplante Bestellung	28.1.	21018		100	250
KB=Kunden bedarf	28.1.	19180	150		100
GB=Geplante Bestellung	30.1.	21019		200	300
VB=Prognose	30.1.		200		100
GB=Geplante Bestellung	2.2.	22007		100	200
VB=Prognose	2.2.		200		0

Abbildung 3.4: Ergänzte Lagerkarte für die Muffe 384103.

Unsere vervollständigte Lagerkarte könnte so aussehen wie in Abbildung 3.4. Die ergänzte Lagerkarte zeigt nicht nur die vergangenen Zu- und Abgänge, sondern auch alle zukünftigen Bewegungen bis zum Planungshorizont. Manuell ist diese Karte schwerlich exakt zu führen, da sich ja ständig Änderungen für die Zukunft ergeben. DV-mäßig ist das Führen der erweiterten Lagerkarte einfach und vorteilhaft: statt der beschränkten Sicht auf die Vergangenheit erhalten wir eine klare Schau auf die Zukunft. Für die Buchungen der Zu- und Abgänge der Zukunft müssen allerdings einige einfache Buchungsregeln vom Bestandsführungsprogramm beachtet werden. Unter einer Buchung ist zu verstehen, daß alle Änderungen beim Zustand, Termin oder der Menge auf dem Konto richtig geführt werden.

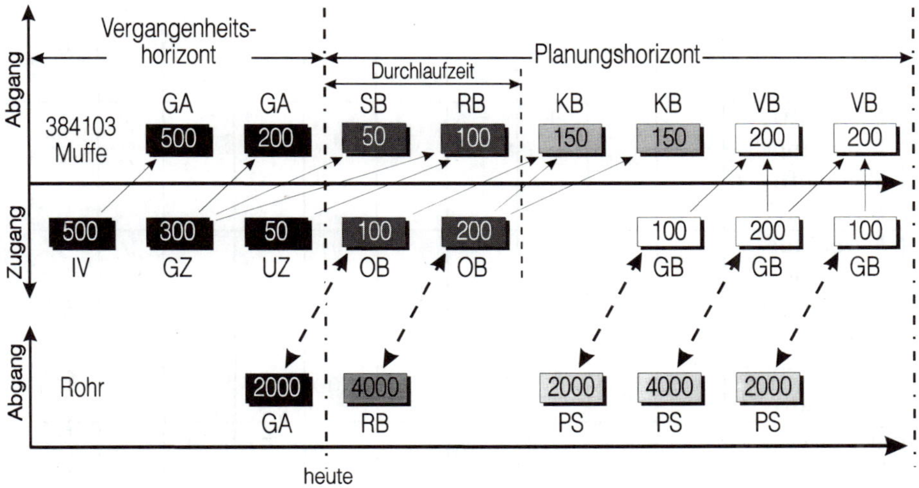

Abbildung 3.5: Die grafische Darstellung der Muffe 384103 von Abb. 3.3, ergänzt um das Rohr, aus dem die Muffe besteht.

Zur Erklärung der Buchungen ist die Skizze von Abb. 3.3 um die Komponente, nämlich das Rohr, ergänzt (Abb. 3.5).

	Zugänge				Abgänge					
Buchnung	UZ	GZ	OB	GB	UA	GA	RB	KB	PS	LB
Einkaufs- best.			+	–						
Storno Ein- kaufsbest.			–	+						
Waren- eingang[1]		+	–							&
Teil- lieferung[2]		+	–							&
Werkauftr. Baugruppe[8]			+	–						
Werkauftr. Kompon.[8]							+		–	
Entnahme[9] Kompon.						+	–			%
Lagerzugang Baugruppe[1]		+	–							&
Teillieferung Werkauftr.[2]		+	–							&
Rück- lieferung Werk- auftrag						–	+			&
Ungeplanter Zugang[3]	+									&
Ungeplante Entnahme					+					%
Kunden- auftr.Ann.[7]								+	–	
Auftrags- bestätig.[6]							+	–		
Ausliefer. an Kunden[5]						+	–			%
Teilliefer. an Kunden[4]						+	–			%
Ersatzteil- lieferung					+					%

Abbildung 3.6: Buchungstabelle der Bestandsführung.
Es bedeuten: + = Neuanlage, – = Löschen, & = Addieren, % = Subtrahieren, Hochzahl = Verweis auf einen der Textblöcke von Seite 73

Die in die Zukunft erweiterte Bestandsführung kennt folgende wesentlichen Buchungen (die folgenden Nummern korrespondieren mit den Hochzahlen in Abbildung 3.6):

1. Eine geplante Vollieferung ans Lager sucht die offene Bestellung mit gleicher Auftragsnummer, verändert den Zustand in Zulieferung (GZ), setzt den Termin auf Heute und berichtigt die Menge der offenen Bestellung. Falls ein Lagerbestands–Summenfeld (LB) geführt wird, wird die Menge dort addiert.

2. Eine geplante Teillieferung erstellt einen neuen Zugangssatz mit der Teilmenge, dem Termin Heute und dem Zustand Zulieferung (GZ). Die zugehörige offene Bestellung wird um die Teilmenge verringert.

3. Ein ungeplanter Lagerzugang (Rücklieferung) erstellt einen Zugangssatz mit dem Termin = Heute und der Zugangsmenge. Der Zustand lautet UZ = ungeplanter Zugang.

4. Eine geplante Teillieferung an einen Kunden erstellt einen neuen Abgangssatz mit dem Zustand GA = geplante Auslieferung, dem Termin Heute und der Teilmenge. Von der Reservierung mit der angesprochenen Auftragsnummer wird die Teilmenge subtrahiert.

5. Eine geplante Vollieferung an einen Kunden sucht die Reservierung mit der Auftragsnummer, ändert deren Zustand in GA = geplante Auslieferung und korrigiert eventuell die Menge. Der Termin ist Heute.

6. Geht die Auftragsbestätigung an einen Kunden, so wird bei dem Primärbedarf mit derselben Auftragsnummer der Zustand von Kundenbedarf (KB) in Reservierung (RB) geändert.

7. Bei einer Kundennachfrage wird aus dem nächsten Vorhersagesatz die Nachfragemenge abgebucht und ein neuer Abgangssatz mit dem Zustand Kundenbedarf (KB), dem Wunschtermin und der Menge angelegt.

8. Bei der Freigabe eines Werkauftrags wird die geplante Bestellung in den Zustand OB = offene Bestellung überführt. Bei den Komponenten wird laut Stückliste die benötigte Menge vom Zustand Sekundärbedarf (PS) in den Zustand Reservierung (RB) gebracht. Wird nur eine Teilmenge freigegeben, so werden neue Sätze angelegt und die zugehörigen Sätze entsprechend vermindert.

9. Bei der Entnahme von Komponenten für einen Werkauftrag werden die Reservierungen in den Zustand GA = geplanter Abgang versetzt.

Die Buchungstabelle von Abb. 3.6 zeigt noch einige weitere Buchungsvorgänge. Dabei bedeutet „+“ eine Neuanlage eines Bewegungssatzes und „–“ ein Löschen des Satzes. Bei Vollbuchungen wird stattdessen nur der Zustand des Bewegungssatztes gewechselt.

Zum Abschluß dieses Abschnitts können Sie von Hand die folgenden Buchungen in Abbildung 3.4 tätigen, indem Sie den Zustand (Satzart), den Termin und/oder die Menge der entsprechenden Zeilen ändern:

1. Die Produktion liefert den Werkauftrag 20203 am 23.1. ans Lager. Sie liefert nur 98 Stück, 2 Stück sind Ausschuß geworden.
2. Die Produktion liefert am 23.01. vorab 20 Stück des Werkauftrags 20205 ab.
3. Am 23.1. werden von der Konstruktion 10 unversehrte Versuchsteile außerplanmäßig ans Lager zurückgeliefert.
4. Vom Kundenauftrag 19131 werden am 23.01. vorab 60 Stück ausgeliefert.
5. Am 25.01. wird der Kundenauftragsrest des Auftrags 19131 geliefert.
6. Die Kundenanfrage über eine Lieferung von 150 Stück mit Liefertermin 26.01. wird am 24.01. telefonisch bestätigt.
7. Eine Anfrage des Kunden über 150 Stück mit Liefertermin 30.01. wird in der Datenbank notiert.
8. Am 24.01. wird der Produktion ein neuer Werkauftrag übergeben: Gutmenge 100 Stück, Ausschuß 10 %, Liefertermin 28.01.
9. Für den am 24.01. freigegebenen Werkauftrag wird am 25.01. das Rohr entnommen.

3.3 PPS–Realität

Die aufgeführten 12 Zustände der Bewegungen sind keinesfalls komplett.

- So gibt es in Pharmabetrieben Quarantänelager. Die Teile haben einen Zustand, der zwischen Offene Bestellung (OB) und Lagerzugang (GZ) liegt: Die Produktion hat geliefert, der Zugang darf aber noch nicht dem Lagerbestand zugerechnet werden. Auch Sperrlager oder Wareneingangslager können eigene Zustände erforderlich machen.
- Gemäß der Verbindlichkeit von geplanten Bestellungen können bei Lieferanten noch mehrere Arten unterschieden werden. So gibt es geplante Bestellungen

  mit fixen Terminen aber ungewisser Menge
  mit fixer Menge aber offenen Terminen
  mit offener Menge und offenen Terminen.

  Der Zustand sollte diese Unterschiede sichtbar machen.

Es ist also in vielen Betrieben sinnvoll, die von mir vorgeschlagenen 12 Zustände zu erweitern. Infolge davon muß natürlich auch die Buchungstabelle erweitert werden. Gute Bestandsführungsprogramme ermöglichen dem Anwender eine Erweiterung der Zustände und eine Erweiterung der Buchungstabelle ohne Programmänderungen. Verwendet man für die Material– und Kapazitätswirtschaft ein einheitliches Buchungsprogramm, so sollte die Anzahl der Zustände auf mindestens 100, die Anzahl der Buchungen auf etwa 500 erweiterbar sein.

Sowohl im SAP–System, wie auch im VPPS–System werden die Bestandskonten tagesgenau mit Einzelsätzen geführt. Bei beiden PPS–Systemen können auch die Zu– und Abgänge der Vergangenheit gezeigt werden. Grundsätzlich ist bei beiden Systemen eine Erweiterung der Zustände möglich. Da dadurch aber an mehreren Verarbeitungsprogrammen auch Änderungen vorgenommen werden müssten, unterlassen die Anwender solche Modifikationen. Bei SAP gibt es mehrere Buchungsprogramme für die unterschiedlichen Bewegungsarten, bei VPPS werden alle Buchungen über ein einheitliches Modul mit änderbarer Buchungsstabelle erledigt.

Und wo steht die Mehrzahl der PPS–Programme? Die meisten PPS–Systeme führen keine Bewegungssätze für die Vergangenheit, sondern nur den Saldo als Lagerbestand. Stand der Technik ist dagegen, daß Reservierungen, Bedarfe, offene Bestellungen und geplante Bestellungen einzeln mit Tagesdatum geführt werden, also nicht zu Periodensummen verdichtet sind. Aber dazu kommen wir noch später. Die Übersichtlichkeit der Bestandsdarstellung leidet manchmal darunter, daß (wie schon erklärt) statt der Gutmengen die Gesamtmengen der Bestellungen abgespeichert werden.
In der Literatur wird noch folgende Unterscheidung der Bedarfe gemacht:

Primärbedarf: Zum Primärbedarf gehören alle Nachfragen, die an den Markt abgegeben werden. Unter Markt seien dabei alle Unternehmen außerhalb des betrachteten Unternehmens verstanden. Dazu gehören unter Umständen auch Filialbetriebe, Schwester– und Tochtergesellschaften oder andere Konzernmitglieder. Alle Produkte, die von Forschungs– und Versuchsabteilungen, Konstruktion, Entwicklung, Qualitätsprüfung und Wartungs– und Reparaturdiensten im eigenen Unternehmen angefordert werden (nicht jedoch Ausschuß oder Verlust) zählen ebenfalls zum Primärbedarf. Der Primärbedarf ist also die Summe aus Reservierungen (RB), Kundenbedarfen (KB) und Prognosen (VB) der Endprodukte.

Sekundärbedarf: Der Sekundärbedarf ist die Summe aus Reservierungen (RB) und Plan–Sekundärbedarfen (PS) bei Komponenten. Alle Komponenten, d. h. Materialien, Einzelteile, Baugruppen, aus denen die Gegenstände mit Primärbedarf gefertigt werden, können Sekundärbedarf haben. Der Begriff sekundär besagt nur, daß dieser Bedarf sekundär aus dem Primärbedarf ermittelt werden kann. Er hat nichts damit zu tun, daß evtl. die Struktur eines Produktes zwei– oder mehrstufig ist.

Tertiärbedarf: Zum Tertiärbedarf gehören alle Hilfs– und Betriebsstoffe, die zwar zur Durchführung der Fertigung benötigt werden, die aber weder direkt noch indirekt Bestandteil eines Produktes bzw. eines Erzeugnisses sind. Der

Begriff Tertiärbedarf ist insofern unglücklich gewählt, als er nicht etwa in einer 3. Phase der Dispositionsrechnung aus dem Sekundärbedarf ermittelt wird. Der Begriff Tertiärbedarf steht also völlig unabhängig von Primär–, Sekundär– und Gesamtbedarf. Der Tertiärbedarf besteht normalerweise nur aus Vorhersagen (VB), da hierfür weder Reservierungen (RB) noch Sekundärbedarfe (PS) bekannt sind.
Für die Bestandsführung und Disposition in PPS–Systemen ist die akademische Unterscheidung in Primär–, Sekundär– und Tertiärbedarf nicht von Bedeutung. Für PPS–Systeme wäre diese Einteilung viel zu grob.

Bruttobedarf: Alle zukünftigen Abgänge einer Ressource, also Kundenbedarfe, Primärbedarfe, Sekundärbedarfe, Reservierungen, Vorhersagen usw. werden pauschal als Bruttobedarf bezeichnet.

Nettobedarf (NB): Saldiert man die Bruttobedarfe einer Ressource mit dem Lagerbestand und den *gesicherten* zukünftigen Zugängen, den offenen Bestellungen, so ist die Differenz daraus der Nettobedarf.

Nutzen

Die Bestandsführung ist die Basis jeder Planung. Wichtig ist eine lückenlose, richtige und aktuelle Buchung. Sobald die Menge eines Zu– oder Abgangs fehlerhaft ist, ist auch der Saldo ab diesem Zeitpunkt falsch. Die Bestandsführung zeigt für jedes Teil die vergangenen und zukünftigen Bewegungen einzeln auf. Die Bewegungen und die Salden sind die Basis für alle folgenden PPS–Bausteine. Atomistische, tagesgenaue Bewegungssätze, der Verzicht auf Summenfelder, die freie Definition von anwenderspezifischen Zuständen und Buchungen und die konsequente Zu– und Abbuchung bei den Konten sind Merkmale von PPS–Systemen der 3. Generation.

Kapitel 4

Deterministische Bedarfsermittlung

4.1 Nettobedarfs– und Bestellmengenrechnung

4.1.1 Einsparungspotential einer Bestellmengenrechnung

In einem Unternehmen, das Konsumgüter herstellt, werden täglich 100 Aufträge anonym montiert. Aus diesen Lageraufträgen werden pro Tag 500 Kundenaufträge mit durchschnittlich 20 Positionen befriedigt. Je Lagerauftrag ist mit 5 Minuten Rüstzeit und mit einer Stunde Montagezeit zu rechnen. Die Personal– und Maschinenkosten betragen pro Arbeitstag 15.000 DM. Würde jede Kundenauftragsposition einzeln hergestellt, würden täglich 900 Rüstvorgänge und 75 Stunden zusätzlich anfallen.

Bei einem durchschnittlichen Maschinenstundensatz von 140 DM ergäbe das Mehrkosten von 10.500 DM pro Tag. Dafür würde der Fertigwarenbestand um 1,5 Mio DM sinken, da ja jede Auftragsposition gemäß dem Kundenwunsch montiert würde. Die Lagerkostenersparnis betrüge $1,5$ Mio $\cdot 25\%$ p.a. $= 375.000$ DM p.a. oder etwa 1.500 DM pro Tag.
In diesem Fall geht die Kostenbilanz eindeutig zu Gunsten der Lagerfertigung:

10.500	DM	Mehrkosten für Rüsten
1.500	DM	Einsparung an Lagerkosten
9.000	DM	Mehrkosten bei Kundenauftragsfertigung

Der Einsatz von optimierenden Verfahren zur Bildung wirtschaftlicher Lose kann in diesem Fall die Hälfte der Montagekosten einsparen.

4.1.2 Nettobedarfsrechnung

Der Kern der Materialwirtschaft besteht aus 3 Grundbausteinen:

- Den 1. Grundbaustein (die Bestandsführung) haben wir soeben in Kapitel 3 behandelt.

- Der 2. Grundbaustein, die Nettobedarfs- und Bestellmengenrechnung, überwacht die Bestandskonten auf mengenmäßige und terminliche Korrektheit.

- Der 3. Grundbaustein, die Bedarfsauflösung, sorgt dafür, daß zwischen den Konten der übergeordneten Baugruppen und ihren Komponenten die Mengenflüsse richtig abgebildet werden.

Die Nettobedarfsrechnung basiert also auf der Bestandsführung. Sie prüft, ob das Konto ausgeglichen ist. Ist der Saldo negativ, so plant die Bestellmengenrechnung die erforderlichen Zugänge nach wirtschaftlichen Gesichtspunkten ein.

Im Gegensatz zur Bestandsführung ermittelt die Nettorechnung nicht nur den Saldo, also die rechte Spalte auf unserer Lagerkarte, sondern sie korrigiert das Konto bei mengenmäßigen oder terminlichen Unstimmigkeiten.

Alle Abgangssätze sind dabei tabu, da kein EDV-Programm heimlich Kundentermine, Prognosemengen oder Reservierungen verändern darf. Bei den Zugängen sind die Zugänge der Vergangenheit und die offenen Bestellungen ebenfalls unantastbar. Alle Unstimmigkeiten, die solche Bewegungssätze betreffen, müssen vom Materialdisponenten am Bildschirm bereinigt werden. Nur die geplanten Bestellungen dürfen von der Nettobedarfsrechnung korrigiert werden.

Der Rechengang der Nettobedarfsrechnung wird anhand von Abbildung 4.1 erklärt.

Einfach konzipierte Nettobedarfsroutinen löschen zuerst alle geplanten Bestellungen auf allen Konten, um sie anschließend neu zu berechnen. Da die bisherigen geplanten Bestellungen alle gelöscht wurden, wird ein negativer Saldo entstehen. Dieses vermeidet die Nettobedarfsrechnung, indem sie überall dort, wo negative Salden auftreten, einen Nettobedarfssatz (NB) generiert[1]. Zwei Regeln gelten für die Erzeugung von Nettobedarfen:

1. keine OFFENE BESTELLUNG sollte terminlich später liegen als der 1. Nettobedarf. Diese Regel ist praxisgerecht, da es einfacher ist, einen schon getätigten Auftrag zu beschleunigen, als einen völlig neuen Auftrag aufzusetzen.

2. An einem Tag wird nur ein Nettobedarf eingefügt, der die Summe der Nettobedarfe enthält. Auch dies macht Sinn, weil man an einem Tag nicht mehrere Bestellungen desselben Teils an den Lieferanten oder mehrere Werkaufträge an die Produktion geben wird.

Nach der Ergänzung der Nettobedarfe ist das Konto am Ende mengenmäßig stets exakt ausgeglichen. Die Nettobedarfsrechnung sorgt also dafür, daß keine vermeidbaren Ladenhüter entstehen.

Wiederholen Sie zur Übung die Nettorechnung von Abbildung 4.1, wenn der Inventurbestand IV nicht 30, sondern 5 Stück beträgt.

Im Rahmen der Nettobedarfsrechnung werden einige Mengen- und Terminkontrollen gemacht:

[1] Der Nettobedarf ist ein Zugang, der Bruttobedarf hingegen ein Abgang!

Bewegungsart	Für Baugr.	Termin	Abgang	Zugang	Deckung
IV=Inventur		1.3.		30	30
GZ=Lagerzugang		3.3.		90	120
GA=Lagerabgang		4.3.	30		90
.... heute					
SB=Sicherheitsbest		5.3.	30		60
RB=Reservierung	48	5.3.	10		50
RB=Reservierung	472	5.3.	30		20
OB=Offene Bestellg		8.3.		123	143
PS=Sekundärbedarf	48	10.3.	20		123
PS=Sekundärbedarf	472	10.3.	20		103
PS=Sekundärbedarf	48	15.3.	30		73
PS=Sekundärbedarf	472	15.3.	10		63
PS=Sekundärbedarf	48	20.3.	20		43
PS=Sekundärbedarf	72	25.3.	10		33
OB=Offene Bestellg		30.3.		62	95
PS=Sekundärbedarf	48	30.3.	40		55
———— Durchlaufzeit ————					
PS=Sekundärbedarf	48	5.4.	10		45
PS=Sekundärbedarf	72	5.4.	10		35
PS=Sekundärbedarf	48	10.4.	25		10
PS=Sekundärbedarf	72	15.4.	30		-20
NB=Nettobedarf		**15.4.**		**20**	**0**
PS=Sekundärbedarf	48	20.4.	50		-50
NB=Nettobedarf		**20.4.**		**50**	**0**
PS=Sekundärbedarf	72	25.4.	40		-40
NB=Nettobedarf		**25.4.**		**40**	**0**
PS=Sekundärbedarf	48	30.4.	25		-25
NB=Nettobedarf		**30.4.**		**25**	**0**

Abbildung 4.1: Rechengang der Nettobedarfsrechnung.

- Der Saldo darf zu keinem Zeitpunkt negativ werden. Negative Bestände zeigen drohende Unterdeckungen auf.
- Innerhalb der Durchlauf-/Beschaffungszeit sollte es keine Nettobedarfe geben. Nettobedarfe innerhalb der Durchlauf-/Beschaffungszeit können nur mit Eilbestellungen gedeckt werden.
- Keine Reservierung oder offene Bestellung darf in der Vergangenheit liegen. Bei Reservierungen in der Vergangenheit liegt ein Auslieferungsrückstand, bei Bestellungen ein Lieferverzug vor.
- Der zum Zeitpunkt eines Zugangs verfügbare Saldo sollte kleiner sein, als der darauffolgende Abgang. Der Zugang kommt sonst unnötig früh. In unserem Beispiel kommt die erste offene Bestellung zu früh an. Statt des 08.03. wäre der 10.03. ausreichend.

Findet die Mengen– und Terminkontrolle eine Unstimmigkeit, so meldet sie diese dem Teiledisponenten in einem Briefkasten (Mailbox), indem sie die Teile–Nr., den Bewegungssatz und den Grund notiert. Der Materialdisponent hat dadurch die Möglichkeit, die Bestandskonten zu bereinigen und zwar die dringlichsten Fälle zuerst. Die Korrektur des Kontos erledigt er mit Hilfe der Bestandsführung. Er könnte also in unserem Fall nach Rücksprache mit der Produktion den Liefertermin der offenen Bestellung um zwei Tage auf den 10.3. verschieben.

4.1.3 Gleitende wirtschaftliche Losgröße

Die Nettobedarfe entsprechen ab dem Ende der Durchlauf–/Beschaffungszeit in Menge und Termin fast den Bruttobedarfen. So wird aber nicht gefertigt oder bestellt. Vielmehr werden mehrere Nettobedarfe zu einem Los zusammengefaßt. Bitte beachten Sie, daß die Bruttobedarfe nicht angetastet werden dürfen! Diese Zusammenfassung der Nettobedarfe zu Losen erledigt die Bestellmengenrechnung sofort im Anschluß an die Nettorechnung.

Ein Unternehmen, das Anlagen in Höhe von 6 Mio besitzt, hat auch Bestände in etwa derselben Höhe.[2] Die Lagerhaltungskosten für diese Bestände betragen etwa 1,5 Mio jährlich. Die Lagerhaltungskosten umfassen Zinsen, Versicherungsprämien, Verschrottungs–, Pflege–, Verwaltungs– und Raumkosten. Ein Teilziel der Bestellmengenrechnung muß also darin bestehen, die Lagerhaltungskosten zu senken.

Auf der anderen Seite erfordert jede Bestellung beim Lieferanten teure Aktivitäten und jeder Werkauftrag erfordert, daß die Maschinen umzurüsten sind. Ein weiteres Teilziel der Bestellmengenrechnung besteht also in der Verringerung der Rüst– und Bestellkosten. Die Rüst– und Bestellkosten werden auch auftragsfixe Kosten genannt, weil sie unabhängig von der Auftragsgröße je Bestellung einmal anfallen.

Die Lagerhaltungskosten und die auftragsfixen Kosten sind gegenläufig, was Abbildung 4.2 zeigt.

Große Lose erhöhen die Lagerhaltungskosten und verringern die auftragsfixen Kosten, kleine Lose bewirken den entgegengesetzten Effekt. Es geht also bei der Bestellmengenrechnung um die optimale Zusammenfassung von Nettobedarfen zu Losen, so daß die Summe aus Lagerhaltungs– und auftragsfixen Kosten ein Minimum bildet.

Die naheliegendste Methode heißt **gleitende wirtschaftliche Losgröße**. Sie ermittelt den günstigsten Wert durch Probieren. Abbildung 4.3 verdeutlicht das Vorgehen. Die Formel dafür lautet: $\frac{(Rüstkosten+Lagerkosten)}{Menge} = MIN!$Unser Bestellmengenrechnungs–Beispiel muß also noch um einige Kostendaten ergänzt werden, nämlich

p	=	Herstellkosten oder Preis	=	15 DM/Stück
a	=	Rüst- oder Bestellkosten	=	11 DM/Los
q	=	Lagerkostenprozentsatz	=	24 % vom gelagerten Wert.

[2] Statistisches Jahrbuch 1990

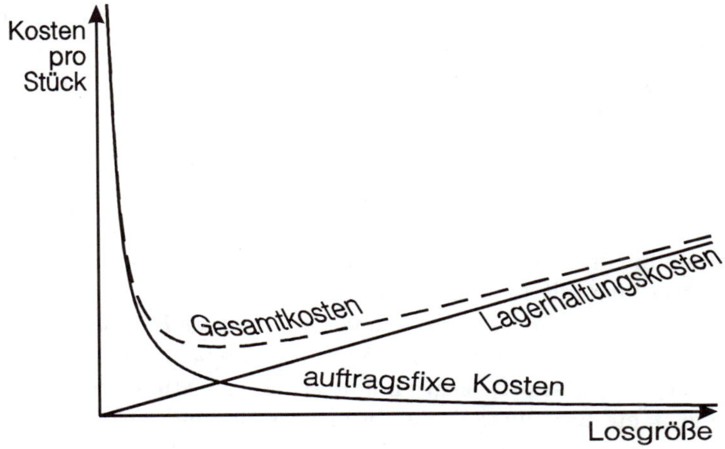

Abbildung 4.2: Bei steigender Losgröße sinken die auftragsfixen Kosten und steigen die Lagerhaltungskosten. Die Gesamtkosten haben ein ausgeprägtes Minimum.

Die Lagerkosten pro Stück und pro Tag betragen:

$$q \cdot p = \frac{24\% pro Jahr}{360 Tage} \cdot 15 \frac{DM}{Stück} = 1 \frac{Pfg}{Tag \cdot Stück}$$

Die im Beispiel von Abbildung 4.1 errechneten und in die Zukunft ergänzten Nettobedarfe sollen lauten:

Termin:	15.4.	20.4.	25.4.	30.4.	05.5.	10.5.	15.5.	20.5.	30.5.
Menge:	20	50	40	25	10	30	5	40	25

Stk	RK	Lagerkosten = zu lagernde Menge · Lagerdauer · 1 Pfg/Tag	Kosten für Los	Kosten pro Stück
20	11,–	$+0$	= 11,–	11,–: 20 = 0,550
70	11,–	$+50 \cdot 5 \cdot 0,01$	= 13,50	13,50: 70 = 0,190
110	11,–	$+50 \cdot 5 \cdot 0,01 + 40 \cdot 10 \cdot 0,01$	= 17,50	17,50:110=0,159
135	**11,–**	$+50 \cdot 5 \cdot 0,01 + 40 \cdot 10 \cdot 0,01$ $+25 \cdot 15 \cdot 0,01$	**= 21,25**	**21,25:135=0,157**
145	11,–	$+50 \cdot 5 \cdot 0,01 + 40 \cdot 10 \cdot 0,01$ $+25 \cdot 15 \cdot 0,01 + 10 \cdot 20 \cdot 0,01$	= 23,25	23,25:145=0,160

Abbildung 4.3: Rechenschema der gleitenden wirtschaftlichen Losgröße.

Das Rechenschema von Abbildung 4.3 ist folgendermaßen zu lesen:

Spalte 1 zeigt die Probelose.
In Spalte 2 sind die stets gleich großen Rüstkosten vermerkt.
Spalte 3 enthält die Lagerkosten, die sich aus

zu lagernder Menge · Lagerdauer · Lagerkosten pro Tag summieren.
Spalte 4 zeigt die Gesamtkosten pro Probelos.
In Spalte 5 sind die Stückkosten errechnet. Das Los mit den geringsten Stückkosten, also das Probelos 4, ist am wirtschaftlichsten.

Die letzte Spalte zeigt, wie die Gesamtkosten pro Stück zuerst abnehmen und dann wieder anwachsen. Das Kostenminimum liegt also bei einer Losgröße von 135 Stück.

Die Bestellmengenrechnung ersetzt die ersten vier Nettobedarfe durch eine geplante Bestellung mit 135 Stück zum 15.04.

Solange noch Nettobedarfe vorhanden sind, wird die Berechnung fortgesetzt. Die nächste geplante Bestellung lautet 85 Stück zum 05.05. Das Ergebnis prüfen Sie bitte zur Übung selbst nach. Ein Rest von 25 Stück zum 30.05. bleibt als dritte geplante Bestellung übrig. In unserer Bestandskarte werden also von der Bestellmengenrechnung statt der neun Nettobedarfe auf Seite 81 die drei geplanten Bestellungen:

GB	=	Geplante Bestellung	15.04.	135 Stück
GB	=	Geplante Bestellung	05.05.	85 Stück
GB	=	Geplante Bestellung	30.05.	25 Stück

hinzugefügt. Das Konto ist damit ausgeglichen (gegenüber der Nettobedarfsrechnung in Abb. 4.1 müßten noch mindestens 5 Bruttobedarfe ergänzt werden).

Die Losgrößen sind erwartungsgemäß in der Stückzahl unterschiedlich. Es fällt aber auf, daß auch die Kosten pro Stück bei den einzelnen Losen stark differieren (beim 1. Los = 15,70 Pfg/Stück, beim 2. Los = 23,53 Pfg/Stück). Außerdem fällt auf, daß die Kurve ein sehr flaches Minimum besitzt, denn die Werte in der Nähe des optimalen Loses unterscheiden sich kaum. Es kommt also gar nicht darauf an, ob ein paar Stück mehr oder weniger in der Nähe des Minimums bestellt werden.

Wir halten für später fest: In der Nähe des Optimums sind geringfügige Mengenänderungen erlaubt. Die einzelnen Lose unterscheiden sich bei den Stückkosten gewaltig.

Errechnen Sie für Ihre Nettobedarfe aus der Übung von Seite 78 die optimale Losgröße mit der Formel für die gleitende wirtschaftliche Losgröße.

4.1.4 Stückperiodenausgleich

Für EDV–Programme ist ein anderes Verfahren günstiger, da es mit weniger Rechenschritten zu demselben Ergebnis kommt, wie die gleitende wirtschaftliche Losgröße. Das Verfahren heißt **Stückperiodenausgleich**.

Der Stückperiodenausgleich errechnet nicht den niedrigsten Punkt der Gesamtkostenkurve, sondern den Schnittpunkt der Lagerkosten– mit der Rüstkostenkurve von Abbildung 4.2. Es läßt sich mathematisch beweisen, daß das Minimum stets über diesem Schnittpunkt liegt. (Das nachfolgende Verfahren differiert manchmal geringfügig von der gleitenden wirtschaftlichen Losgröße, aber wir haben gesehen, daß das Minimum sehr flach verläuft und eine kleine Differenz fast ohne Bedeutung ist.)

Die Grundgleichung des Stückperiodenausgleichs setzt die Lagerkosten mal der zu lagernden Menge gleich den Rüstkosten:

$$\text{Lagerkosten} \cdot \text{STPZ} = \text{Rüstkosten}$$

Die Stückperiodenzahl STPZ ist definiert als die zu lagernde Menge mal der Lagerdauer. Durch Umformung der Gleichung ergibt sich ein Richtwert für den Schnittpunkt:

$$STPZ = \frac{Rüstkosten}{Lagerkosten} = \frac{a}{p \cdot q}$$

In unserem Beispiel lautet die Stückperiodenzahl

$$STPZ = \frac{11 \quad \text{DM} \quad \cdot 360 \quad \text{Tage/Jahr}}{15 \quad \text{DM/Stück} \quad \cdot 24\%/Jahr} = 1100 \quad \text{Stück Tage}$$

Der Wert 1100 sagt aus, daß die Lagerkosten und Rüstkosten für dieses Teil dann gleich hoch sind, wenn die Lagerdauer mal der Lagerstückzahl 1100 Stücktage betragen. Es sollten

	1100	Stück	1	Tag lang,
oder	650	Stück	2	Tage lang,
oder	44	Stück	25	Tage lang

gelagert werden. Wir errechnen für unsere Nettobedarfe also die Lagerdauer mal Stückzahl und vergleichen diese mit 1100 (Abb. 4.4):

Stk.	Stückperiodenzahl	Stück · Dauer	Diff. zu 1100
20	$20 \cdot 0$	= 0	-1100
70	$20 \cdot 0 + 50 \cdot 5$	= 250	-850
110	$20 \cdot 0 + 50 \cdot 5 + 40 \cdot 10$	= 650	-450
135	$20 \cdot 0 + 50 \cdot 5 + 40 \cdot 10 + 25 \cdot 15$	=1025	-75
145	$20 \cdot 0 + 50 \cdot 5 + 40 \cdot 10 + 25 \cdot 15 + 10 \cdot 20$	=1225	+125

Abbildung 4.4: Rechengang für den Stückperiodenausgleich.

Das Optimum liegt erwartungsgemäß wieder bei einer Losgröße von 135 Stück.

Auch das 2. Los mit 85 Stück wird bestätigt durch den Stückperiodenausgleich. Bitte prüfen Sie dieses Ergebnis selbst nach. Auch für Ihre Nettobedarfe aus der Übung von Seite 76 können Sie jetzt nachprüfen, ob der Stückperiodenausgleich dasselbe Ergebnis bringt, wie die gleitende wirtschaftliche Losgröße auf Seite 80.

Ehe diese optimalen Lose festgeschrieben werden, wird noch eine kleine, aber wichtige Prüfung gemacht. Es wird nämlich ermittelt, ob es nicht etwa günstiger wäre, den jeweils nächsten Bedarf dem davorliegenden Los dazuzuschlagen, und

das folgende Los dafür später aufzulegen. Wir hatten ja bereits bei der gleitenden wirtschaftlichen Losgröße erkannt, daß Mengenveränderungen im Bereich des Optimums kaum Auswirkungen zeitigen, daß aber die Stückkosten zweier aufeinanderfolgender Lose unharmonisch sind.
Das Verfahren prüft daher:

Ausgangssituation		
1. Los = 135 Stück	2. Los = 85 Stück	Alternative 1
1025 STP +	1050 STP =	2075 STP

Wenn der Nettobedarf von 10 am 05.05. zum ersten Los dazugeschlagen würde, ergäbe sich die Alternative 2:

Look Ahead #1		
1. Los = 145 Stück	2. Los = 75 Stück	Alternative 2
1225 STP +	425 STP =	1650 STP

Offensichtlich ist diese Alternative um 425 Stücktage günstiger als die zuerst berechnete. Wir prüfen daher weiter

Look Ahead #2		
1. Los = 175 Stück	2. Los = 45 Stück	Alternative 3
1975 STP +	40 STP =	2015 STP

und stellen fest, daß die 2. Alternative den günstigsten STP–Wert hat. Dieses Verfahren hat die Bezeichnung Look–Ahead–Feature, da es in das 2. Los hineinschaut. Sinnvoll ist das Vergrößern des 1. Loses immer, wenn der nächstfolgende Bedarf relativ gering ist und rasch auf den letzten Bedarf des 1. Loses folgt.

Das Look–Ahead–Feature verhindert, daß Lose an bedarfsschwachen Terminen aufgesetzt werden. Es arbeitet wie ein guter Disponent, der die Lose terminlich dort plaziert, wo die größten Nettobedarfe sind; dann wird der größte Teil des Loses nämlich gleich verbraucht und nur eine geringe Restmenge gelagert. Zur Kontrolle können wir noch nachprüfen, welche Stückkosten jetzt entstehen:

1. Los = 145 Stück, Stückkosten = 0,160 DM/Stück
2. Los = 75 Stück, Stückkosten = 0,203 DM/Stück

Die Stückkosten der beiden Lose haben sich etwas besser harmonisiert.

Logischerweise prüft der Stückperiodenausgleich aber nicht nur ab der Los–Trennstelle in die Zukunft, sondern auch in die Gegenwart. Das nennt sich dann Look–Back–Feature. In unserem Beispiel ergibt sich keine bessere Lösung:

Look Back		
1. Los = 110 Stück	2. Los = 110 Stück	Alternative 2
650 STP +	1225 STP =	1875 STP

Wo liegt der Unterschied zwischen diesen beiden Verfahren der dynamischen Losgrößenrechnung?

Die gleitende wirtschaftliche Losgröße ermittelt die günstigsten Stückkosten für das 1. Los, der Stückperiodenausgleich betrachtet zusätzlich noch das Folgelos und positioniert die Lagerzugänge auf bedarfsstarke Termine. Er sucht also die günstigsten Gesamtkosten über 2 aufeinanderfolgende Lose. Für die langfristige Planung liefert der Stückperiodenausgleich die günstigeren Ergebnisse.

Bei einer kurzfristigen Betrachtung ist die gleitende wirtschaftliche Losgröße gut geeignet. Vor allem, wenn der langfristige Nettobedarf noch starken Unsicherheiten unterliegen wird, dann ist die gleitende wirtschaftliche Losgröße vorzuziehen.

4.1.5 Wagner–Within

Es gibt natürlich mathematisch noch bessere Verfahren, als den Stückperiodenausgleich: Das Wagner–Within–Verfahren bildet über dem gesamten Planungshorizont alle Losgrößenkombinationen, die möglich sind. Das sind bei n Nettobedarfen $n \cdot (n - 1)$ Möglichkeiten, also in unserem einfachen Beispiel mit neun Nettobedarfen schon 72 Kombinationen, die alle durchprobiert werden müßten. Das Wagner–Within–Verfahren konnte sich nicht durchsetzen, da der Rechenaufwand enorm, die Ergebnisverbesserung gegenüber dem Stückperiodenausgleich unbedeutend ist — vor allem wenn Nettobedarfe der ferneren Zukunft noch ungewiß sind. Und dies ist der Normalfall im Industriebetrieb.

Es bleibt also dabei:
Für Teile mit vielen, relativ sicheren Nettobedarfen wird der Stückperiodenausgleich eingesetzt. Normalerweise sind dies die Eigenfertigungsteile. Für Einkaufsteile, bei denen aufgrund der Vorlaufverschiebung nur noch wenige Nettobedarfe im Planungshorizont bekannt sind, eignet sich die gleitende wirtschaftliche Losgröße.

4.1.6 Rabattstaffeln

Bei Einkaufsteilen ist eine unserer obigen Annahmen sehr fraglich: Während bei Eigenfertigungsteilen oft mit festen Herstellkosten pro Teil gerechnet wird, bieten die Lieferanten zumeist Staffelpreise oder Mengenrabatte an. Wir sollten also bei der gleitenden wirtschaftlichen Losgröße noch berücksichtigen, daß bei großen Losen günstigere Preise gelten. Das folgende Beispiel verdeutlicht Ihnen den Rechengang. Für unser Teil sollen folgende Preise gelten

bis 100 Stück	18 DM/Stück
bis 150 Stück	15 DM/Stück
darüber	12 DM/Stück

Wir wiederholen jetzt die Berechnung von Abbildung 4.3 und addieren noch den Warenwert zu den Gesamtkosten:

Das günstigste Los unter Berücksichtigung der Rabattstaffel ist 175 Stück zum 15.04. Man erkennt, daß durch die Staffelpreise die Stückkosten mehrmals

Stk	Preis	Lagerkosten	Waren-wert	Gesamt-Kosten	Kosten pro Stk
20	18,–	+ 0	+ 360,–	= 371,–	18,5500
70	18,–	+250 · 0, 012	+1260, ––	= 1274,–	18,2000
110	15,–	+650 · 0, 01	+1650, ––	= 1667,50	15,1591
135	15,–	+1025 · 0, 01	+2025, ––	= 2046,25	15,1574
145	15,–	+1225 · 0, 01	+2175, ––	= 2198,25	15,1603
175	**14,–**	+1975 · 0, 008	**+ 1450,–**	**= 2476,80**	**14,1531**
180	14,–	+2125 · 0, 008	+2520, ––	= 2548,–	14,1555

Abbildung 4.5: Bei Rabattstaffeln wird die Berechnung der wirtschaftlichen Losgröße von Abb. 4.3 um den Warenwert erweitert. Die auftragsfixen Kosten betragen einheitlich für alle Zeilen 11,– DM.

steigen und sinken. Die Berechnung des 1. Loses ist beendet, wenn bei der letzten Rabattstaffel die Stückkosten erstmalig steigen.

Leider sind aber beide Verfahren (Wirtschaftliche Losgröße und Stückperiodenausgleich) nicht ganz so gut, wie die Bezeichnung **optimale Losgrößenrechnung** vorgaukelt. Dieser stark vereinfachte Vergleich der Rüst- und Lagerkosten ignoriert völlig, daß im Industriebetrieb noch weitere Zielgrößen existieren, nämlich das Streben nach

kurzen Durchlaufzeiten
geringem Platzbedarf
geringen Werkstattbeständen
wenig Eilaufträgen
großer Lieferbereitschaft
hoher Termintreue und
hoher Flexibilität.

Da alle diese Bezugsgrößen nicht in das Formelwerk eingehen, wählt man eine praktikable und einfach zu handhabende Lösung für das Problem: Man variiert als Disponent die auftragsfixen und die Lagerkosten durch Probieren so lange, bis der Algorithmus sinnvolle Lose errechnet. Man verwendet in der Praxis Losgrößenalgorithmen nicht zur manchmal fragwürdigen Optimierung, sondern nur zur Arbeitserleichterung. Denn bei 100.000 Teilestammsätzen mit durchschnittlich 5 geplanten Bestellungen müssen regelmäßig eine halbe Million Losgrößenbestimmungen stattfinden und das ist manuell unmöglich machbar.

Und hier noch die Lösungen zu den Übungen:

zur Seite 78:

NB 10.4. 15 zusätzlich
NB 15.4. 30 geändert

zur Seite 82:

opt. Los 10.4. 135 (0,174 DM/Stk)

zur Seite 83:

opt. Los 10.4. 135 (STP = 1250)

4.1.7 Erweiterungen, Ergänzungen

Restriktionen für Lose

In der Praxis hat sich erwiesen, daß die optimalen Bestellmengen noch an die betrieblichen Gegebenheiten angepaßt werden müssen.

- So kann oft nicht jede beliebige Menge bestellt werden, sondern die Bestellung muß in ganzzahligen Vielfachen einer Grundmenge (der Verpackungs- oder Transporteinheit) erfolgen:

  Stangenmaterial gibt es nur in 6–m–Längen,
  Schrauben nur in 200–Stück–Packungen,
  Zylinderköpfe nur in Gestellen mit 6 Stück.

  Diese Grundmenge heißt Rundungsfaktor.

- Eine weitere Anpassung betrifft die minimale Menge. Ein Lieferant oder auch die eigene Produktion verlangt je Auftrag eine Mindestabnahmemenge.

- Genauso wichtig ist eine Restriktion nach oben: Aufgrund der verfügbaren Kapazität, des verfügbaren Lagerplatzes oder der Transportkapazität, legt der Lieferant oder die Arbeitsvorbereitung fest, wie groß die maximale Bestellmenge sein darf. Größere Bestellungen müssen gesplittet werden.

Aber nicht nur mengenmäßige Restriktionen, sondern auch Terminrestriktionen sind zu beachten:

- Ein Bestellrhythmus gibt an, daß periodisch wiederkehrend zu bestellen ist. Dies gilt vor allem, wenn feste Fahrtage mit den Lieferanten oder der Produktion vereinbart sind, also beispielsweise: alle 10 Tage erfolgt eine Lieferung.

- Ein Minimum in Tagen legt fest, wieviele Tage mindestens zwischen zwei Bestellungen verstreichen müssen (Minimale Eindeckungszeit). So legt die Arbeitsvorbereitung fest, daß frühestens nach 5 Tagen dasselbe Teil wieder in Auftrag gegeben werden darf.

- Ein Maximum in Tagen fixiert, wieweit eine Bestellung den Nettobedarf abdecken darf. 60 Tage Maximum bedeutet, daß keine Bestellung mehr Nettobedarfe enthalten darf, als in 60 Tagen benötigt werden. Dieser Parameter ist vor allem bei verderblicher Ware wichtig. Er wird aber auch vom Logistikmanagement eingesetzt, um die Lagerumschlagshäufigkeit zu beeinflußen.

Alle 6 Parameter können theoretisch gemeinsam bei einem Teil vorkommen. In der Realität sind aber nur einer oder zwei jeweils wichtig. Bei der Bestellmengenberechnung wird das Los ständig überwacht, ob es den 6 Parametern genügt. Andernfalls wird eine vom Optimum abweichende und den Parameter–Restriktionen gemäße Losgröße vorgeschlagen.
Wenn also in unserem Stückperioden–Beispiel in Abbildung 4.4 ein

Rundungsfaktor = 10 und
Maximum in Tagen = 15

festgelegt wäre, dann würden die geplanten Bestellungen lauten:

GB = Geplante Bestellung	15.04.	140 Stück
GB = Geplante Bestellung	05.05.	80 Stück
GB = Geplante Bestellung	30.05.	30 Stück

Falls solche Restriktionen bei einem Teil häufig die optimale Losgröße überlagern, dann ist dies ein Kennzeichen dafür, daß die Losgrößenparameter (Lager- und auftragsfixe Kosten) falsch festgesetzt sind. Das PPS-System stellt daher einen Hinweis über die Art der Korrektur und die Teilenummer in einen Briefkasten, damit der Disponent bei diesen Teilen die Losgrößenparameter überprüfen kann.

Verbunddisposition

Folgende Erweiterung der Nettobedarfsrechnung ist bei Einkaufsteilen und Eigenfertigungsteilen gleichermaßen interessant:

Bei Variantenteilen, also Teilen mit ähnlichem Fertigungsverfahren, interessiert es weniger, jedes einzelne, selten vorkommende Variantenteil einzeln zu optimieren. Günstiger und nützlicher ist es, ganze Teilefamilien mit allen Variantenteilen gemeinsam zu optimieren. Derselbe Sachverhalt trifft auf Einkaufsteile zu, die gemeinsame Staffelrabatte haben oder bei denen nur gemeinsame auftragsfixe Kosten berechnet werden. Man nennt dies auch Verbunddisposition.

Diese Verbunddisposition gilt beispielsweise, wenn von einem Lieferanten alle Stahlbleche unterschiedlicher Abmessungen gemeinsam in Quadratmetern bepreist und geliefert werden. Eine einfache Lösung besteht darin, in jedem Bewegungssatz einen zusätzlichen Schlüssel, eben den Verbundschlüssel zu führen. Alle Variantenteile einer Teilefamilie oder alle Einkaufsteile, die zu einem Verbund gehören, haben den gleichen Verbundschlüssel. Bei der Nettorechnung wird jetzt anstelle der Teilenummer der Verbundschlüssel verwendet. Die Nettobedarfe werden also über den Verbund gebildet und die Bestellungen ebenso. Nur die optimalen Lose muß man jetzt manuell oder maschinell auf die einzelnen Teile des Verbunds verteilen, da ja die geplanten Bestellungen auf den tatsächlich vorhandenen Variantenteilen geführt werden müssen und keine echte Teilenummer für den Verbund existiert.
Zur Demonstration dient das folgende Beispiel.

		Nettobedarfe							
Verbund#	Teile#	5.5.	7.5.	9.5.	11.5.	13.5.	15.5.	17.5.	19.5.
31	4821	50	10	20	–	–	10	20	10
31	1713	–	–	30	30	30	30	–	30
31	5601	10	20	–	30	–	–	–	10

Die gemeinsame Nettobedarfs- und Bestellmengenrechnung der Verbundnummer 31 ergibt:

Verbund#		5.5.	7.5.	9.5.	11.5.	13.5.	15.5.	17.5.	19.5.
31	Summe	60	30	50	60	30	40	20	50
31	Lose	140			130			70	

Jetzt werden die Lose gemäß der Nettobedarfe wieder auf die drei Teilenummern aufgeteilt:

Verbund#	Teile#	5.5.	7.5.	9.5.	11.5.	13.5.	15.5.	17.5.	19.5.
31	4821	80			10			30	
31	1713	30			90			30	
31	5601	30			30			10	

4.1.8 PPS–Realität

Die Nettobedarfsrechnung, Bestellmengenermittlung und Bedarfsauflösung bilden den Kern der PPS–Systeme. Diese drei Bausteine sind daher auch am stärksten differenziert.

Bei der **Nettobedarfsrechnung** gibt es viele Spielarten der Terminüberprüfung. Dort werden von manchen Systemen offene Bestellungen verschoben, von anderen Eilbestellungen zwischen offene Bestellungen plaziert.

Die etwas älteren PPS–Systeme arbeiten noch mit einem Periodenraster statt tagesgenauer Termine. Dadurch wird zwar das Datenvolumen der Bewegungssätze vermindert, aber das geht zu Lasten der Aussagekraft, Flexibilität und Genauigkeit. Erhöhte Bestände und längere Wiederbeschaffungszeiten sind die Konsequenzen. Moderne PPS–Systeme arbeiten daher periodenfrei und mindestens tagesgenau.

Für die **Bestellmengenrechnung** haben sich die gleitende wirtschaftliche Losgröße und der Stückperiodenausgleich durchgesetzt. Diese Verfahren sind, wenn sie mit Restriktionen arbeiten, allgemeingültig einzusetzen. Leider kennen nur wenige PPS–Systeme Staffelpreise, so daß nur Eigenfertigungsteile disponiert werden können. Die Einkaufsteile werden mit einem separaten Programm, dem Einkaufsmodul, disponiert. Wir werden später sehen, daß dadurch unnötige Schnittstellenprobleme aufkommen.

Das SAP– wie auch das VPPS– System berechnen den Nettobedarf in der in diesem Kapitel geschilderten Weise. Beide Systeme verwenden dynamische Losgrößenverfahren. In beiden Systemen werden für Einkaufsteile dieselben Algorithmen wie für Eigenfertigungsteile verwendet. Staffelpreise und Verbunddisposition sind in beiden Systemen vorgesehen.

Ältere PPS–Systeme kennen noch eine Vielzahl weiterer Dispositions– und Losgrößenverfahren:

Periodenbedarf bedeutet, daß der Nettobedarf jeder Periode als geplante Bestellung verwendet wird.

Bei den dynamischen Verfahren erreicht man dies durch einen festen Bestellrhythmus von 5 oder 10 Tagen. Werden die Rüstkosten als 0 angesetzt, dann werden überhaupt keine Lose gebildet. Dieses Verfahren ist beispielsweise für Endprodukte sinnvoll. Denn sonst würden die vom Vertrieb so sorgsam geschätzten und vereinzelten Bedarfe sofort wieder zu Losen zusammengefaßt.

Die **feste Losgröße** gibt an, daß nur eine immer gleiche Stückzahl gefertigt werden soll oder kann. Bei den dynamischen Verfahren wird dies erreicht, indem die minimale und die maximale Menge gleich der fixen Losgröße gesetzt werden.

Eine **feste Eindeckungszeit** ist das korrespondierende Verfahren zur festen Losgröße: Es wird immer der Nettobedarf einer fest vorgegebenen Zeitspanne zusammengefaßt. Die dynamischen Verfahren kommen zum gleichen Ergebnis, wenn man das Minimum und das Maximum in Tagen gleich der festen Eindeckungszeit setzt.

In vielen PPS–Systemen steckt noch ein Relikt aus dem Loch– und Karteikartenzeitalter: die **Andler'sche Losgröße**. Die Formel für die optimale Losgröße lautet: $x_0 = \sqrt{\frac{2 \cdot a \cdot M}{p \cdot q}}$. Diese Formel geht von der Voraussetzung aus, daß der Jahresbedarf homogen und horizontal verläuft, daß also täglich 1/365 des Jahresbedarfs M benötigt wird. In Industriebetrieben ist diese Annahme in den wenigsten Fällen erfüllt: Durch die Inhomogenität der Kundenaufträge, der Vorhersagen und durch die Losbildung auf übergeordneten Stufen gibt es keinen konstanten Verlauf des Nettobedarfs. Falls aber ein konstanter Verlauf des Nettobedarfs tatsächlich einmal vorliegen sollte, dann errechnen die dynamischen Verfahren dieselbe optimale Bestellmenge, wie die Andler'sche Losgrößenformel.

Schon vor 20 Jahren hat Trux[3] eine Untersuchung veröffentlicht, nach der die Verwendung eines dynamischen Verfahrens statt des Andler'schen Verfahrens die Bestell- und Lagerkosten um 30 – 40 % senkt. Wenn das zutrifft, dann können bei 24 % Lagerhaltungskosten und ebensoviel auftragsfixen Kosten (das ist ja das Prinzip der optimalen Losgrößen) 30 % von 48 % der Lagerhaltungskosten, also etwa 15 % des Lagerwertes eingespart werden. Je Million Lagerbestand können durch die dynamischen Verfahren anstelle von Andler jährlich 150.000,– DM eingespart werden. Es lohnt sich daher, Andler endlich über Bord zu werfen.

Zusammenfassend ist festzustellen, daß die dynamischen Verfahren (gleitende wirtschaftliche Losgröße und/oder Stückperiodenausgleich) alle Fälle der Bestellmengenermittlung abdecken können. Durch eine geeignete Wahl der Restriktionen können die dynamischen Verfahren auf fast jeden Sonderfall angepaßt werden. Vorteilhaft ist dabei, daß es dann unternehmensweit nur noch eine einheitliche Art für die Berechnung von Bestellmengen gibt. Eine wichtige Voraussetzung ist beim Einsatz der dynamischen Verfahren allerdings zu beachten: Die Zu- und Abgänge müssen nicht nur mengenmäßig, sondern auch terminlich frei von Fehlern sein, denn ein falscher Bedarfstermin wirkt sich bei der dynamischen Losgrößenbestimmung auf die optimale Bestellmenge und manchmal sogar auf die Folgelose aus.

[3] Trux, W.: Einkauf und Lagerdisposition mit Datenverarbeitung; München 1968.

Nutzen, Fazit

Die Nettobedarfs- und Bestellmengenrechnung sorgt für lauter ausgeglichene Bestandskonten. Dabei genügt für die Bestellmengenrechnung ein einheitliches Verfahren für alle Teile:

- Die gleitende wirtschaftliche Losgröße oder
- der Stückperiodenausgleich.

Über die Parameter

auftragsfixe Kosten und
Lagerkostenprozentsatz

kann die Losgrößenbildung beeinflußt werden. Die Restriktionen

Rundung
Minimum nach Menge und/oder Termin und
Maximum nach Menge und/oder Termin

bewirken, daß die technischen Randbedingungen eingehalten werden.

Der Vorteil der dynamischen Bestellmengenalgorithmen liegt nicht so sehr in der Optimierung, sondern in der Arbeitserleichterung. Nach jeder Änderung eines Kontos durch die Bestandsführung sollte die Nettobedarfs- und Bestellmengenrechnung überprüfen, ob das Konto noch ausgeglichen ist. Das sind auch bei einem mittelständischen Betrieb täglich tausende von Nettobedarfs- und Bestellmengenrechnungen, die manuell nicht oder zumindest nicht zeitgerecht bewältigt werden können.

Durch die ständige Überwachung und Korrektur der Bestandskonten werden die Bestände knapper angelegt. Dadurch erhöht sich die Lagerumschlagshäufigkeit, ohne daß die Lieferbereitschaft gesenkt wird.

Je Million Lagerbestand fallen bei manueller Disposition etwa 250.000,- DM an Lagerhaltungskosten[4] und ebensoviel an Rüstkosten[5] pro Jahr an. Können durch eine automatische Bestandsdisposition 40 – 50 % davon eingespart werden, dann sind das ca. 200.000,- DM pro Jahr.

Das ist auch der Grund dafür, daß es kaum noch Industriebetriebe gibt, die ihre Bestandskonten manuell führen. Allerdings verwenden viele der installierten Materialwirtschaftsprogramme nur recht primitive Algorithmen.

Eine Umstellung auf dynamische Verfahren lohnt sich immer, da der Mehraufwand an Plattenspeicher und Rechenzeit bei modernen EDV-Anlagen bedeutungslos ist und in keinem Verhältnis steht zum zusätzlichen Nutzen der dynamischen Verfahren.

[4] 25% Lagerhaltungskosten werden derzeit von vielen Anwenderfirmen für die Losgrößenverfahren angesetzt.

[5] Das ist die Basis für den Stückperiodenausgleich.

4.2 Bedarfsauflösung

4.2.1 Rechenaufwand für eine Bedarfsauflösung

In einem Unternehmen werden umfangreiche Ausrüstungen für Operationssäle hergestellt. Jedes der 400 lieferbaren Produkte besteht im Durchschnitt aus 500 Komponenten und Einzelteilen. Das Unternehmen besitzt 50.000 aktive Teilestammsätze und 90.000 aktive Stücklistenstruktursätze. Jedes Teil wird im Mittel 1,5 mal in unterschiedlichen Baugruppen wiederverwendet.

Falls jedes Endprodukt nur 3 mal jährlich hergestellt wird, ergibt sich folgendes Mengengerüst:

400 Endprodukte ·3 Bedarfe ·500 Komponenten $= 0,6$ Mio Sekundärbedarfe

Mindestens wöchentlich einmal muß die Bedarfsberechnung wiederholt werden. Falls je Vorgang zwei Minuten manueller Such–, Sortier– und Rechenzeit erforderlich wären, müßten 1.250 Disponenten 2 Tage lang arbeiten, um die Bedarfsauflösung von Hand zu bewältigen.
Aus dem Ergebnis ist leicht ersichtlich,

- daß es unzweckmäßig ist, alle Sekundärbedarfe wöchentlich ganz neu zu berechnen und
- daß es unmöglich ist, für ein umfangreiches, komplexes Produktspektrum die Bedarfsauflösung heute noch manuell zu erledigen.

4.2.2 Bedarfsauflösung

Die Bestandsführung und die Nettobedarfs– mit Bestellmengenrechnung beziehen sich im wesentlichen auf ein einzelnes Bestandskonto. Die Teile werden also unabhängig voneinander betrachtet, wie in einem Handelsunternehmen. Im Industriebetrieb herrscht aber zwischen den Teilen eine fest vorgegebene Abhängigkeit, die in der Stücklistenstruktur festgelegt ist. Eine Bewegung auf irgendeinem Teil hat Rückwirkungen auf andere Teile, die in derselben Stücklistenstruktur enthalten sind.

Die Nettobedarfsrechnung versucht die Bewegungen **innerhalb** eines Bestandskontos auszugleichen; die Bedarfsauflösung hat die Aufgabe, die Bewegungen **zwischen** den Bestandskonten aufeinander abzustimmen. Während in Abbildung 3.5 auf Seite 71 die Nettobedarfsrechnung die Bewegungen für die Muffe (durchgezogene Pfeile) ausgleicht, stimmt die Bedarfsauflösung die gestrichelt gezeichneten Bewegungen zwischen der Muffe und dem Rohr ab.

Die Stückliste hält fest, welche und wieviele Komponenten für eine Baugruppe benötigt werden. Für jede geplante Bestellung ermittelt die Bedarfsauflösung aufgrund der Stückliste

wann
wieviel
von welchen Teilen

benötigt wird. Das sind dann Plan–Sekundärbedarfe. Die Berechnung der Sekundärbedarfsmengen (PS) erfolgt nach der Formel:

$$PS-Menge = \frac{GB\text{–}Menge \cdot Mengenfaktor\ der\ Stückliste}{1-Ausschussfaktor}$$

Dabei kann jede Stücklistenposition einen eigenen Ausschußfaktor besitzen (weil vielleicht der Einbau dieses Teils so schwierig ist), oder aber für alle Teile der Baugruppe gilt derselbe Ausschußfaktor (weil die Endkontrolle komplette Baugruppen verwirft).

Unsere Muffe 384103 besteht aus 20 mm Rohr. Der Ausschußfaktor beträgt 10 %. Für die geplanten Bestellungen errechnen sich folgende Sekundärbedarfe:

GB=Geplante Bestellg.	15.4.	135 Stück	PS = 3000 mm
GB=Geplante Bestellg.	5.5.	85 Stück	PS = 1889 mm
GB=Geplante Bestellg.	30.5.	25 Stück	PS = 556 mm

Die Bedarfsauflösung fügt diese neuen Sekundärbedarfe (PS) als Abgänge in das Bestandskonto des Rohrs ein. Die anschließende Nettorechnung sorgt im Wasserfallprinzip dafür, daß das Konto des Rohrs über geplante Bestellungen (GB) wieder ausgeglichen wird.

Unseren Sekundärbedarfen fehlt aber noch der Termin. Der Termin einer geplanten Bestellung ist der erwartete Lagerzugangstermin der Muffe. Der Sekundärbedarfstermin ist der erforderliche Lagerabgangstermin des Rohrs. Dazwischen liegt die Produktion der Muffe aus dem Rohr. Diese Zeit wird **Durchlaufzeit** genannt. Die Durchlaufzeit ist also diejenige Spanne, die erforderlich ist, um aus den entnommenen Komponenten die Baugruppe zu fertigen. Dabei läuft die Zeit ab der Komponente, die als erste entnommen wird. Die Zeit, die verstreicht zwischen der Entnahme einer einzelnen Komponente und der Ablieferung der Baugruppe heißt Vorlaufzeit. Die längste Vorlaufzeit einer Baukastenstückliste ist die Durchlaufzeit. In der Stücklistenverwaltung gehört die Durchlaufzeit zu den Teilestammdaten, die Vorlaufzeit zu den Strukturdaten.

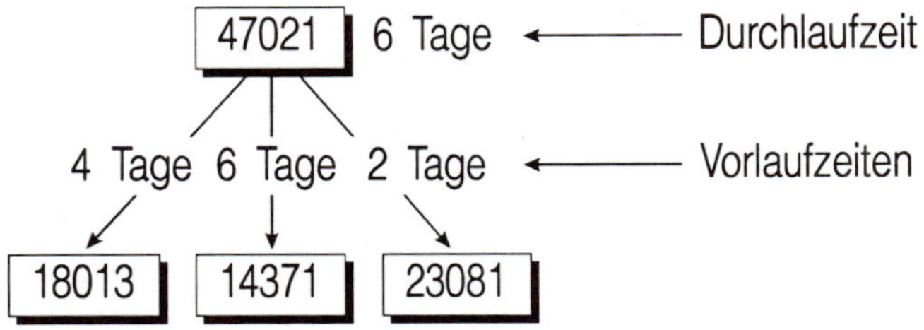

Abbildung 4.6: Zusammenhang zwischen Vorlaufzeiten und Durchlaufzeit.

Die fehlenden Sekundärbedarfstermine können auf drei Arten ermittelt werden:

1. Entweder verwendet man pauschal stets die Durchlaufzeit aus dem Stammsatz — dann wird das Material 23081 aber vier Tage zu früh eingeplant.

2. Besser ist es, die individuelle Vorlaufzeit je Stücklistenposition zu verwenden.

3. Noch günstiger ist es, aus den zu fertigenden Arbeitsgängen dynamisch abzuleiten, wie lang die Vorlaufzeit ist. Man verwendet dazu den Arbeitsplan, in dem die einzelnen Arbeitsfolgen und die dafür benötigten Komponenten stehen. Im wesentlichen besteht jede Arbeitsfolge aus:

...	tr	te	te	te	te	tw	tr	te	te	te	te
	Arbeitsfolge 1						Arbeitsfolge 2				

tw = Wartezeit des Auftrags in der Produktion (siehe auch S. 170). Dazu gehören Kontroll-, Transport- und Liegezeiten. Diese Wartezeit ist von der Auftragsmenge unabhängig.

tr = Rüstzeit des Auftrags. Diese Zeit wird benötigt, um überhaupt den Auftrag ausführen zu können. Sie ist von der Stückzahl unabhängig.

te = Stückzeit. Dies ist die Bearbeitungsdauer für ein Stück.

Die Gesamtzeit tg für eine Arbeitsfolge beträgt

$$tg = tw + tr + m \cdot te$$

(diese Formel wird im Kapitel Kapazitätswirtschaft noch etwas erweitert).

Die Vorlaufzeit ist die Summe tg all der Arbeitsgänge, die eine Komponente durchlaufen muß. Aus der Formel ist ersichtlich, daß diese Vorlaufzeit keineswegs konstant ist, sondern von der Bestellmenge (Losgröße) m abhängt.

Wir wollen für das weitere Vorgehen die exakteste Alternative 3 wählen, bei der die Vorlaufzeit nicht fest gespeichert ist, sondern jeweils dynamisch aus dem Arbeitsplan errechnet wird.
Für das Fertigen der Muffe seien 3 Arbeitsgänge erforderlich.

	tw	tr	te
Ablängen	2 h	–	0,2'
Drehen	4 h	1 h	3,0'
Schleifen	4 h	–	4,8'
gesamt	10 h	1 h	8,0'

Die geplante Bestellung von 135 Stück benötigt laut Arbeitsplan eine Vorlaufzeit tg von

$$\begin{aligned} tw + tr + m\cdot \text{te} &= tg \\ 10\,h + 1\,h + 8{,}0'\cdot 135 \ \text{Stück} &= 29\,h \end{aligned}$$

Die Vorlaufzeit und Durchlaufzeit beträgt dann für die drei geplanten Bestellungen

GB	135 Stück	29,0 h = 3,9 Tage
GB	85 Stück	22,3 h = 2,9 Tage
GB	25 Stück	14,3 h = 1,9 Tage

falls pro Tag 7,5 Stunden lang gearbeitet wird.
Jetzt sind auch die Sekundärbedarfstermine leicht zu ermitteln:

GB	15.4.	135 Stück	PS	11.4.	3000 mm
GB	5.5.	85 Stück	PS	2.5.	1889 mm
GB	30.5.	25 Stück	PS	28.5.	556 mm

Die geplanten Bestellungen (Planaufträge) und ihre Sekundärbedarfe sind auf verschiedene Bestandskonten zerstreut. Damit die zu einer Bedarfsauflösung gehörenden Bewegungssätze wieder zusammengesucht werden können, erhält jede geplante Bestellung schon von der Bestellmengenrechnung eine eindeutige Nummer. Diese Bestellnummer wird von der Bedarfsauflösung auch allen zugehörigen Sekundärbedarfen gegeben. Bei der Freigabe, also der Umwandlung einer geplanten Bestellung in eine offene Bestellung, kann diese Bestellnummer unverändert als Auftragsnummer weiterverwendet werden.

Zusammenfassung: Die Bedarfsauflösung ermittelt für jede Komponente einer geplanten Bestellung

- mit dem Mengenfaktor der Stückliste unter Berücksichtigung von Ausschuß die Sekundärbedarfsmenge,
- mit den Arbeitsplanzeiten und unter Berücksichtigung der Tagesarbeitszeit den Sekundärbedarfstermin.

Anschließend ermittelt die Nettobedarfs- und Bestellmengenrechnung bei allen Komponenten neue geplante Bestellungen, die wiederum von der Bedarfsauflösung weiter bearbeitet werden.

Ausgehend vom Primärbedarf wird nach dem Wasserfallprinzip für jedes Teil eine Nettorechnung und eine Bedarfsauflösung gemacht. Schon in unserem Trivialbeispiel in Abbildung 4.7 sind dies 10 Nettobedarfsrechnungen und 7 Bedarfsauflösungen mit insgesamt 14 Berechnungen der Bedarfstermine (Pfeile).

4.2.3 Dispositionsstufen

Bei der Bedarfsauflösung und Nettorechnung kommt es auf die richtige Reihenfolge an: Die Sequenz 19–43–37 (Abb. 4.7) wäre falsch, da ja 43 erst berechnet werden kann, wenn bei 37 die Bedarfsauflösung stattgefunden hat. Andererseits ist es gleichgültig, in welcher Reihenfolge 19, 22, 45 und 26 bearbeit werden. Hinzu kommt, daß die Teile über die Teileverwendung in mehreren Endprodukten vorkommen können, sodaß die Auflösungsreihenfolge nicht nur für ein Endprodukt, sondern für alle Endprodukte gemeinsam festgelegt und gepflegt werden muß. Für die Festlegung der Auflösungsreihenfolge verwendet man eine Nummer, die Dispositionsstufe (LLC = Low Level Code). Alle Endprodukte bekommen die niedrigste Nummer, also die Null, da sie zuallererst aufzulösen sind. Alle Komponenten, die direkt in die Endprodukte eingehen, erhalten (vorläufig) die Dispositionsstufe 1. Alle Komponenten der Baukastenstücklisten von Teilen

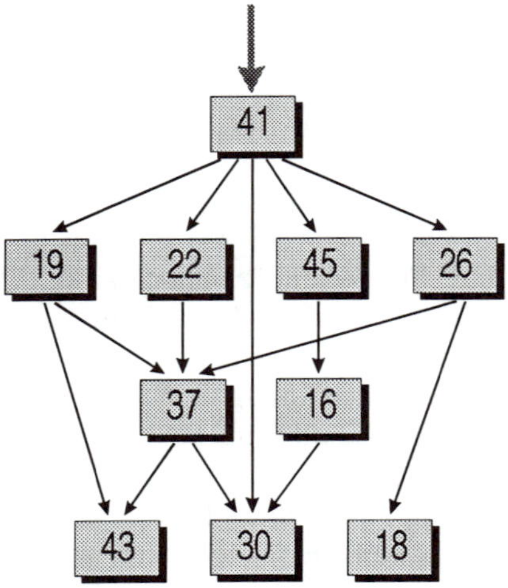

1		Primärbedarf	ergibt
1		Nettorechnung	
	1	Bedarfsauflösung	
4		Nettorechnung	
	4	Bedarfsauflösung	
2		Nettorechnung	
	2	Bedarfsauflösung	
3		Nettorechnung	
10		Nettorechnungen	
	7	Bedarfsauflösungen	

Abbildung 4.7: Das Wasserfallprinzip überträgt die Primärbedarfe stufenweise auf die untergeordneten Komponenten der Struktur.

der Dispositionsstufe 1 erhalten mindestens die Dispositionsstufe 2 usw. Die Disposistionsstufe entspricht also dem längsten Weg, der im Gozintografen von einem Endprodukt zu einem Knoten führt. In unserem Beispiel (Abb. 4.7) erhält

> 41 die Dispositionsstufe 0,
> 19, 22, **30**, 45 und 26 erhalten vorläufig die Dispositionsstufe 1,
> **43**, 37, 16 und 18 erhalten vorläufig die Dispositonsstufe 2
> 43 und 30 erhalten jetzt endgültig die Dispositionsstufe 3

Damit ist die Auflösungsreihenfolge geklärt:

1. Schritt: 41
2. Schritt: 19, 22, 45, 26
3. Schritt: 37, 16, 18
4. Schritt: 43, 30

Da sich diese Reihenfolge nur ändert, wenn die Stücklistenstruktur geändert wird, erfolgt die Ermittlung der Dispositionsstufen im Rahmen der Stücklistenverwaltung. Die Dispositionsstufe jedes Teils steht im Teilestammsatz.

4.2.4 Übung zur Bedarfsauflösung

Falls Sie selbst an einem kleinen Beispiel erfahren wollen, wieviele Berechnungen bei einer Bedarfsauflösung ablaufen, dann lösen Sie die folgende Aufgabe von Hand. Mit dem Übungssystem, das Sie bestellen und auf Ihrem PC installieren können (S. 265), werden solche Auflösungen in Sekundenschnelle erledigt.

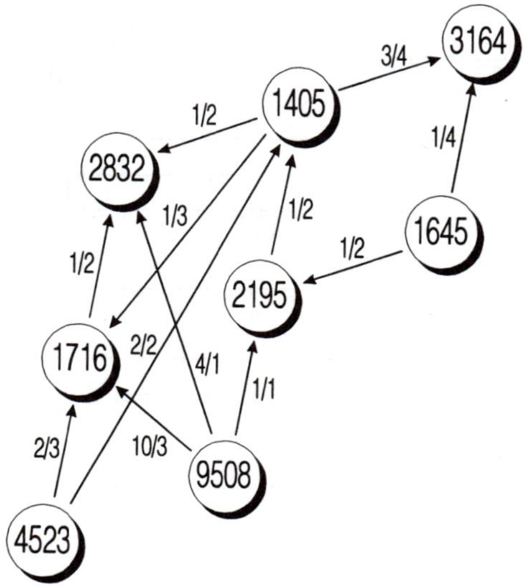

Abbildung 4.8: Gozintograf, der für die Übung gelten soll. Die Zahlen an den Kanten bedeuten Mengenfaktor/ Vorlaufzeit.

Abbildung 4.9 zeigt eine komplette Nettobedarfs- und Bestellmengenrechnung sowie Bedarfsauflösung für die acht Teile des Gozintografen von Abb. 4.8. Im Gozintografen ist der Mengenfaktor m und die Vorlaufzeit v an jeder Kante in der Form m/v vermerkt.

Folgende Annahmen gelten für die Berechnung:

- Ausschuß wird in der gesamten Struktur nicht berücksichtigt.
- Es wird für alle Teile eine stark vereinfachte Losgrößenberechnung angewandt: die minimale Eindeckungszeit (Seite 87) beträgt 4 Tage, die optimale Losgröße ist 1.

TNR **DS**		1	2	3	4	5	6	7	8	9	10
2832	KB						40				100
0	RB		50								
	SB	20									
	IV	60									
	OB0		10								
	GB1						40				100
3164	KB			10				10			10
0	SB	10									
	GZ	20									
	GB2							10			10
1716	PS1				40				100		
1	GA0	10									
	GZ	20									
	OB6				40						
	GB3								90		
1405	RB6	40									
2	GA0	10									
	PS2			30			30				
	PS3					90					
	PS1				40				100		
	GZ	200									
	GB4					140					
4523	RB6	80									
3	PS3					180					
	PS4			280							
	GZ	100									
	GB			440							
2195	PS4			140							
3	GB5			140							
1645	PS5	140									
4	PS2			10			10				
	OB	50				100					
	GB						10				
9508	RB6	400									
4	RB0	40									
	PS3					900					
	PS1					160				400	
	PS5		140								
	IV	640									
	OB			100							
	GB					900				400	

Abbildung 4.9: Nettorechnung und Bedarfsauflösung der 5 Primärbedarfe KB.

1. Bitte vollziehen Sie den Rechengang nach:

   Zuerst werden die fünf Primärbedarfe bei 2832 und 3164 eingespeichert.

   Die Nettorechnung bei 2832 gleicht das Konto durch 2 geplante Bestellungen aus. Die Bedarfsauflösung berechnet daraus die Bruttobedarfe der Teile 1716, 1405 und 9508. Die Endziffern in der zweiten Spalte deuten dies an (PS1 gehört zu GB1).

   Ehe aber für die Komponenten 1716, 1405 und 9508 die Nettorechnung erfolgen kann, muß das Endprodukt 3164 bearbeitet werden. Die Bruttobedarfe bei 1405 und 1645 werden erzeugt.

   Bei 1716 existiert eine offene Bestellung (OB6). Diese wurde kürzlich freigegeben: Die Reservierungen bei 4523, 9508 und 1405 sind nämlich noch nicht entnommen.

   Das Ergebnis dieses Laufes sind die geplanten Bestellungen. Die Terminüberprüfung zeigt, daß keine der geplanten Bestellungen jetzt schon freigegeben werden muß.

2. Was ändert sich, wenn bei 3164 der letzte Primärbedarf von KB = 10 auf KB = 20 erhöht wird?

4.2.5 Erweiterungen, Ergänzungen

Net Change

Bei jeder kleinen Änderung des Primärbedarfs werden beim geschilderten Neuaufwurfverfahren zuerst alle Plan–Sekundärbedarfe und geplanten Bestellungen gelöscht und anschließend wird die Gesamtberechnung von Grund auf neu gemacht. In unserem kleinen Beispiel sind dies insgesamt nur etwa 45 zu berechnende Mengen. Aber selbst in mittelgroßen Betrieben kann es mehrere Millionen Sekundärbedarfssätze und Sätze mit geplanten Bestellungen geben. Bei jeder winzig kleinen Änderung müssen beim Neuaufwurf alle neu berechnet werden.

Sie selbst haben wahrscheinlich bei der zweiten Übung ein viel effizienteres Verfahren verwendet — Sie haben die vorhandenen Zahlen korrigiert. Es haben sich nur etwa 20 Zahlenwerte geändert. Selbst die Änderung eines Großauftrags mit 5000 Komponenten (also maximal 10.000 Bewegungssätzen) tangiert in der Realität nur 1 % aller Bewegungssätze[6]. Eine solche Änderung benötigt natürlich auch nur ein Hundertstel der Laufzeit eines Neuaufwurfs.

Änderungen an Primärbedarfen oder auch Mengen– und Terminänderungen an Werkaufträgen kommen stündlich vor:

- Bedarfstermine werden vom Vertrieb verschoben,
- Bestände sind zu korrigieren,
- Ausschuß fällt unerwartet hoch an,
- Stücklisten werden geändert,
- Zusatzaufträge und Nacharbeitsaufträge werden eingeschleust,

[6] wenn insgesamt eine Million Bewegungssätze existieren, wie in der Schätzung von Seite 101.

- Werkaufträge müssen umterminiert werden.

Wenn diese Änderungen nicht sofort verarbeitet werden, leidet die Aktualität der Datenbank darunter — die Disponenten der von der Änderung betroffenen Teile würden dann falsche Entscheidungen treffen.

Die Dynamik des Absatzmarktes verlagert den Wettbewerb immer stärker vom Preis auf kurze Lieferzeiten. Nur mit minuten- oder zumindest stundenaktuellen Daten können schnelle, präzise Auskünfte erteilt und kurzfristige Umplanungen realisiert werden.

Daher verwenden zeitgemäße PPS-Systeme Änderungsläufe statt des täglichen oder wöchentlichen Neuaufwurfs. Der Fachausdruck dafür lautet Net Change, also Nettoänderung. Jede Änderung an einem Bestandskonto wird sofort auf ihre Auswirkungen untersucht. Gegebenenfalls werden die Konten der betroffenen Teile sofort korrigiert.

Die Vorteile von Net Change sind so bedeutsam, daß alle PPS-Systeme ohne Net Change als veraltet gelten müssen.

Wenn alle Disponenten ihre Änderungen sofort dem PPS-System mitteilen und dieses mit Net Change die Konsequenzen der Änderungen sofort ermittelt, dann sind alle Bestandskonten stets aktuell. Man nennt solche Systeme auch Echtzeit- oder Realtime-Systeme. Echtzeit-Systeme versetzen den Teiledisponenten in die Lage, sofort zu erkennen, welche Konsequenzen eine Störung oder Änderung hat. Net Change ermöglicht aber auch mit extrem kurzen Durchlaufzeiten und geringen Pufferzeiten auszukommen. Wenn nämlich nur ein wöchentlicher Neuaufwurf stattfindet, dann muß zwischen zwei Dispositionsbereichen, also z.B. zwischen Vorfertigung und Montage, mindestens 1 Woche Pufferzeit eingeplant werden. Durchläuft ein Produkt vier Verantwortungsbereiche (Einkauf, Vorfertigung, Fertigung, Endmontage), dann kann durch Net Change die Durchlaufzeit um 4 Wochen verkürzt werden.

Die vermeintliche Ruhe zwischen den periodischen Neuaufwürfen trügt: Die realen Änderungen finden ja ständig statt. Bleibt der PPS-Datenbestand tagelang in einem eingefrorenen Zustand, so ist die Arbeit des Disponenten zwar einfacher, entspricht aber keineswegs mehr den betrieblichen Gegebenheiten.

4.2.6 PPS-Realität

Die Unterschiede der PPS-Systeme sind im Bereich der Bedarfsauflösung gering, da der Rechengang der Auflösung nur wenig Variationen zuläßt.

Bei der Berechnung der Sekundärbedarfsmengen kennen die meisten PPS-Systeme nur einen festen Ausschußprozentsatz je Bestellung, der dann für alle Komponenten der Baukastenliste gilt.

Bei der Terminberechnung wurde schon während der Herleitung auf die drei möglichen Verfahren hingewiesen (Seite 93). Die Mehrzahl der PPS-Systeme beherrscht das Verfahren 2, bei dem je Materialkomponente eine fest vorgegebene, mengenunabhängige Vorlaufzeit verwendet wird. Die Pflege dieser Vorlaufzeiten ist vor allem bei Arbeitsplanänderungen ein Organisationsproblem. Bessere Systeme ermitteln daher die Vorlaufzeit mengenabhängig und dynamisch aus dem Arbeitsplan (Verfahren 3).

Eine Abwandlung des Verfahrens 1 bei der Durchlaufzeitermittlung besteht darin, im Teilestammsatz eine mengenabhängige ($\sum DZTa$) und eine mengenunabhängige Durchlaufzeitsumme ($\sum DZTu$) zu speichern. Die Gesamtdurchlaufzeit ($DZTges$) errechnet sich dann aus

$$DZTges = m \cdot \sum DZTa + \sum DZTu$$

Die Pflege der Summenfelder $\sum DZTa$ und $\sum DZTu$ erfolgt im Rahmen der Arbeitsplanverwaltung. Dieses Verfahren ist sehr laufzeitgünstig und berechnet trotzdem die Durchlaufzeit mengenabhängig.

Manche PPS–Systeme verdichten die Sekundärbedarfe auf dem Bestandskonto, indem sie beispielsweise alle Sekundärbedarfe der verschiedenen geplanten Bestellungen, die in eine Woche fallen, als einen pauschalen Sekundärbedarf abspeichern. Der geringfügige Vorteil der Speicherplatzersparnis auf der Datenbank steht in keinem Verhältnis zu dem Informationsverlust, der durch diese Verdichtung eintritt: **Datenverdichtung ist Datenvernichtung**.

Das SAP– System beherrscht alle vorgestellten Varianten der Vorlaufzeitberechnung, VPPS verwendet stets die Variante 3. Beide Systeme berücksichtigen Ausschuß je Stücklistenposition und beide Systeme beherrschen Net Change im Dialog.

Nutzen, Fazit

Geht man von einem Betrieb mit 100.000 Teilestammsätzen aus und unterstellt, daß jedes Teil im Durchschnitt aus 5 Komponenten besteht, weiterhin, daß innerhalb des Planungshorizonts 10 geplante Bestellungen erforderlich sind, dann ergibt dies 1 Million geplante Bestellungen und 5 Millionen Sekundärbedarfe in der PPS–Datenbank. Dieses Volumen kann ohne EDV–Hilfe nicht berechnet, aktualisiert und überwacht werden. Auch bei viel geringerem Datenvolumen lohnt es sich, die triviale Rechenarbeit einem PPS–System zu überlassen. Zu warnen ist aber vor der Absicht, fähige Disponenten durch das PPS–System zu ersetzen. Die folgende Gegenüberstellung zeigt, daß erst aus der Symbiose von PPS–System und Sachbearbeiter ein leistungsfähiges System entsteht:

Vorteile des EDV–gestützten PPS–Systems	Fähigkeiten des Sachbearbeiters
verarbeitet riesige Informationsmengen	kennt den Betrieb
rechnet extrem schnell	besitzt kreativen Sachverstand
macht keine Fehler	assoziiert
ist immer motiviert	ist kritisch

Die ideale Kombination besteht darin, daß der Sachbearbeiter die notwendigen Entscheidungen trifft, sobald Probleme auftauchen. Das PPS–System ermittelt sofort die absehbaren Konsequenzen dieser Entscheidungen und überprüft den Datenbestand auf eventuelle Problemfälle.

4.3 Synthetische Bedarfsrechnung

4.3.1 Verfügbarkeitsrechnung

Die bisher behandelten Komponenten der Materialwirtschaft gehen vom Absatzplan aus und berechnen daraus den Beschaffungsplan.

Die Bestandsführung, Nettorechnung und Bedarfsauflösung verwenden als Termin einer Lagerbewegung stets den spätesten Termin. Dieser wird aus dem Kundenwunschtermin über alle Stufen der Stücklistenstruktur bis zu den Einkaufsteilen hergeleitet. Diese Betrachtungsweise heißt **analytische Bedarfsermittlung**, da analytisch aus dem Primärbedarf die abhängigen Bedarfe und deren Termine ermittelt werden. Man geht bei dieser Vorgehensweise davon aus,

- daß entweder der Primärbedarf von irgendeiner Institution im Vorfeld der analytischen Bedarfsermittlung bereits auf seine Machbarkeit geprüft wurde (wie das gemacht werden kann, behandle ich im Abschnitt Grobplanung auf Seite 110) oder

- daß alle Einkaufsteile beliebig kurzfristig und in beliebiger Menge beschaffbar sind. Lediglich die Ausnahmemeldungen im Rahmen der Nettorechnung lassen erkennen, daß diese Annahme zumeist falsch ist.

Bei weiterhin schrumpfenden Lieferfristen für Endprodukte wird es in verstärktem Maße zu Engpäßen und Eilaufträgen bei der Materialbeschaffung kommen.

Um nicht alle Einkaufsteile viel zu früh und in viel zu großer Menge beschaffen zu müssen, ist ergänzend eine Umkehrung der Betrachtungsweise zweckmäßig: **Ausgehend von einem realistischen Beschaffungsplan werden die Termine des Absatzplans überprüft.**

Diese Überprüfung der Termine von den Einkaufsbestellungen in Fertigungsrichtung bis zu den Primärbedarfen heißt synthetische Bedarfsrechnung oder besser **synthetische Verfügbarkeitsrechnung** (Abb. 4.10). Dabei wird der gesamte Rechengang der analytischen Bedarfsermittlung mit umgekehrten Vorzeichen wiederholt:

Statt von oben nach unten über die Stückliste wird von unten nach oben über die Teileverwendungsliste vorgegangen.
Statt vom Bedarf die geplanten Bestellungen zu errechnen werden aus den geplanten Bestellungen die Bedarfstermine ermittelt.
Statt den Ausschuß hinzuzufügen wird dieser abgezogen.
Statt von 0 bis n werden die Dispositionsstufen von n bis 0 abgearbeitet.

Nur eine der Berechnungen, nämlich die Bestellmengenrechnung wird nicht angetastet: Man unterstellt, daß die bei der analytischen Bedarfsermittlung festgelegten Bestellmengen nicht zu verändern sind.

Die synthetische Verfügbarkeitsrechnung kann also — bei unveränderlichen Mengen — nur die Termine ändern. Die von der analytischen Bedarfsermittlung errechneten Termine beziehen sich stets auf den Kundenwunsch. Diese spätesten Termine sollen nicht verloren gehen. Die synthetische Verfügbarkeitsrechnung

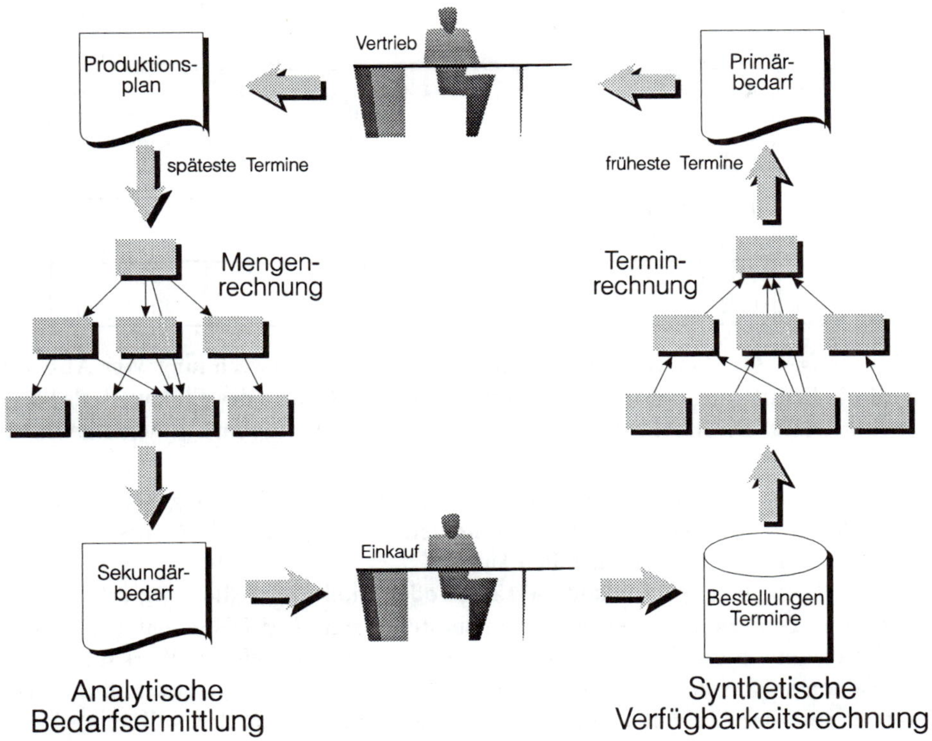

Abbildung 4.10: Kreislauf der analytischen und synthetischen Bedarfsermittlung.

berechnet die frühesten Verfügbarkeitstermine, die besagen, wann frühestens ein Materialzugang zu erwarten ist. Die frühesten Termine werden in einem separaten Terminfeld geführt, so daß jeder Zu– und Abgangssatz zwei Termine besitzt:

der **späteste Termin** gibt an, wann die Bewegung gemäß Kundenwunsch oder Vetriebseinschätzung spätestens erfolgen muß,

der **früheste Termin** kennzeichnet, wann frühestens Material für die Bewegung zu erwarten ist, gemäß der realistischen Beschaffungssituation.

Der Ablauf der Verfügbarkeitsrechnung ist folgender:

Die tatsächlichen Zugänge und Abgänge vom Lager (IV, GZ, UZ, GA, UA) bekommen von der Bestandsführung jeweils den Termin der tatsächlichen Bewegung als frühesten (und spätesten) Termin.

Bei allen offenen Bestellungen wird der früheste Termin dem spätesten Termin gleichgesetzt. Ist eine offene Bestellung in Verzug, wird als frühester Termin der Tag heute eingesetzt. Falls die Fertigungslenkung (Seite 215) früheste Termine aufgrund der Situation in der Produktion führt, werden diese natürlich übernommen.

TNR		1	2	3	4	5	6	7	8	9	10
9508	RB	400^{1}									
	PS					900^{6}					
	PS					160^{3}				400^{6}	
	PS		140^{1}								
	IV	600^{1}									
	OB			100^{3}							
	NB					900^{6}				400^{6}	
	GB					900^{6}				400^{6}	

Abbildung 4.11: Am Beispiel der analytischen Musterberechnung von Abb.4.9 wird die Ermittlung der frühesten Termine für die Bedarfe des Einkaufsteils 9508 demonstriert. Die Hochzahlen stellen die frühesten Verfügbarkeitstermine dar.

Bei jeder geplanten Bestellung wird der früheste Termin gleich heute + Durchlaufzeit bzw. heute + Beschaffungszeit gesetzt, da sie ja frühestens nach Ablauf der Durchlaufzeit eintreffen kann.

Der Disponent im Einkauf bestätigt oder modifiziert die vorgeschlagenen frühesten Termine der offenen Einkaufsbestellungen. Der Disponent der Eigenfertigungsteile bestätigt oder verändert die Termine der offenen Werkaufträge.

Falls alle Einkaufsteile von Abbildung 4.8 jeweils fünf Tage Beschaffungszeit hätten, und der Einkäufer maximal vier Tage verfrüht bestellen will, dann kann die erste geplante Bestellung (GB) frühestens am Ende der Bestellzeit, also am Tag 6 eintreffen. Die zweite GB kann ebenfalls am Tag 6 frühestens eintreffen und dies ist zulässig, da zwischen dem frühesten Termin (6) und dem spätesten Termin (9) maximal 4 Tage liegen dürfen. Die frühesten Termine für die zwei geplanten Bestellungen des Einkaufsteils 9508 sind in Abbildung 4.11 als Hochzahlen eingetragen. Die offene Bestellung über 100 Stück — so nehmen wir an — kann der Einkäufer nach Rücksprache mit dem Lieferanten frühestens auf den 3. Tag vorziehen. Die frühesten Termine aller Zugänge sind jetzt bestimmt.

Die frühesten Termine der Abgänge errechnen sich aus den frühesten Terminen der Zugänge: Die Reservierung (RB) und der dringlichste Sekundärbedarf (PS) können aus dem Lagerbestand (IV) gedeckt werden. Der Sekundärbedarf mit 160 Stück wird aus dem Lagerbestandsrest und aus der offenen Bestellung bedient. Der Sekundärbedarf mit 900 Stück wird der ersten geplanten Bestellung, der Sekundärbedarf über 400 Stück aus der zweiten geplanten Bestellung zugeordnet (= to allot). Die Vorgehensweise der terminlichen Zuordnung von Zugangsterminen zu Abgangsterminen bei einem Konto nennt man Allotment oder Pegging.

Wendet man die Vorgehensweise von Teil 9508 auch für das Einkaufsteil 1645 von Abbildung 4.8 an, so erhält man als Ergebnis der Verfügbarkeitsprüfung die untersten zwei Blöcke in Abbildung 4.12. Sobald das Allotment für alle Einkaufsteile erfolgt ist, ist alles vorbereitet für die Verfügbarkeitsrechnung der Eigenfertigungsteile in Abbildung 4.12: Wir beginnen bei der Dispositionsstufe 3 mit dem Teil 2195. Dort müssen zuerst die frühesten Termine der geplanten

TNR		1	2	3	4	5	6	7	8	9	10
2832	KB						40^{6}				100^{13}
0	RB		50^{3}								
	SB	20^{1}									
	IV	60^{1}									
	OB		10^{3}								
	GB						40^{6}				100^{13}
3164	KB			10^{1}				10^{7}			10^{12}
0	SB	10^{1}									
	GZ	20^{1}									
	GB							10^{7}			10^{12}
1716	PS				40^{4}				100^{11}		
1	GA	10^{1}									
	GZ	20^{1}									
	OB				40^{4}						
	GB								90^{11}		
1405	RB	40^{1}									
2	GA	10^{1}									
	PS			30^{1}			30^{8}				
	PS					90^{8}					
	PS				40^{1}				100^{8}		
	GZ	200^{1}									
	GB					140^{8}					
4523	RB	80^{1}									
3	PS					180^{6}					
	PS			280^{6}							
	GZ	100^{1}									
	GB			440^{6}							
2195	PS			140^{5}							
3	GB			140^{5}							
1645	PS	140^{3}									
4	PS			10^{3}			10^{6}				
	OB	50^{1}				100^{3}					
	GB						10^{6}				
9508	RB	400^{1}									
4	RB	40^{1}									
	PS					900^{6}					
	PS					160^{3}				400^{6}	
	PS		140^{1}								
	IV	640^{1}									
	OB			100^{3}							
	GB					900^{6}				400^{6}	

Abbildung 4.12: Synthetische Verfügbarkeitsprüfung, dargestellt am Beispiel von Abb. 4.9. Die Hochzahlen stellen die frühesten Termine dar.

Bestellungen ermittelt werden. Diese ergeben sich aus den frühesten Terminen der Sekundärbedarfe der Komponenten und zwar nach der Regel:
Der späteste der frühesten Termine aller Komponenten bestimmt den frühesten Termin der Baugruppe.

Das ist sinnvoll, da ohne die zuletzt eintreffende Komponente nicht mit der Produktion begonnen werden kann. Der Sekundärbedarf bei 9508 kann zwar am Tag 1 entnommen werden und bringt mit 1 Tag Vorlaufzeit den frühesten Termin 2, aber die geplante Bestellung vom Teil 2195 kann frühestens am Tag 5 eintreffen, da der Sekundärbedarf von 1645 erst am Tag 3 entnommen werden kann und seine Vorlaufzeit 2 Tage beträgt. Die Ermittlung des Termins einer geplanten Bestellung aufgrund der Sekundärbedarfstermine der Komponenten stellt eine vergröberte Form der Vorwärtsterminierung dar, die im Kapitel Kapazitätswirtschaft ab Seite 172 ausführlich behandelt wird. Nach der Vorwärtsterminierung kann für das Teil 2195 ein Allotment erfolgen. Dann wird auf gleiche Weise eine synthetische Verfügbarkeitsrechnung für die Teile 4523, 1405 usw. gemacht. Abwechselnd erfolgt also das **Allotment** und die **Vorwärtsterminierung.** Das ist genau die Umkehrung der **Nettorechnung** und **Bedarfsauflösung.**

Wenn Sie jetzt entsprechend nach oben weiterrechnen, müssen Sie folgende früheste Termine für die Kundenbedarfe erhalten:

Teile#	frühest. Termin	spätest. Termin	Menge	Kommentar
2832:	6	6	40	pünktlich
	13	10	100	3 Tage Verzug
3164:	1	3	10	2 Tage Puffer
	7	7	10	pünktlich
	12	10	10	2 Tage Verzug

Das Ergebnis läßt folgende Schlüsse zu:

- Die ersten beiden Kundenbedarfe von 3164 und der 1. Kundenbedarf von 2832 können zum gewünschten Termin geliefert werden, wenn keine Störungen auftreten.
- Alle anderen Kundenbedarfe haben Verzug.

Diese Aufstellung kann der Vertriebs–Sachbearbeiter dazu verwenden, die Kunden zu benachrichtigen und darauf hinzuwirken, daß diese sich möglichst mit den frühesten Terminen oder einem realistischen Termin zwischen dem frühesten und spätesten Termin einverstanden erklären. Falls dies nicht gelingt, muß der Vertrieb andere Kundenbedarfe mengenmäßig oder terminlich umordnen. Und jetzt beginnt ein neuer Zyklus:

Mit Net Change werden neue, realistischere Termine für die geplanten Bestellungen errechnet und mit der Verfügbarkeitsrechnung wird zurückgerechnet, mit welchen Terminen der Vertrieb dann rechnen kann. Erst wenn bei keinem Bedarf mehr der früheste hinter dem spätesten Termin liegt, sind der Beschaffungs– und der Absatzplan miteinander abgestimmt.

Falls der Zyklus *analytische Bedarfsrechnung und synthetische Verfügbarkeitsprüfung* schnell genug abläuft, kann er für die Online–Terminprüfung von wichtigen Kundenanfragen eingesetzt werden: Der Vertriebssachbearbeiter plant die Anfrage mit dem Wunschtermin als spätestem Termin ein und sieht nach Ablauf des Zyklus anhand des frühesten Termins, ob die Anfrage mit Terminpuffer oder mit Verzug eingeplant wurde und damit, ob sie nützlich oder hinderlich für die Gesamtauslastung der Produktion wäre.

Eine Übung für die synthetische Verfügbarkeitsprüfung wäre zu rechenaufwendig. Mit dem PC–gestützten DEMO–System können Sie die Rechenarbeit der synthetischen Verfügbarkeitsprüfung zur Ermittlung der frühesten Termine maschinell erledigen.

Ein großer Abstand zwischen frühestem Termin und spätestem Termin, also ein großer Puffer, erhöht die Sicherheit gegen Terminverzüge und ermöglicht eine gute Kapazitätsauslastung, was sehr wünschenswert ist. Allerdings erhöht er andererseits die Durchlaufzeit und die Bestände irgendwo auf dem Weg vom Einkaufsteil bis zum Endprodukt. Die Größe des Puffers kann also vom Management als Steuerungsgröße benutzt werden. Dafür gibt es einen Parameter: das maximale Vorziehen oder auch Vorgriffszeit genannt. Dieser Parameter gibt an, wieviele Tage vor dem spätesten Termin eine Bewegung überhaupt frühestens stattfinden darf. In unserem Beispiel habe ich vier Tage angesetzt. Abbildung 4.13 zeigt die Zusammenhänge zwischen dem maximalen Vorziehen und den PPS–Zielen.

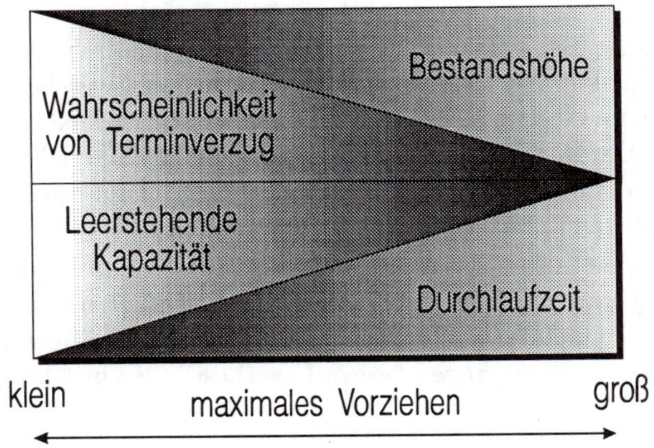

Abbildung 4.13: Zusammenhang zwischen dem Parameter „Maximales Vorziehen“ und den 4 PPS–Zielen.

4.3.2 PPS–Realität

Leider gibt es nur ganz wenige PPS–Systeme, die eine synthetische Verfügbarkeitsprüfung über den gesamten Planungshorizont anbieten. Fast alle Systeme bieten nur die partielle Verfügbarkeitsprüfung bei der Umwandlung von geplanten Bestellungen in offene Bestellungen an. Das ist natürlich viel zu spät für den Vertrieb. Denn der sollte ja lange vor dem Beginn der Endmontage schon wissen, wie verläßlich die zugesagten Liefertermine wohl eingehalten werden können.

Überall, wo die Verfügbarkeitsrechnung fehlt, müssen die Disponenten fallweise aufgrund der Teileverwendungen die Berechnung der frühesten Termine manuell erledigen — oder aber darauf vertrauen, daß irgend jemand alle Verzüge beseitigt. Wozu, so fragt man sich, ist aber dann ein PPS–System nützlich, wenn es die kritischen Fälle nicht erkennt und zu lösen hilft?

Der Kreislauf ist also erst geschlossen, wenn nach der analytischen Bedarfsermittlung auch die synthetische Verfügbarkeitsrechnung abgelaufen ist.

Die Laufzeiten der analytischen und der synthetischen Bedarfsrechnung sind etwa gleich hoch, da ja die eine nur eine Umkehrung der anderen Rechenmethode ist.

Das SAP–System enthält zwar den Parameter „Vorgriffszeit“, die Verfügbarkeitsprüfungen werden aber nur zu festgelegten Zeitpunkten vorgenommen.

Das VPPS–System bietet die dynamische, ständige Verfügbarkeitsprüfung in Echtzeit an. Jeder Bedarfs–, Bestell– oder Auftragssatz enthält einen spätesten und einen frühesten Termin. Der späteste Termin ist aus dem Kundenwunschtermin hergeleitet, der früheste Termin zeigt die aktuelle Verfügbarkeit der Material– und Kapazitätsressourcen an.

Nutzen

Die analytische Bedarfsermittlung leitet deterministisch den Produktions– und Beschaffungsplan aus dem Absatzplan ab. Die synthetische Verfügbarkeitsprüfung stimmt im Gegenzug den Beschaffungs– und Produktionsplan mit dem Absatzplan ab. Der Regelkreis von der Planvorgabe des Vertriebs über die Eigenfertigung bis zum Einkauf mit dem Feedback vom Einkauf über die Produktion zum Vertrieb ist dann geschlossen (Abb. 4.10).

Sicherheitspuffer liegen zwischen den spätesten Terminen der analytischen Bedarfsrechnung und den frühesten Terminen der synthetischen Verfügbarkeitsrechnung. Sicherheitspuffer äußern sich in Kapazitätsüberhängen in der Produktion, in verfrühten Lagerzugängen, hohen Lagerbeständen und langen Durchlaufzeiten.

Diese Sicherheitspuffer lassen sich gezielt abbauen, sobald sie klar ersichtlich sind. Dazu können die Beschaffungszeiten verkürzt, die Durchlaufzeiten reduziert oder die Lagerbestände verringert werden.

Ohne die synthetische Verfügbarkeitsrechnung ist der Absatzplan terminlich nicht auf den Beschaffungs– und Produktionsplan abgestimmt. Die Disponenten kompensieren die terminliche Unsicherheit, die aus der fehlenden Abstimmung resultiert, mit großen Sicherheitspuffern.

Investitionen in leistungsfähige PPS–Software mit entsprechend dimensionierter Hardware eröffnen die Chance, durch Einsatz der synthetischen Verfügbarkeitsrechnung die Bestände zu senken, die Durchlaufzeiten auf das notwendige Maß zu reduzieren und die Terminrisiken zu beherrschen. Ein weiterer nützlicher Nebeneffekt besteht darin, daß die Disponenten und Steuerer sich nicht mehr um alle Bewegungen kümmern müssen, sondern nur um diejenigen mit drohendem Verzug.

Kapitel 5

Primärbedarfe

5.1 Grobplanung

Die Bestandsführung legt die Basis für richtige Zu– und Abgangsdaten je Teil. Die Bedarfsauflösung sorgt dafür, daß aufgrund der Kundenbedarfe alle Sekundärbedarfe errechnet werden. Wenn aber die Kundenbedarfe fehlen oder nicht langfristig genug vorliegen, dann können auch keine Primärbedarfe aufgelöst werden. Das Kapitel 5 zeigt einen Weg, wie Primärbedarfe geschätzt, erfasst und schnell auf ihre Machbarkeit geprüft werden können.

5.1.1 Terminzusagen im Werkzeugbau

Der zentrale Werkzeugbau ist in großen Betrieben eine selbständig arbeitende Organisationseinheit. Er braucht eine eigene Produktionsplanung, deren Hauptgewicht auf einer flexiblen Grobplanung liegt. Die Termintreue ist ein besonders wichtiges PPS–Ziel. Die Probleme des Werkzeugbaus liegen

- in einem mengenmäßig und zeitlich sehr inhomogenen Auftragseingang,
- in einer extremen Spanne zwischen kurzfristigen Reparaturaufträgen und langfristigen Neubauten,
- in der Individualität jedes Auftrags und
- in der Tatsache, daß die detaillierten Stücklisten und Arbeitspläne erst lang nach der Auftragsannahme vorliegen.

Die Mitarbeiter der Produktion werden in fünf bis zehn Gruppen eingeteilt, wie Spanabhebende Bearbeitung, Schleifen, Erodieren und Fräsen. Die Administration wird in Auftragsbearbeitung, Konstruktion, Arbeitsvorbereitung, Qualitätssicherung und Bestellwesen eingeteilt.

Für die Erfassung der Werkzeugaufträge werden mehrere Standardressourcenlisten verwendet. Diese enthalten die zu durchlaufenden Gruppen und die durchschnittlichen Bearbeitungszeiten. Sowohl die Gruppen wie auch die Bearbeitungszeiten können am Bildschirm individuell verändert werden. Jeder neue Werkzeugauftrag wird sofort bei der Erfassung auf seine Realisierbarkeit geprüft, indem er auf die Gruppen terminrichtig eingelastet wird. Der Termin wird bestätigt, falls der Auftrag ohne Kollisionen durchführbar ist, andernfalls werden weniger dringliche Aufträge verschoben, bis bei der Engpaßgruppe ausreichend Kapazität verfügbar ist.

Aktuelle Grafiken über die zu erwartende Auslastung der Gruppen ermöglichen es, durch vorbeugende Wartungsaufträge die Kapazitätslücken zu füllen.

5.1.2 Engpaßplanung

Gibt der Vertrieb unrealistische Primärbedarfe ein, so erzeugt auch die analytische Bedarfsrechnung nur unsinnige Ergebnisse. Der amerikanische Ausdruck für solche Systeme lautet GIGO = Garbage In, Garbage Out. Das bedeutet, daß falsche Vorgaben auch zu falschen Ergebnissen führen. Alle Berechnungen im Rahmen der Materialwirtschaft sind nutzlos, wenn der zugrundegelegte Primärbedarf unrealistisch ist.

Aufträge mit mehr als 1000 Stücklistenpositionen und einigen hundert Arbeitsgängen scheitern erfahrungsgemäß nur an einigen wenigen Teilen oder Arbeitsplätzen, eben den Engpässen. Theoretisch genügt es, je Kundenauftrag den Hauptengpaß zu planen, da dieser die Termine aller anderen Aktivitäten bestimmt. Realistisch gesehen wird man fünf bis zehn Engpässe je Auftrag betrachten, da oft nicht von vornherein feststeht, welches der Hauptengpaß ist und da die Engpässe über den Planungshorizont hinweg wechseln. Solche Engpässe können sowohl Einkaufsteile, wie auch Arbeitsplätze in der eigenen Produktion sein. Die Endprodukte lassen sich bezüglich der Engpässe auf einige wenige Typen verdichten.

Zur Einplanung wird eine spezielle Engpaßliste je Endprodukttyp benötigt. Die Engpaß–Ressourcenliste gibt an, wann welche Engpaßfaktoren in welcher Menge mit welcher Vorlaufzeit (VZT) benötigt werden. Abbildung 5.1 zeigt ein Beispiel für einen Stirnradeinziehregulator des Typs 41.

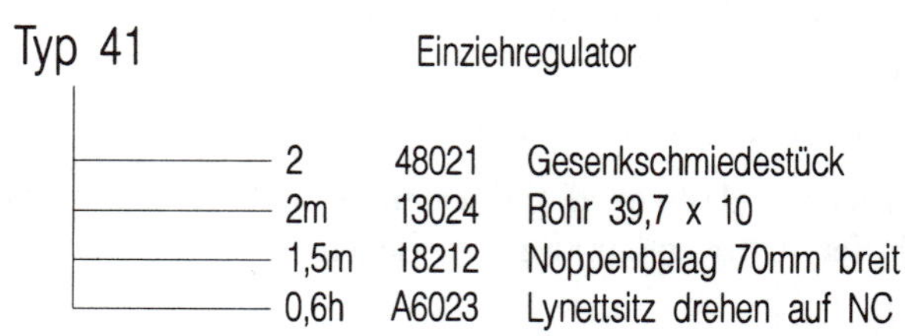

Abbildung 5.1: Ressourcenliste mit 4 Engpässen für einen Stirnradeinziehregulator.

Mit Hilfe dieser Ressourcenliste kann der Vertrieb in Sekundenschnelle im Dialog mit dem PPS–System den Termin für einen möglichen Kundenauftrag ermitteln. Dazu werden nur die bisher schon bekannten PPS–Verfahren eingesetzt (Abb. 5.2).

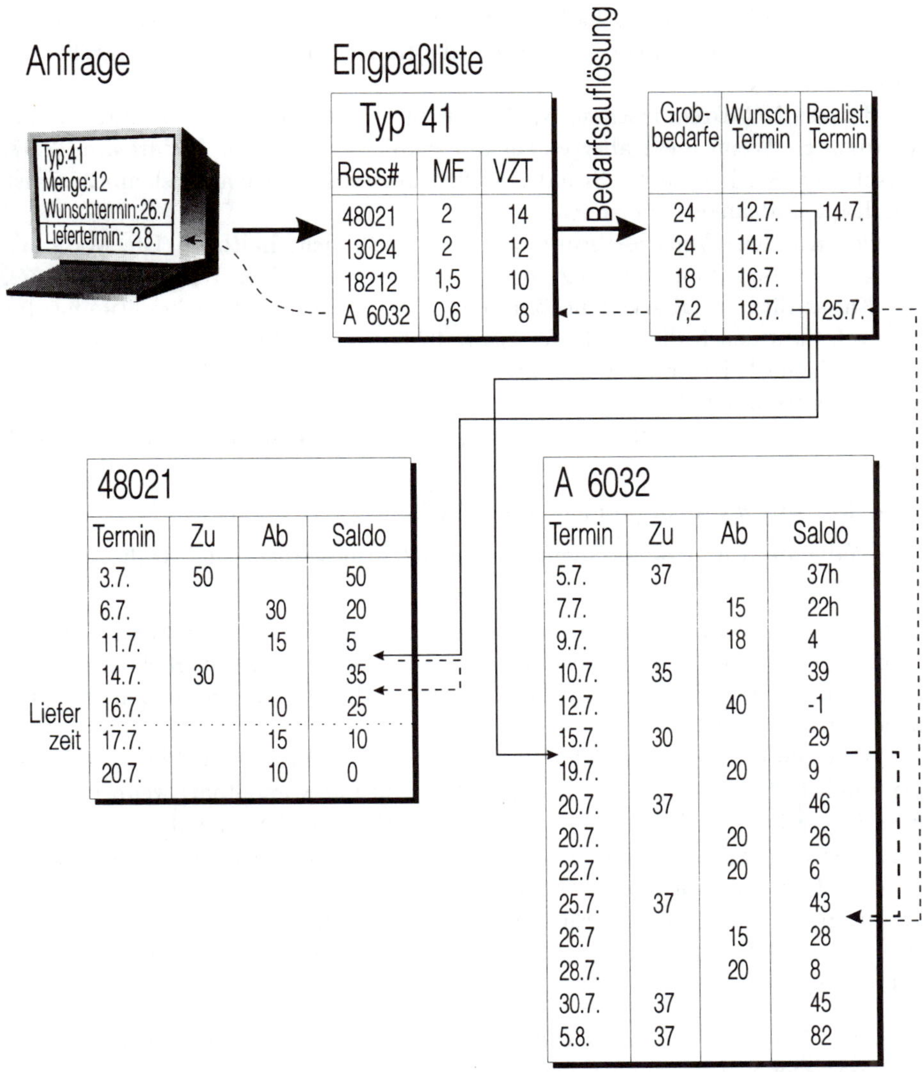

Abbildung 5.2: Schematische Darstellung der Grobplanung anhand eines Beispiels. Die fetten Pfeile zeigen die analytischen Wunschtermine in Bezug auf die Engpaßressourcen, die gestrichelten Pfeile die synthetisch ermittelten frühesten Termine.

Der Sachbearbeiter im Vertrieb gibt die ihm bekannten Daten, nämlich den Endprodukttyp, die gewünschte Menge und den Wunschtermin ein. Aufgrund der gespeicherten Engpaßliste errechnet die Bedarfsauflösung für die vier Engpaßressourcen die Bedarfe und die Wunschtermine.

Die Nettorechnung prüft die Konten der Engpaßressourcen auf Verfügbarkeit (es sind nur zwei von vier Konten dargestellt): Bei dem Gesenkschmiedestück 48021 sind erst am 14.07. die benötigten 24 Stück verfügbar. Geprüft wird noch, ob innerhalb der Beschaffungszeit dadurch andere Bedarfe nicht befriedigt werden könnten, was nicht der Fall ist, da die Deckung hinfort stets größer als 24 ist.

Bei der NC–Drehmaschine A6032 stehen am 18. mehr als 7,2 Stunden zur Verfügung. Wenn diese aber eingeplant würden, müßte der Bedarf am 22.07. verschoben werden, da 1,2 Stunden Defizit auftreten würden. Erst am 25.7. ist das Kapazitätsangebot ausreichend[1].

Der Kunden–Wunsch–Termin vom 26.07. ist nicht haltbar. Die Materialverfügbarkeitsprüfung bei 48021 bestimmt als realistischen Termin den 14.07., die Kapazitätsverfügbarkeitsprüfung den 25.07., was bei Berücksichtigung der Vorlaufzeiten den frühesten Liefertermin 02.08. ergibt (für die Terminrechnung wurden keine Feiertage berücksichtigt, das kommt später noch im Kapitel Kapazitätswirtschaft).

Die Antwort der PPS–Grobplanung an den Vertriebssachbearbeiter lautet also:

- Der Auftrag kann problemlos am 02.08. geliefert werden;
- falls die Kapazitätsprobleme bei A6032 zu beseitigen sind, frühestens am 28.07.

Mit dieser Antwort nach ca. 4 Sekunden kann der Vertriebssachbearbeiter am Telefon realistische, verbindliche Termine abgeben. Es ist natürlich ihm überlassen, alternativ andere Kundenaufträge terminlich so zu verschieben, daß der neue Auftrag paßt.

Die Grobplanung enthält für die Engpässe die synthetische Verfügbarkeitsprüfung. PPS–Systeme ohne Grobplanung sind nur vorstellbar, wenn es keine Engpässe gibt. Das ist aber betriebswirtschaftlich nicht rationell. Der höchste Erfolg wird erzielt, wenn alle Elementarfaktoren so knapp wie möglich disponiert werden. Es ist also rationell, möglichst viele Engpässe zu haben.

Die manuelle Pflege der Engpaßlisten ist zumutbar, sofern es sich nur um eine Handvoll Typen handelt. Bei vielen Typen und vielen Engpässen empfiehlt sich ein automatisches Verfahren:

> Die Nettorechnung kann feststellen, wo Engpässe vorliegen. Die Anzahl der Eilbestellungen bei Teilen und der Auslastungsgrad bei Kapazitäten sind ein Maß für die Unterscheidung. Diese Engpaßressourcen werden von der Nettorechnung im Ressourcenstammsatz gekennzeichnet. Eine Engpaßliste entsteht dann automatisch aufgrund einer Mengenübersichtslistenabfrage, bei der nur die Engpaßpositionen aufgeführt werden.

Statt der Vorlaufzeit kann bei einigen PPS–Systemen auch ein Bedarfsprofil angegeben werden: Es weist aus, daß vor allem der Kapazitätsbedarf nicht punktuell anfällt, sondern einer zeitlichen Verteilfunktion folgt. So kann der Aufwand in der Endabnahme anfänglich gering, dann steigend und am Ende des Auftrags wieder absinkend sein und sich über 9 Wochen verteilen (Abb. 5.3).

[1] Zur Ermittlung der Kapazitätsverfügbarkeit wird das auf Seite 188 in den Abbildungen 6.25 und 6.26 näher erläuterte Verfahren gewählt

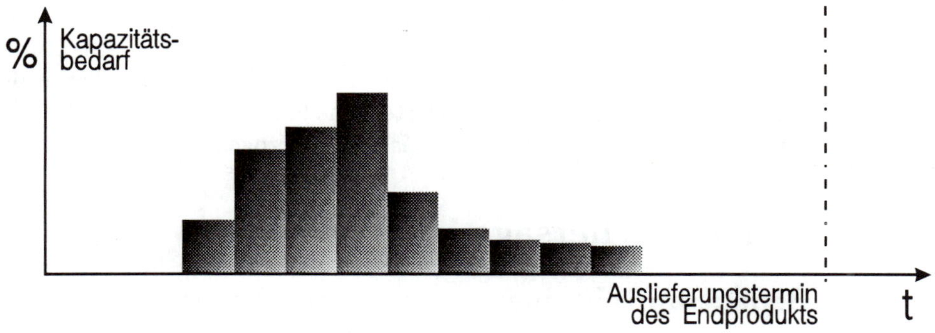

Abbildung 5.3: Das Bedarfsprofil verteilt den Kapazitätsbedarf auf 9 Wochen.

5.1.3 PPS–Realität

Die Grobplanungsfunktion wird auch „mehrstufige Verfügbarkeitsprüfung" genannt. Das hat aber nichts mit der synthetischen Verfügbarkeitsrechnung von Seite 102 zu tun; vielmehr ist die mehrstufige Verfügbarkeitsprüfung eine analytische Grobplanung. Etwas besser trifft die Bezeichnung Master Production Scheduling von MRP–Systemen die Bedeutung der Grobplanung.

Es gibt am Markt inzwischen eine Vielzahl von PPS–Systemen mit einer Grobplanungsfunktion. Viele davon entsprechen aber nur dem MRP–Vorschlag, der den kompletten Produktionsplan auf Engpaßverfügbarkeiten prüft. Die Grobplanung im Dialog wird viel seltener unterstützt, obgleich sie dem Vertrieb beim Tagesgeschäft besonders nützlich ist. Die meisten PPS–Systeme verwenden für die Grobplanung nicht dieselben Algorithmen und Dateien wie die Bestandsführung, sondern Konten mit verdichteten Werten. Problematisch ist aber dabei, **beide** Datenbestände stets aktuell zu halten (Konsistenzproblem). Das SAP–System enthält im Programmteil „Kapazitätsplanung" eine hervorragende, dialogfähige Grobplanungsmethode. Der Disponent kann klar erkennen, wo Engpässe zu erwarten sind, ob diese eventuell behebbar oder unausweichlich sein werden. Auf Seite 200 wird diese Methode ausführlich vorgestellt. Bei VPPS ist keine Grobplanung vorgesehen.

Nutzen

Bei manuell geführten Systemen wird die Engpaßverfügbarkeit auf eine Größe zurückgeführt, also zum Beispiel Auslieferungen pro Woche in Tonnen, DM, laufenden Metern oder Anzahl Fertigprodukten. Diese Messzahl ist in Mehrproduktbetrieben viel zu grob für eine Realisierbarkeitsprüfung.

Da die Gesamtheit aller Teile und Kapazitätsbedarfe für einen Kundenauftrag teilweise bei Auftragsannahme noch gar nicht im Detail definiert ist oder aber vom Volumen der Positionen her nicht im Dialog abgearbeitet werden kann, empfiehlt sich als Kompromiß die Grobplanung. Sie macht vorab eine Verfügbarkeitsrechnung bei einigen wenigen, definierten Engpaßressourcen und bewirkt so, daß die nachgelagerte Bedarfsermittlung, Kapazitätswirtschaft und Fertigungslenkung bei den Engpässen problemfrei ablaufen kann.

Falls die Grobplanung dialogfähig ist, kann sie dem Vertrieb bei der Auftragsannahme dazu dienen, realistische Liefertermine bindend zuzusagen. Damit ist der Vertrieb in den PPS–Informationskreislauf einbezogen.

5.2 Bedarfsvorhersage

5.2.1 Bedeutsamkeit einer zuverlässigen Prognose

Ein Nahrungsmittelhersteller bietet am Markt 500 Ausführungen seiner Produkte an. Alle Ausführungen müssen am Lager verfügbar sein. Die Produktionszeit beträgt etwa 10 Tage. Bei einer geforderten Reichweite von 20 Tagen müssen zusätzliche Fertigwarenbestände von 20 Mio DM gelagert werden.

Prognostiziert man stattdessen die zukünftigen Nachfragen und mißt den Prognosefehler, so ergibt sich, daß die Prognosen zu etwa 95 % richtig sind. Erwartete man, daß 99,9 % aller Nachfragen sofort lieferbar sind, dann könnte der Fertigwarenbestand zur Absicherung gegen Nachfrageunsicherheiten auf 4 Mio DM reduziert werden. Die Absenkung des Fertigwarenbestands um 16 Mio DM wäre möglich, weil die zuverlässigen Prognosen als Primärbedarfe verwendet werden könnten. Die Sicherheitsbestände müssten statt der bislang erforderlichen 99,9% lediglich die 4,9% Restabweichungen der Nachfrage von der Prognose abdecken. Die Lieferbereitschaft wäre in beiden Fällen fast gleich gut.

Überblick

Addiert man die Vorlaufzeiten und die Beschaffungszeit auf dem zeitlich längsten Pfad der Strukturliste eines Endprodukts, so ergibt dies die **Wiederbeschaffungszeit**. Der Planungshorizont für ein Endprodukt sollte mindestens so lang sein, wie diese Wiederbeschaffungszeit.

Andererseits akzeptiert aber der Absatzmarkt nur in seltenen Fällen so lange Lieferzeiten für Endprodukte. Die Tendenz geht bei allen Industriebetrieben zu immer kürzeren Lieferzeiten. Dadurch entsteht eine Diskrepanz zwischen Wunsch und Wirklichkeit, nämlich gesicherten Kundenbedarfen über den gesamten Planungshorizont und möglichst kurzfristigen Auslieferungen. Nicht selten decken die echten Kundenaufträge nur 10 % des Bedarfs im Planungshorizont ab. Woher aber erhält man dann die restlichen 90 % des Bedarfs, die für die deterministische Planung der Einkaufsteile erforderlich sind?

- Entweder schätzt der Vertrieb oder die Marketingabteilung für alle Endprodukte die zukünftigen Bedarfszahlen aufgrund der Marktgegebenheiten,
- oder aber man setzt Prognoseverfahren ein, die aus den Vergangenheitswerten die zukünftigen Bedarfe herleiten.
- Die besten Ergebnisse erzielt man durch eine Kombination beider Methoden.

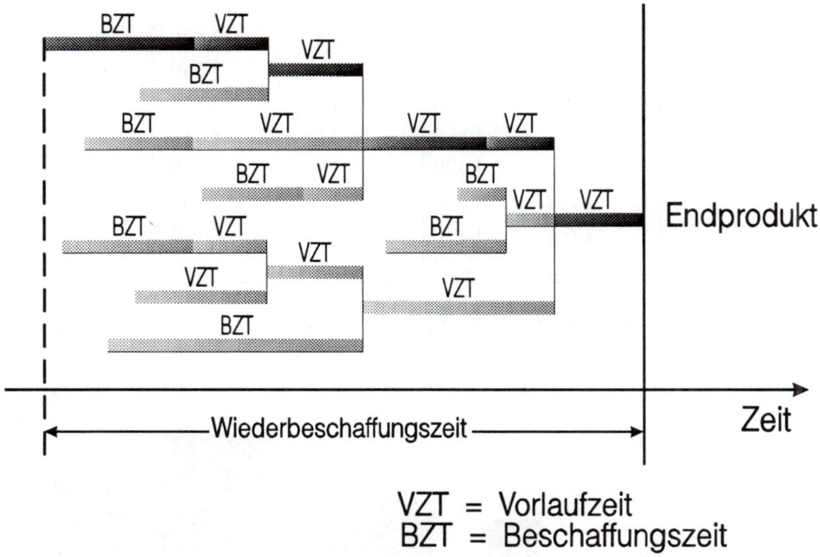

Abbildung 5.4: Die Wiederbeschaffungszeit eines Endproduktes setzt sich aus den Vorlaufzeiten (VZT) und Beschaffungszeiten (BZT) auf dem längsten Weg zusammen.

Zuerst erlernen Sie zwei mathematisch–statistische Verfahren zur Prognose von Bedarfen aufgrund der Analyse der Vergangenheitsdaten. Der Prognose liegt dabei die Annahme zugrunde, daß sich die Gesetzmäßigkeiten der Nachfrage über den Planungshorizont hinweg nicht ändern werden.

Als erstes Prognoseverfahren folgt die Regressionsanalyse, sofort im Anschluß die exponentielle Glättung.

5.2.2 Regressionsanalyse

Bereinigung der Nachfragen

Der 1. Schritt der Regressionsanalyse besteht in einer Normierung der Nachfragedaten. Sie werden einem Zeitraster zugeordnet und damit zu einer Zeitreihe verdichtet. Üblicherweise werden alle Nachfragen einer Woche zu einem Nachfragewert zusammengefaßt. Abbildung 5.5 stellt eine solche Nachfragezeitreihe für ein Endprodukt dar. Die Grafikdarstellung der Nachfrage zeigt Abbildung 5.6.

Sinnvollerweise sollte ein Verantwortlicher aus der Marketingabteilung diese Zeitreihe überprüfen und korrigieren, falls sie nicht den Marktgesetzmäßigkeiten entspricht. Ausreißer sind zu erniedrigen, wenn sie nur einmalig vorkamen und Nachfragetäler zu beseitigen, falls der Nachfrageschwund auf irgendein nicht wieder zu erwartendes Ereignis zurückzuführen ist. Falls es sich um sehr viele Nachfragen handelt, ist es zweckmäßiger maschinell zu prüfen, ob eine Zeitreihe Ausreißer, Strukturbrüche oder Knicke aufweist. Auf Seite 129 wird ein mathematisches Verfahren dafür erläutert. Zur maschinellen Erkennung von Aus-

Woche	Nachfrage	Woche	Nachfrage
6	1050	14	1430
7	1200	15	1350
8	1000	16	1170
9	1150	17	1610
10	1000	18	1600
11	1120	19	1400
12	1350	20	1475
13	1240		

Abbildung 5.5: Nachfragen eines Endprodukts während der letzten 15 Wochen.

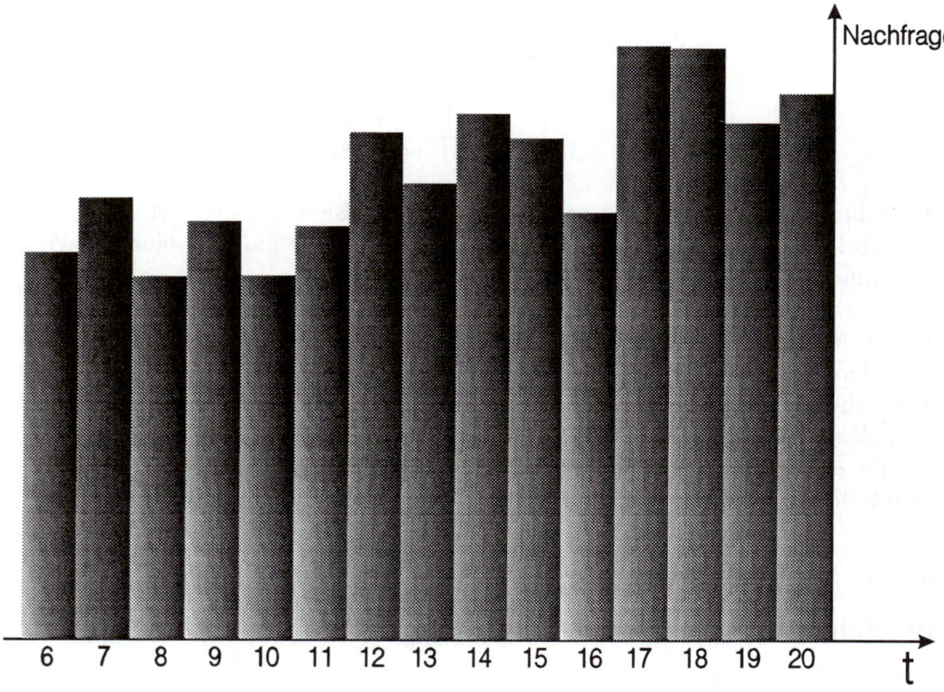

Abbildung 5.6: Grafische Darstellung der Nachfragewerte von Abb. 5.5.

reißern bietet es sich beispielsweise an, ein Vielfaches der Standardabweichung S als Bandbreite zu verwenden: Alle Nachfragen, die außerhalb der Bandbreite ($3 \cdot S$) liegen, sollten nachgeprüft werden.

Die Standardabweichung S ist ein willkürliches, aber zweckmäßiges Maß für die Streuung einer Zeitreihe. Da wir sie später noch häufiger benötigen, sei hier die Formel aufgeführt

$$S = \sqrt{\frac{\sum(\bar{x}-X)^2}{n-1}} \quad \text{mit} \quad \bar{x} = \frac{\sum X}{n}$$

$\bar{x}$ ist der Mittelwert der Zeitreihe, also die Durchschnittsnachfrage.
X sind die einzelnen Nachfragewerte und
n ist die Anzahl der Nachfragewerte.

Unser Beispiel hat eine Standardabweichung von $S = 201,44$ und einen Mittelwert von $\bar{x} = 1276,33$, was Sie bitte zur Übung nachprüfen.

Nachfragen von über $\bar{x} + 3 \cdot S = 1881$ oder unter 672 müßten auf ihre Plausibilität geprüft werden, ehe sie für die Prognoserechnung übernommen werden.

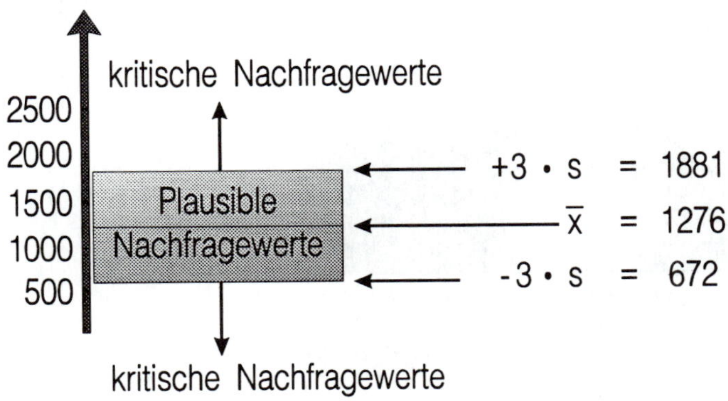

Abbildung 5.7: Bestimmung des Vertrauensbereichs für Nachfragen aus der Standardabweichung.

Zeitreihen können in 4 charakteristische Bestandteile zerlegt werden, nämlich

- Trend, das ist die langfristige Entwicklung der Nachfrage,
- Saisonkomponenten, z. B. jahreszeitliche Einflüsse,
- Strukturbrüche und Ausreißer, das sind unerwartete Unstetigkeiten und
- Zufallsabweichungen, das ist das „graue Rauschen".

Der erste Schritt diente dazu, die Zeitreihe von Absonderlichkeiten wie Ausreißern und Strukturbrüchen zu bereinigen.

Trend

Mit lockerer Hand können Sie problemlos eine Gerade in unsere graphische Zeitreihe von Abbildung 5.6 einzeichnen. Tun Sie dies bitte zur späteren Kontrolle des mathematischen Verfahrens. Mathematisch ist es nicht ganz so einfach, einen Trend zu ermitteln. Eine mathematisch unkomplizierte Kurvenform ist die quadratische Gleichung 2. Ordnung. Sie lautet

$$X = a0 + a1 \cdot t + a2 \cdot t^2$$

Mit dieser Gleichung können die folgenden Kurvenverläufe abgebildet werden.

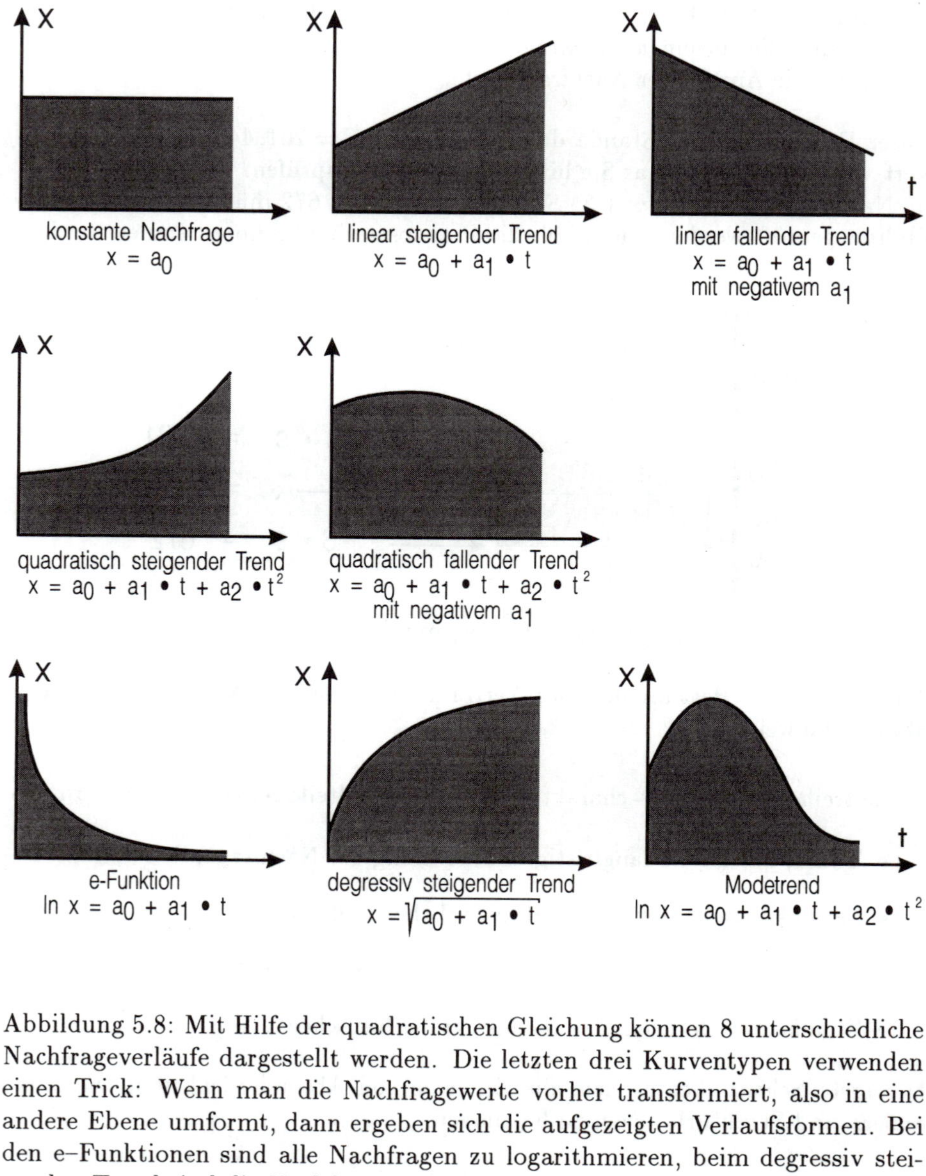

Abbildung 5.8: Mit Hilfe der quadratischen Gleichung können 8 unterschiedliche Nachfrageverläufe dargestellt werden. Die letzten drei Kurventypen verwenden einen Trick: Wenn man die Nachfragewerte vorher transformiert, also in eine andere Ebene umformt, dann ergeben sich die aufgezeigten Verlaufsformen. Bei den e–Funktionen sind alle Nachfragen zu logarithmieren, beim degressiv steigenden Trend sind die Nachfragen zu quadrieren.

Die **lineare Regression** verwendet man bei allen Kurventypen, die ohne $a2 \cdot t^2$ auskommen, also beim konstanten Verlauf und beim linearen Trend. Zur Vereinfachung des Rechenverfahrens verlegt man die y–Achse genau in die Mitte des Vergangenheitshorizonts, also bei Abbildung 5.5 in die Woche 13. Die beiden Konstanten a0 und a1 errechnet man nach folgenden Formeln:

$$a0 = \frac{\sum x}{n} \quad \text{, das ist der Durchschnitt}$$

$$a1 = \frac{\sum X \cdot t}{\sum t^2} \quad \text{, das ist die Steigung}$$

Diese Formeln sind so ausgelegt, daß die Summe der Quadrate der Abweichungen zwischen der Kurve und den Nachfragen ein Minimum wird.

Aus unseren Beispielnachfragen berechnet sich gemäß Abbildung 5.9 $a0 = 1276,33$ und $a1 = 35,946$.

t	X	t^2	$t \cdot X$	
-7	1050	49	-7350	
-6	1200	36	-7200	
-5	1000	25	-5000	
-4	1150	16	-4600	$a0 = \frac{19145}{15} = 1276,33$
-3	1000	9	-3000	
-2	1120	4	-2240	
-1	1350	1	-1350	$a1 = \frac{10065}{280} = 35,946$
0	1240	0	0	
1	1430	1	1430	
2	1350	4	2700	
3	1170	9	3510	
4	1610	16	6440	
5	1600	25	8000	
6	1400	36	8400	
7	1475	49	10325	
$\sum =$	19145	280	10065	

Abbildung 5.9: Rechenschema zur Bestimmung von a0 und a1.

Die Regressionsgerade hat die Gleichung

$$X(t) = 1276,33 + 35,946 \cdot t$$

Die Prognose für die Woche 26 mit $t = 13$ lautet also

$$X(13) = 1276,33 + 35,946 \cdot 13 = 1744.$$

Wenn eine konstante Nachfrage vorliegt, dann ist a1 extrem klein oder Null.

Für die Kurventypen mit $a2 \cdot t^2$ muß die **nichtlineare Regression** angewandt werden. Das Vorgehen ist nur geringfügig schwieriger. Die drei Formeln lauten:

$$a1 = \frac{\sum X \cdot t}{\sum t^2} \quad \text{wie oben}$$

$$a2 = \frac{n \cdot \sum t^2 - \sum X \cdot \sum t^2}{n \cdot \sum t^4 - (\sum t^2)^2}$$

$$a0 = \frac{1}{n}(\sum X - a2 \cdot \sum t^2)$$

t	X	$t \cdot X$	t^2	t^4	$t^2 \cdot X$	
-7	1050	-7350	49	2401	51450	
-6	1200	-7200	36	1296	43200	$a1 = \frac{12765}{280}$
-5	1000	-5000	25	625	25000	$= 45,589$
-4	1150	-4600	16	256	18400	
-3	1000	-3000	9	81	9000	
-2	1120	-2240	4	16	4480	$a2 = \frac{15 \cdot 358675 - 19145 \cdot 280}{15 \cdot 9352 - 78400}$
-1	1350	-1350	1	1	1350	$= 0,3155$
0	1240	0	0	0	0	
1	1430	1430	1	1	1430	
2	1350	2700	4	16	5400	$a0 = \frac{19145 - 0,3155 \cdot 280}{15}$
3	1170	3510	9	81	10530	$= 1270,44$
4	1610	6440	16	256	25760	
5	1600	8000	25	625	40000	
6	1400	8400	36	1296	50400	
7	1475	10325	49	2401	72275	
$\sum =$	19145	12765	280	9352	358675	

Abbildung 5.10: Rechenschema zur Bestimmung von a0, a1 und a2.

Abbildung 5.10 dient der Formulierung des Rechengangs.
Die Regressionskurve hat die Gleichung

$$X(t) = 1270,44 + 45,589 \cdot t + 0,3155 \cdot t^2$$

Man erkennt aus dem niedrigen Wert von a2, daß die Krümmung der Kurve nicht groß ist. Die Prognose für die Woche 26 mit t = 13 lautet

$$X(13) = 1270,44 + 45,589 \cdot 13 + 0,3155 \cdot 132 = 1970$$

das Ergebnis ist also doch deutlich größer als bei der linearen Gleichung.

Kurvenauswahl

Wir haben durch unsere Nachfragewerte zwei Kurven gelegt. Mit geeigneten EDV–Programmen ist die Berechnung von jeweils 2 Kurven einfach und schnell — aber welche der beiden Kurven ist die günstigste?

Herausfinden kann man das, indem man mit jeder der gefundenen Gleichungen die theoretischen Nachfragewerte berechnet und diese mit den tatsächlichen Nachfragewerten vergleicht. Die Kurve mit den geringsten Abweichungen ist die Beste. Unsere beiden Gleichungen ergeben die theoretischen Nachfragewerte und quadratischen Abweichungen von Abbildung 5.11

Die lineare Gleichung spiegelt den Nachfrageverlauf etwas besser wieder, als die quadratische Gleichung. Für an Statistik interessierte Leser sei angemerkt, daß der Korrelationskoeffizient zwar ein noch besseres Maß für die Deckungsgleichheit zweier Zeitreihen darstellt, als die hier verwendete quadratische Abweichung. Aber die Ergebnisse der Auswahl sind meistens dieselben.

Natürlich kann der Marketingexperte den gewählten Kurventyp durch einen anderen manuell ersetzen, falls er ahnt, daß dieser das Marktgeschehen besser

	lineare Gleichg.		quad. Gleichg.	
Nachfrage	X_{lin}	$Abweich^2$	X_{quad}	$Abweich^2$
1050	1025	625	966	7 056
1200	1061	19 321	1008	36 864
1000	1097	9 409	1050	2 500
1150	1132	324	1093	3 249
1000	1168	28 224	1136	18 496
1120	1204	7 056	1180	3 600
1350	1240	12 100	1225	15 625
1240	1276	1 296	1270	900
1430	1312	13 924	1316	12 996
1350	1348	4	1363	169
1170	1384	45 796	1410	57 600
1610	1420	36 100	1458	23 104
1600	1456	20 736	1506	8 836
1400	1492	8 464	1555	24 025
1475	1528	2 809	1605	16 900
		206 188		231 920

Abbildung 5.11: Vergleich des linearen und des quadratischen Modells anhand der quadratischen Abweichungen zwischen Nachfrage und errechnetem Kurvenwert.

wiederspiegelt. Aber bei einigen tausend Endprodukten ist doch die maschinelle Vorauswahl vorzuziehen.
Die Regressionsanalyse hat zwei wichtige Vorteile:

- Der Kurventyp kann bei jeder Prognoserechnung der jüngsten Entwicklung angepaßt werden.
- Stellen sich ältere Nachfragewerte als falsch heraus, so können sie problemlos für die nächste Berechnung korrigiert werden.

Sie hat aber auch zwei entscheidende Nachteile:

- Zum einen müssen alle Nachfragewerte über einen langen Zeitraum (2–3 Jahre) zur Verfügung stehen,
- zum anderen werden alle Nachfragewerte gleich stark gewichtet. Ein zwei Jahre alter Nachfragewert beeinflußt die Wahl der Koeffizienten genauso stark, wie die jüngste Nachfrage.

5.2.3 Exponentielle Glättung

Diese beiden Nachteile der Regressionsanalyse vermeidet die exponentielle Glättung. Es handelt sich dabei um ein Verfahren der gewichteten Mittelwertbildung, bei dem die jüngeren Nachfragewerte stärker gewichtet werden, als die älteren. Die Formel ist äußerst einfach

$$B(t+1) = B(t) + \alpha[X(t) - B(t)]$$

B(t) ist der Mittelwert aus dem letzten Lauf und X(t) der tatsächliche Nachfragewert.

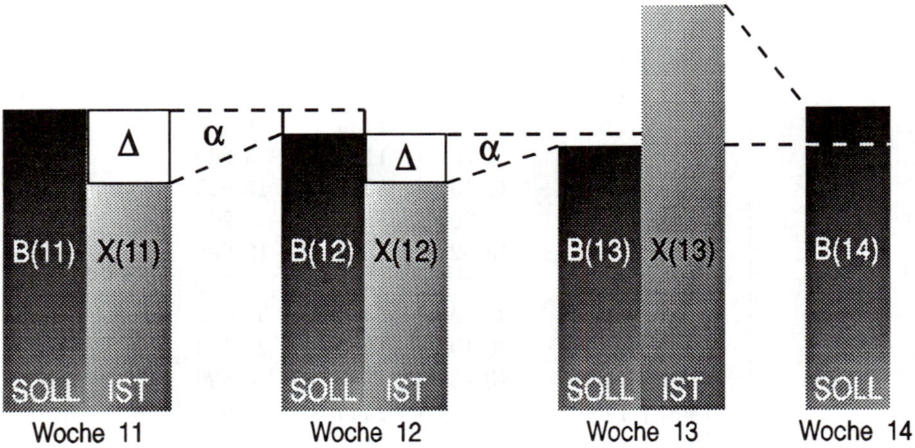

Abbildung 5.12: Die SOLL–IST–Abweichung wird anteilig mit $\alpha = 0,3$ dem alten Soll–Wert zugeschlagen und bildet so einen gewichteten Mittelwert.

Abbildung 5.12 zeigt graphisch, daß der neue Mittelwert immer aus dem alten Mittelwert und einem Prozentsatz der tatsächlichen Abweichung gebildet wird. Der Gewichtungs–Prozentsatz Alpha wird frei gewählt.

- Wählt man Alpha = 1,0, so wird die Vergangenheit gar nicht berücksichtigt, sondern der neue Mittelwert ist die jeweils letzte Nachfrage.
- Bei Alpha = 0 wird die jüngste Abweichung nicht berücksichtigt, der Mittelwert bleibt stets unverändert.
- Mit Alpha = 0,1 bis 0,3 werden in der Praxis vernünftige Ergebnisse erzielt.

Das Verfahren hat folgende charakteristischen Eigenschaften:

- Die Nachfragewerte werden im Zeitablauf exponentiell gewichtet. Ältere Werte haben nur noch einen verschwindend kleinen Einfluß. Der Alpha–Faktor bestimmt die Gewichtung.
- Das Verfahren bildet einen gewichteten Mittelwert B. Zur Prognose eignet es sich nicht, außer bei horizontalem Nachfrageverlauf.
- Zufallsabweichungen werden durch einen klein gewählten Alpha–Faktor gut geglättet.
- Die Rechenformel ist trivial einfach, es müssen nur zwei Werte gespeichert werden, nämlich

  der alte Mittelwert B(t) und
  der Alpha–Faktor.

Die Tabelle (Abb. 5.13) zeigt den Rechengang bei Alpha = 0,1.

Woche	[1] X	[2] $B(t)$	[3] Diff	[4] $B(t+1)$
6	1050	*1000	50	1005
7	1200	1005	195	1024
8	1000	1024	-24	1022
9	1150	1022	128	1035
10	1000	1035	-35	1032
11	1120	1032	88	1041
12	1350	1041	309	1072
13	1240	1072	168	1089
14	1430	1089	...	....
15	1350	....	...	....
16	1170	....	...	....
17	1610	....	...	1194

[1] = Nachfragewert
[2] = [4] aus Vorwoche
[3] = [1] – [2]
[4] = [2]+Alpha·[3]
(* bedeutet, daß dieser Wert geschätzt wurde.)

Abbildung 5.13: Rechenschema zur exponentiellen Glättung.

Die Tabelle wird nicht wie bei der Regressionsanalyse jedesmal ganz neu berechnet, sondern es wird wöchentlich eine Zeile berechnet. Am Ende der sechsten Woche die Werte [3] und [4] der ersten Zeile, am Ende der siebten Woche diejenigen der zweiten Zeile usw. Bitte berechnen Sie selbst den Mittelwert für die 14. bis 17. Woche.

Die geschilderte exponentielle Glättung erster Ordnung eignet sich nicht für die Darstellung von Trend. Trend ist aber nichts anderes als die relativ langfristige Änderung des Durchschnitts der Nachfragewerte. Man wendet deshalb zu seiner Bestimmung die exponentielle Glättung noch einmal auf sich selber an:

> Die Ergebnisse der exponentiellen Glättung werden noch einmal exponentiell geglättet.

Man bildet also zuerst den Mittelwert der Nachfragewerte und dann den Mittelwert der Mittelwerte. Der einfache Mittelwert heißt B1, der gemittelte Mittelwert B2.

Eine Gerade ist durch zwei Punkte definiert: B1 ist der mit abnehmender Gewichtung aus den Vergangenheitswerten gebildete Mittelwert. Der Punkt B1 liegt um die Zeit $\frac{1-\alpha}{\alpha}$ in der Vergangenheit.

- Bei Alpha = 0,2 ist das mittlere Nachfragealter 4 Perioden,
- bei Alpha = 0,5 wird durchschnittlich nur noch eine Periode der Vergangenheit mitberücksichtigt.

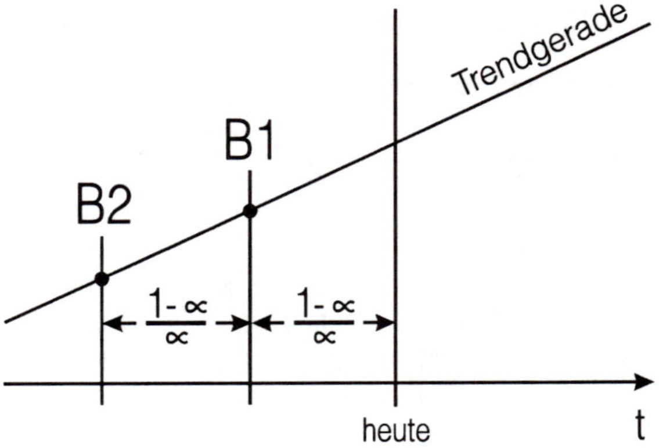

Abbildung 5.14: Die Mittelwerte B1 und B2 liegen umso weiter in der Vergangenheit, je kleiner α gewählt wird. Beide Punkte B1 und B2 liegen auf der Trendgeraden.

Der Punkt B2 liegt entsprechend um $2 \cdot \frac{1-\alpha}{\alpha}$ in der Vergangenheit. Legt man eine Gerade durch B1 und B2, so entspricht diese dem Trend. Man nennt diesen Trick exponentielle Glättung 2. Ordnung.

Wiederholt man dieses Verfahren und bildet den Mittelwert aus B2, so erhält man den dritten Punkt B3. Durch drei Punkte ist eine quadratische Gleichung ausreichend definiert. Dies ist die exponentielle Glättung 3. Ordnung.

	[1]	[2]	[3]	[4]	[5]	[6]	[7]
Woche	X	$B1(t)$	Diff	$B1(t+1)$	$B2(t)$	Diff	$B2(t+1)$
6	1050	*1000	50	1005	*1000	5	1000
7	1200	1005	195	1024	1000	24	1002
8	1000	1024	-24	1022	1002	20	1004
9	1150	1022	128	1035	1004	31	1007
10	1000	1035	-35	1032	1007	25	1009
11	1120	1032	88	1041	1009	32	1012
12	1350	1041	309	1072	1012	60	1018
13	1240	1072	168	1089	1018	71	1025
14	1430	1089	341	1123	1025	..	....
15	1350	1123	227	1146	....	..	....
16	1170	1146	24	1148	....	..	....
17	1610	1148	462	1194	....	..	1070

Abbildung 5.15: Rechenschema für exponentielle Glättung 2. Ordnung.

[5] = [7] aus Vorwoche
[6] = [4] − [5]
[7] = [5] + *Alpha* ∗ [6]
(* bedeutet: Schätzwert mit der Unterstellung, es handle sich um einen horizontalen Verlauf)

Wir haben bereits bei der Regressionsanalyse unseren Nachfrageverlauf als linearen Trend abgebildet. Also verwenden wir entsprechend die exponentielle Glättung 2. Ordung für die Bestimmung von B1 und B2. Als Glättungs–Faktor soll wieder Alpha = 0,1 gelten (d. h. im Durchschnitt gehen 9 Wochen der Vergangenheit in den Mittelwert B1 ein). Der linke Teil der Tabelle in Abbildung 5.15 entspricht Abbildung 5.13, der rechte Teil ist erweitert. Am Ende der 17. Woche haben wir also einen Punkt $B1 = 1194$ und $B2 = 1070$ berechnet.

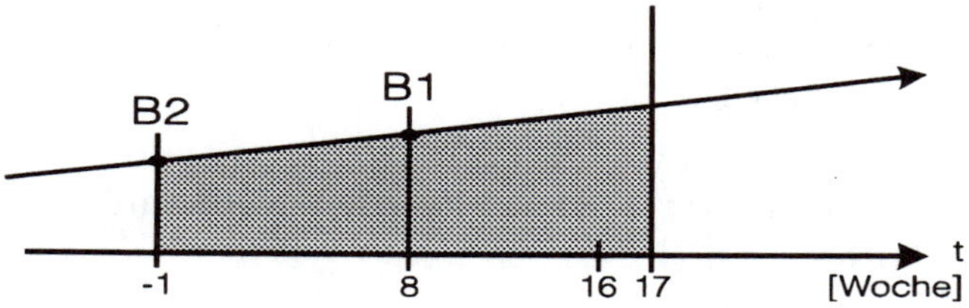

Abbildung 5.16: Prognosegerade in der Woche 17 aufgrund der Mittelwerte B1 und B2.

Abbildung 5.16 zeigt den Zustand in der 17. Woche. Die Gerade durch B1 und B2 verwenden wir zur Prognose und erkennen, daß sie den zukünftigen Bedarfsverlauf ab der 18. Woche recht gut vorhersagt.

Damit wir rechnerisch vorhersagen können, brauchen wir wieder a0 und a1. Diese errechnen sich nach den Gleichungen:

$$a0 = 2 \cdot B1 - B2$$

$$a1 = \frac{\alpha}{1-\alpha} \cdot (B1 - B2)$$

(was man nachprüfen kann, indem man die zwei Punkte B1 und B2 in die quadratische Gleichung einsetzt). Wir erhalten für die 18. Woche:

$$a0 = 2 \cdot 1194 - 1070 = 1318$$

$$a1 = (0,1 : 0,9) \cdot (1194 - 1070) = 13,78$$

und damit die Trendgerade

$$X = 1318 + 13,78 \cdot t \quad \text{mit} \quad t = 0 \quad \text{für die Woche 18}$$

Bei der exponentiellen Glättung 3. Ordnung sehen die Formeln für a0, a1 und a2 etwas komplizierter aus. Sie lauten:

$$a0 = 3B1 - 3B2 + B3$$

$$a1 = 0,5\frac{\alpha}{(1-\alpha)^2}[(6-5\alpha)\cdot B1 - 2(5-4\alpha)\cdot B2 + (4-3\alpha)\cdot B3]$$

$$a2 = \frac{\alpha^2}{(1-\alpha)^2}\cdot[B1 - 2B2 - B3]$$

Und so läuft dann die wöchentliche Fortschreibung der B–Werte und die Prognose bei exponentieller Glättung ab:

1. Die Nachfragewerte der vergangenen Woche (Periode) werden aus der Bestandsführung gesammelt, verdichtet und auf Ausreißer geprüft. Vor dem Ablauf der weiteren Rechenschritte müssen die Nachfragen bereinigt sein, denn danach können die Ausgangsdaten nicht mehr rekonstruiert werden.

4. Dieser verdichtete Nachfragewert wird mit B1 verglichen. B1 wird exponentiell fortgeschrieben.

5. Mit B1 wird B2 exponentiell fortgeschrieben.

6. Mit B2 wird B3 exponentiell fortgeschrieben.

7a. Bei linearem Trend wird a0 und a1 aus B1 und B2 errechnet; a2 wird auf 0 gesetzt.

7b. Bei nichtlinearem Trend wird a0, a1 und a2 aus B1, B2 und B3 errechnet.

8. Mit der Gleichung

$$X = a0 + a1\cdot t + a2\cdot t^2$$

wird für die nächsten Wochen (kommende Woche hat t=1) eine Prognose gemacht und zwar bis zum Ende des Planungshorizonts.

Zwischen den Schritten 1 und 4 fehlen noch zwei Rechenoperationen. Diese werden sofort anschließend ergänzt.

Die exponentielle Glättung hat sich gegenüber der Regressionsanalyse durchgesetzt, da sie folgende Vorteile bietet:

- Der Rechengang ist relativ einfach und schnell zu programmieren.
- Zu speichern sind höchstens 9 Datenfelder, nämlich

- der Kurventyp 1 bis 5 gemäß der Aufstellung auf Seite 134,
- die Nachfrage X,
- die drei Mittelwerte B1, B2, B3,
- der Gewichtungsfaktor α,
- der nächste Prognosewert und
- die mittleren Prognosefehler MAD und MD, die anschließend behandelt werden.

• Durch den Gewichtungsfaktor Alpha werden die jüngsten Nachfragewerte stärker gewichtet.

• Durch die Wahl des Alpha–Faktors wird eine stärker glättende Wirkung ($Alpha = 0,1$) oder eine schnellere Anpassung an die jüngsten Entwicklungen ($Alpha = 0,3$) bewirkt.

Für die Auswahl des besten Alpha–Werts veröffentlichte Trux[2] eine Tabelle, in der die guten Erfahrungen mehrerer Betriebe festgehalten sind. Die Tabelle ist untergliedert nach Störpegel und Änderungsindex. Der Störpegel gibt an, wieviel Prozent des mittleren Bedarfs der MAD ausmacht. Der Änderungsindex ist die Änderung des durchschnittlichen Periodenbedarfs im Vergleich zum Jahresbedarf.

	Änderungsindex			
Störpegel	1%	2%	3%	5%
0%	1,00	1,00	1,00	1,00
8%	0,40	0,57	0,61	0,72
24%	0,14	0,26	0,37	0,51
40%	0,09	0,20	0,29	0,41
56%	0,05	0,14	0,23	0,34
72%	0,04	0,12	0,19	0,29

Abbildung 5.17: Tabelle für die Auswahl des besten $\alpha-$ Wertes.

Der MAD wird auf Seite 129 erklärt. Es gilt $MAD \approx (S : 1,25)$. Für unser Beispiel von Seite 116 beträgt der $MAD \approx 201 \cdot 1,25 = 251$; $\bar{x}$ ist 1276. Der Störpegel ist 20%. Angenommen, der Wochenbedarf habe sich um durchschnittlich 100 Stück erhöht, ergibt sich eine prozentuale Jahresbedarfsänderung von $\frac{100}{66369} = 0,6\%$. Laut Abbildung 5.17 wäre der Alphafaktor 0,1 zu wählen.

Die exponentielle Glättung besitzt nur einen Nachteil: Ein einmal gewählter Kurventyp muß auf Dauer beibehalten werden. Und so kommt die Regressionsanalyse doch noch zur Anwendung: Man analysiert einmalig oder in jährlichen Abständen die Nachfragewerte mit der Regressionsanalyse, um den geeigneten Kurventyp herauszufinden. Diesen Kurventyp verwendet man dann in Zukunft für die wöchentlichen Läufe der exponentiellen Glättung.

---

[2] Trux W.: Einkauf und Lagerdisposition mit Datenverarbeitung, München, 1968.

5.2.4 Saisonalität

Mit der exponentiellen Glättung wird der Trend erfaßt. Der zweite Bestandteil einer Zeitreihe, die Saisonalität, ist heute bei einer steigenden Artikelanzahl vorzufinden. Nicht nur Konsumgüter, sondern auch Investitionsgüter unterliegen einer ausgeprägten Saisonalität. Der Grund dafür ist vielleicht in dem Etatdenken der Kostenstellenleiter der Kunden zu suchen, die sofort nach Etatfreigabe größere Anlagen beschaffen und gegen Ende des Geschäftsjahrs den Restetat mit kleinerem Zubehör ausschöpfen. Je besser wir die Saisonkomponente aus der Nachfrage herausfiltern können, desto exakter wird unsere Trendanalyse funktionieren und desto geringer wird der erforderliche Sicherheitsbestand, wie wir anschließend sehen können.

Statistische Aussagen müssen mindestens auf 20 Werten beruhen, sonst sind sie unglaubwürdig. Es wäre aber unsinnig, die Nachfragen der letzten 20 Jahre zu analysieren, falls man überhaupt so betagte Artikel noch im Programm hat. Viel aktuellere Saisondaten erhält man, wenn man die Nachfragewerte von mehr als 20 Artikeln mit gleichem Saisonverlauf zur Analyse verwendet.
Bewährt hat sich das multiplikative Saisonmodell. Die Nachfrage wird zerlegt in

$$N(t) = X(t) \cdot s_t$$

s_t ist ein der Woche zugeordneter Saisonfaktor, der angibt, um wieviel Prozent der Nachfragewert N über oder unter dem Normalwert X liegt. Je Artikelgruppe mit gleicher Saisonalität existieren 52 Saisonfaktoren, die zusammenaddiert $52 \cdot 100\% = 5200\%$ ergeben müssen.

Woche	s_t	$\cdot$ X	= Nachfr.N
6	100	1050	1050
7	105	1200	1260
8	107	1000	1070
9	110	1150	1265
10	115	1000	1150
11	110	1120	1232
12	108	1350	1458
13	100	1240	1240
14	90	1430	1287
15	90	1350	1215
16	85	1170	995
17	90	1610	1449
18	90	1600	1440
19	100	1400	1400
20	100	1475	1475

Abbildung 5.18: Ausschnitt aus einer Saisonreihe und Berechnung der saisonbereinigten Nachfrage.

Eine solche Saisonreihe ist in Abbildung 5.18 ausschnittsweise tabelliert. Abbildung 5.18 zeigt außerdem, wie aus den Trendwerten X die Nachfragen N und aus den Nachfragen N die Trendwerte X berechnet werden können.

Der Wert s_t für die Woche t wird einmal jährlich ermittelt, indem die prozentualen Abweichungen zwischen N und X bei mindestens 20 Artikeln wochenweise gemittelt werden.

Unser Rechengang bei exponentieller Glättung von Seite 126 ist also um zwei Schritte zu ergänzen, nämlich

3. Der Nachfragewert wird durch den Saisonfaktor s_t der entsprechenden Woche dividiert.

10. Der Trendwert X wird mit dem Saisonfaktor s_t der entsprechenden Woche multipliziert.

5.2.5 Strukturbrüche und Ausreißer

Der dritte Bestandteil von Zeitreihen nach dem Trend und der Saisonalität sind die unerwünschten Strukturbrüche und Ausreißer. Sie müssen im ersten Schritt manuell beseitigt werden. Damit aber der Sachbearbeiter nicht die Nachfragen von mehreren tausend Artikeln wöchentlich manuell prüfen muß, wird — ähnlich wie bei der Regressionsanalyse — über Grenzwerte maschinell ermittelt, wo kritische Nachfragen vorliegen. Die Standardabweichung kann allerdings nicht eingesetzt werden, da wir sie nicht errechen können, denn bei der exponentiellen Glättung werden die einzelnen Nachfragen nicht gespeichert. Anstelle der willkürlich gewählten Standardabweichung wird ein anderer, ebenso willkürlich gewählter Wert, der MAD, herangezogen. Der MAD (Mean Absolut Deviation) wird nicht aus den Quadraten der Abweichungen, sondern aus den Absolutwerten der Abweichungen gebildet. Ein MAD = 38 besagt, daß im Durchschnitt die Nachfragen um 38 Stück von der Prognose abweichen. Der MAD hat zwei bestechende Vorteile:

- Er ist anschaulicher als die Standardabweichung und
- er kann mit Hilfe der exponentiellen Glättung errechnet und damit wiederum gewichtet ermittelt werden.

Die Formel ist einfach

$$\begin{aligned} MAD_{neu} &= MAD_{alt} + \\ &\quad \alpha(|Abweichung\ zwischen\ Prognose\ und\ Nachfrage| \\ &\quad -MAD_{alt}) \end{aligned}$$

Der MAD und die Standardabweichung hängen erfahrungsgemäß etwa so miteinander zusammen:

$$S \approx 1,25 \cdot MAD$$

Im ersten Schritt der exponentiellen Glättung werden die Nachfragewerte auf Plausibilität geprüft. Als Grenzwerte empfehlen sich in Anlehnung an die Regressionsanalyse von Seite 117 ff:

$$\begin{aligned} \text{oberer Grenzwert} &= \text{Prognose} + 4 \cdot MAD \\ \text{unterer Grenzwert} &= \text{Prognose} - 4 \cdot MAD \end{aligned}$$

Im zweiten, noch zu ergänzenden Schritt wird der MAD mit exponentieller Glättung fortgeschrieben.

Abbildung 5.19 stellt zwei Fälle von Strukturbrüchen dar, die häufig vorkommen und von denen sich einer durch unseren Filter von Abbildung 5.7 durchschleicht.

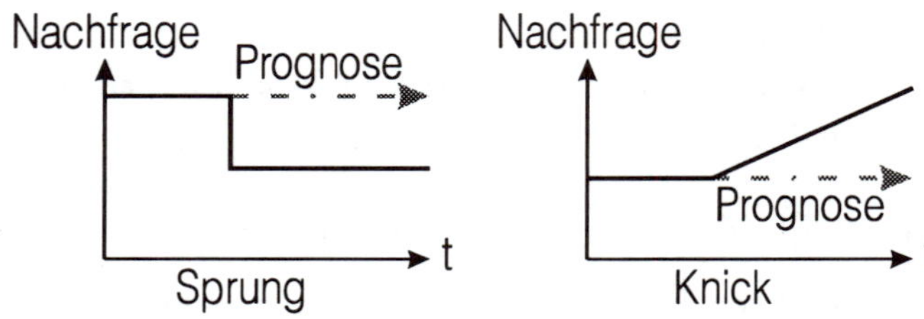

Abbildung 5.19: Der Sprung wird durch unsere Grenzwerte von Seite 117 erkannt. Der Knick aber schleicht sich durch die Grenzwertprüfung durch.

Die Abweichung ist bei einem Knick nie so groß, daß unsere Grenzwerte überschritten werden, trotzdem ist die Prognose stets falsch. Ein Maß für Knicke ist sicherlich, ob die Nachfrage gegenüber der Prognose stets zu niedrig oder zu hoch ausfällt. Man mißt die mittleren Abweichungen vorzeichengetreu (MD) und erkennt daraus, ob eine tendentielle Abweichung existiert. Wiederum mit exponentieller Glättung wird die mittlere Abweichung gebildet:

$$MD_{neu} = MD_{alt} + \alpha(Prognose - Nachfrage - MD_{alt})$$

Das Verhältnis zwischen MD und MAD darf einen beliebig wählbaren, etwa bei 0,7 liegenden Wert nicht überschreiten.

$$\left|\frac{MD}{MAD}\right| < 0,7$$

Andernfalls besteht der Verdacht auf einen Knick, da die Abweichungen zwischen Prognose und Nachfrage in 70 % aller Fälle auf derselben Seite liegen. Der Sachbearbeiter muß dann eventuell sogar den Kurventyp neu bestimmen. Wir ergänzen also unser Kochbuch für die exponentielle Glättung auf Seite 126 in den ersten beiden Schritten:

1a. Prüfung, ob Nachfragewert innerhalb der Grenzen:
$Prognose - 4 \cdot MAD < Nachfrage < Prognose + 4 \cdot MAD$

1b. Prüfung auf Knick:
Wenn $|\frac{MD}{MAD}| > 0,7$dann wird das Verfahren abgebrochen, damit der Sachbearbeiter die Nachfragewerte korrigieren oder einen anderen Kurventyp wählen kann.

2. Fortschreibung der Mittelwerte MAD und MD mit exponentieller Glättung.

Bitte üben Sie mit den nachfolgenden Daten den Rechengang gemäß dem Schema von Seite 126. Gegeben sind für ein Endprodukt:

$$\begin{aligned} \text{Kurventyp} &= \text{linear} \\ \alpha &= 0,2 \\ \text{Prognose[P]} &= 148 \\ \text{MAD} &= 10 \\ \text{MD} &= 0 \\ s_t &= 90\%\ 95\%\ 100\%\ 105\% \\ & \quad\ 110\%\ 110\%\ 110\%\ 110\% \\ \text{B1} &= 160 \\ \text{B2} &= 156 \\ \text{laufende Woche} &= 12 \\ \text{Nachfrage[N]} &= 150 \end{aligned}$$

Machen Sie eine Vorhersage für die Woche 13.
Der folgende Ablauf zeigt den kompletten Rechengang für die Woche 12.

1. Prüfung auf Ausreißer und Strukturbrüche:

$$\begin{aligned} \text{Grenzwerte} &: \ 108 < 150 < 188 \ [4 \cdot \text{MAD}] \\ \text{Strukturbruch} &: \ MD : MAD = 0 \quad \text{Prüfung ok.} \end{aligned}$$

2. MAD und MD fortschreiben:

$$\begin{aligned} \text{MAD}_{neu} &= \text{MAD}_{alt} + \alpha\,(|\text{Abw}| - \text{MAD}_{alt}) \\ &= 10 + 0,2\,(2 - 10) \\ &= 8,4 \\ \text{MD}_{neu} &= \text{MD}_{alt} + \alpha\,(\text{P - N - MD}_{alt}) \\ &= 0 + 0,2\,(148 - 150 - 0) \\ &= -0,4 \end{aligned}$$

3. Saisonbereinigung:

$$\begin{aligned} X &= N : s_{12} \\ &= 150 : 0,9 \\ &= 166,67 \end{aligned}$$

4. B1 fortschreiben:

$$\begin{aligned} B1 &= B1 + \alpha\,(X - B1) \\ &= 160 + 0,2\,(166,67 - 160) \\ &= 161,33 \end{aligned}$$

5. B2 fortschreiben:

$$\begin{aligned} B2 &= B2 + \alpha\,(B1 - B2) \\ &= 156 + 0,2\,(161,33 - 156) \\ &= 157,07 \end{aligned}$$

6. entfällt bei dieser Aufgabe

7. a0 und a1 berechnen:

$$\begin{aligned} a0 &= 2 \cdot B1 - B2 \\ &= 2 \cdot 161,33 - 157,07 \\ &= 165,59 \\ a1 &= \tfrac{\alpha}{1-\alpha} \cdot (B1 - B2) \\ &= 0,25 \cdot (161,33 - 157,07) \\ &= 1,06 \end{aligned}$$

8. Prognose Woche 13:

$$\begin{aligned} X &= a0 + a1 \cdot t + a2 \cdot t \cdot t \\ &= 165,59 + 1,06 \cdot 1 + 0 \\ &= 166,66 \end{aligned}$$

9. Saisonbereinigung:

$$\begin{aligned} P &= X \cdot s_{13} \\ &= 166,66 \cdot 0,95 \\ &= 158,33 \end{aligned}$$

Die Prognose für die Woche 13 ist 158 Stück. Eine Lösung für den Rechengang der exponentiellen Glättung 2. Ordnung finden Sie auf der nächsten Seite.

Zeile	Woche:	12	13	14	15	16
[1]	P(alt)	**148**	158	167	177	185
[2]	Nachfrage	**150**	**156**	**168**	**175**	
[3]	Abweichg	-2	2	-1	2	
[4]	MAD(alt)	**10**	8,4	7,12	5,9	
[5]	Differenz	-8	-6,4	-6,12	-3,9	
[6]	MAD(neu)	8,4	7,12	5,9	5,12	
[7]	MD(alt)	**0**	-0,4	0,08	-0,14	
[8]	Differenz	-2	2,4	-1,08	2,14	
[9]	MD(neu)	-0,4	0,08	-0,14	0,29	
[10]	%	**90**	**95**	**100**	**105**	**110**
[11]	X(alt)	166,67	164,21	168,00	166,67	
[12]	B1(alt)	**160,00**	161,33	161,91	163,13	
[13]	Differenz	6,67	2,88	6,09	3,54	
[14]	B1(neu)	161,33	161,91	163,13	163,84	
[15]	B2(alt)	**156,00**	157,07	158,04	159,06	
[16]	Differenz	5,33	4,84	5,09	4,78	
[17]	B2(neu)	157,07	158,04	159,06	160,02	
[18]	a0	165,59	165,78	167,20	167,66	
[19]	a1	1,06	0,97	1,02	0,95	
[20]	X(neu)	166,65	166,75	168,22	168,61	
[21]	P(neu)	158,33	166,75	176,63	185,47	

[1] = [21] aus Vorwoche
[3] = [1] − [2]
[4] = [6] aus Vorwoche
[5] = |[3]| − [4]
[6] = [4] + α · [5]
[7] = [9] aus Vorwoche
[8] = [3] − [7]
[9] = [7] + α · [8]
[10] = aus Saisontabelle
[11] = [2] : [10]
[12] = [14] aus Vorwoche
[13] = [11] − [12]
[14] = [12] + α · [13]
[15] = [17] aus Vorwoche
[16] = [14] − [15]
[17] = [15] + α · [16]
[18] = 2 · [14] − [17]
[19] = (α : (1 − α)) · ([14] − [17])
[20] = [18] + [19]
[21] = [20] · [10] aus Folgewoche

Abbildung 5.20: Lösung eines Beispiels der exponentiellen Glättung 2. Ordnung.

5.2.6 Erweiterungen, Ergänzungen, Ausnahmen

Weitere Trendverläufe

Mit einem kleinen Trick können noch weitere drei häufig vorkommende Kurventypen auf die quadratische Gleichung umgeformt werden. Es sind dies die drei Kurven in der untersten Reihe von Abbildung 5.8.

Wenn man die Nachfragewerte transformiert, also in eine andere Ebene umformt, dann ergeben sich die aufgezeichneten Verlaufsformen. Bei den e–Funktionen sind alle Nachfragen zu logarithmieren, bei degressiv steigendem Trend ist der Kehrwert der Nachfragen zu bilden.
In unserem Kochbuch auf Seite 126 müssen lediglich zwei Schritte eingeschoben werden, und zwar zwischen 3. und 4.:

> t1. Liegt ein Modell für eine e–Funktion, degressiv steigenden Trend oder Modeartikeltrend vor, so wird der Nachfragewert logarithmiert oder sein Kehrwert gebildet. Man erhält den transformierten Nachfragewert.

und zwischen 8. und 9.:

> t2. Im Falle einer Transformation (bei t1.) werden diese Prognosewerte durch Exponenzieren oder Kehrwertbilden rücktransformiert in die reale Ebene.

Die restlichen Schritte bleiben unverändert. Alle Berechnungen finden in der transformierten Ebene statt.

Durch die Transformation in eine andere Ebene (Logarithmierung oder Kehrwertbildung) können also mit Hilfe der quadratischen Gleichungssysteme insgesamt 5 Kurventypen berechnet werden:

konstanter Verlauf
linear steigender oder fallender Trend
quadratisch steigender oder fallender Trend
exponentiell fallender Trend
degressiv steigender Trend
Modeartikeltrend

Hilfs– und Betriebsstoffe

Die geschilderten Prognoseverfahren lassen sich natürlich nicht nur für Endprodukte anwenden, sondern eignen sich für jede Art von Zeitreihen. Kapazitätsbedarfe und Baugruppenbedarfe, aber auch Ausschußprozentsätze, Vorlaufzeiten, Bearbeitungszeiten, Krankheitsstände und Maschinenausfälle können prognostiziert werden. Der wichtigste Einsatzbereich dieser einfachen Prognoseverfahren ist gar nicht die Vorhersage der wenigen Primärbedarfe, sondern die Vorhersage der vielen Tausende von Hilfs– und Betriebsstoffen.

Da sie in keiner Stückliste enthalten sind, entsteht ihr Bedarf stets zum Zeitpunkt der Entnahme. Ihr Bestandskonto kennt normalerweise keine Bruttobedarfe. Um Bestellungen rechtzeitig auszulösen, wird eine Prognose für die Wiederbeschaffungszeit gemacht. Mit diesen vorhergesagten Bedarfen (VB) erfolgt dann die normale Bestandsführung, Nettobedarfs– und Bestellmengenrechnung.

Primärbedarf

Viele Endprodukte werden nicht sofort nach Bestelleingang geliefert, sondern erst nach einer marktüblichen Lieferzeit. Die Aufträge innerhalb dieser Lieferzeit sind bekannt (Auftragspolster). Es wäre also unsinnig, diese mit der Prognoserechnung noch einmal — und viel schlechter — vorherzusagen (Abb. 5.21). Man wird diese Bedarfe dazu verwenden, mit größerer Sicherheit ab dem Ende der Lieferzeit zu prognostizieren. Dazu wiederholt man alle Schritte der exponentiellen Glättung für jede Periode bis zum Ende der Lieferzeit und verwendet dabei statt der echten Lieferungen die Kundenaufträge.

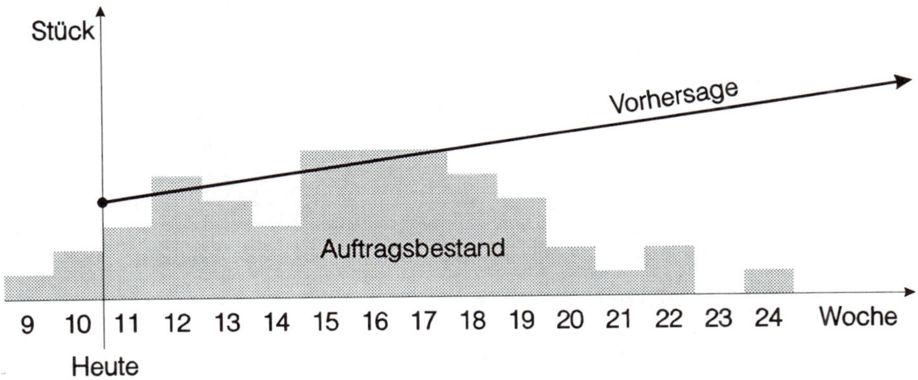

Abbildung 5.21: Vorhersage, wenn der Auftragsbestand **nicht** für die Vorhersage benützt wird.

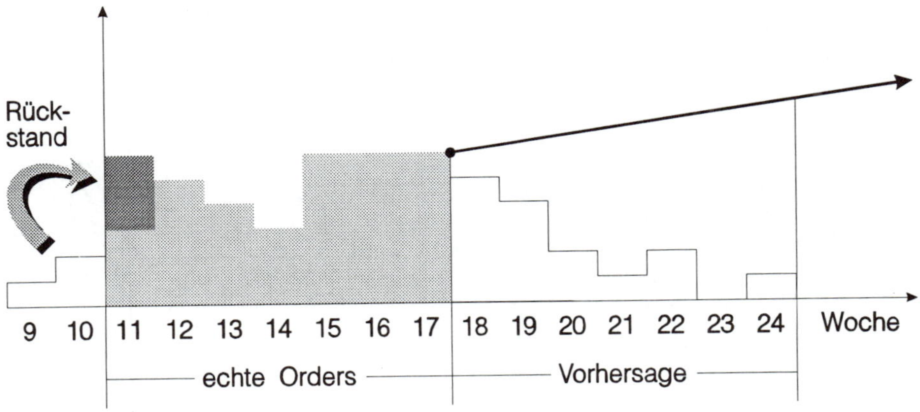

Abbildung 5.22: Bis zum Ende der Lieferzeit fließen die echten Kundenaufträge in die Vorhersage ein.

Abbildung 5.22 zeigt, daß die Prognose ab heute sich deutlich verbessern läßt, wenn wir die bestätigten Aufträge bis zur Woche 17 mitberücksichtigen.

Natürlich werden im Teilestammsatz die Werte der *aktuellen* Woche abgespeichert. Die weitere exponentielle Glättung über die Wochen 11 bis 17 erfolgt jeweils nur temporär im Hauptspeicher.

Aber auch für die fernere Zukunft gilt bei Endprodukten, daß sichere Kundenaufträge mehr gelten, als ungewisse Prognosen. Dazu wird je Periode verglichen, ob die Summe der Kundenaufträge bis zu diesem Zeitpunkt größer ist, als die Summe der Prognosen. Der größere der beiden Werte wird als Bedarf verwendet. So erhält man einen realistischen weichen Übergang zwischen Kundenaufträgen und Prognosen. Abbildung 5.23 verdeutlicht das Verfahren.

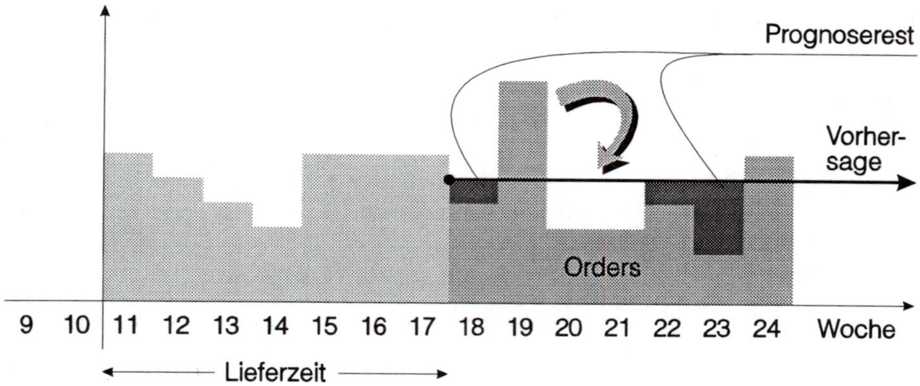

Abbildung 5.23: Auch die Kundenaufträge außerhalb der Lieferzeit werden berücksichtigt. Nur die Differenz zwischen Kundenaufträgen und Vorhersage, fließt als Prognoserest (VB) in die Nettorechnung ein.

Woche	Kunden- Aufträge	Vorhersage	um Kundenaufträge bereinigte Vorhersage
21	30	50	20
22	110	50	0
23	30	50	0
24	10	50	0
25	40	50	10
26	10	50	40
27	40	50	10
28	0	50	50
29	0	50	50
30	0	50	50

Abbildung 5.24: Rechenbeispiel für die Bereinigung der Vorhersagen um die Kundenaufträge.

Die nach unten berichtigten Vorhersagen (Prognoserest) werden zusätzlich zu den Kundenaufträgen in das Bestandskonto eingefügt.

Eine andere Methode, die Prognose wesentlich zu verbessern, eignet sich für Varianten–Endprodukte. Die Bedarfe der gesamten Variantenfamilie sind viel sicherer zu prognostizieren, als die Einzelbedarfe. Auch Nicht–Variantenteile, die gleiche Komponenten benötigen, können in der Prognosequalität hierdurch verbessert werden. Voraussetzungen dafür sind allerdings:

- daß die Endprodukte eine fest vorgegebene Lieferzeit besitzen und

- daß die Endmontage keinen Kapazitätsengpaß darstellt.

In diesen Fällen werden nicht die Endprodukte vorhergesagt, sondern die Baugruppen, aus denen die Endprodukte bestehen. Zeichnet man für die Endprodukte Dendrogramme (Abb. 5.25), so kann man die Vorhersage auf die Baugruppen verlegen, die durch die Lieferzeitlinie geschnitten werden.

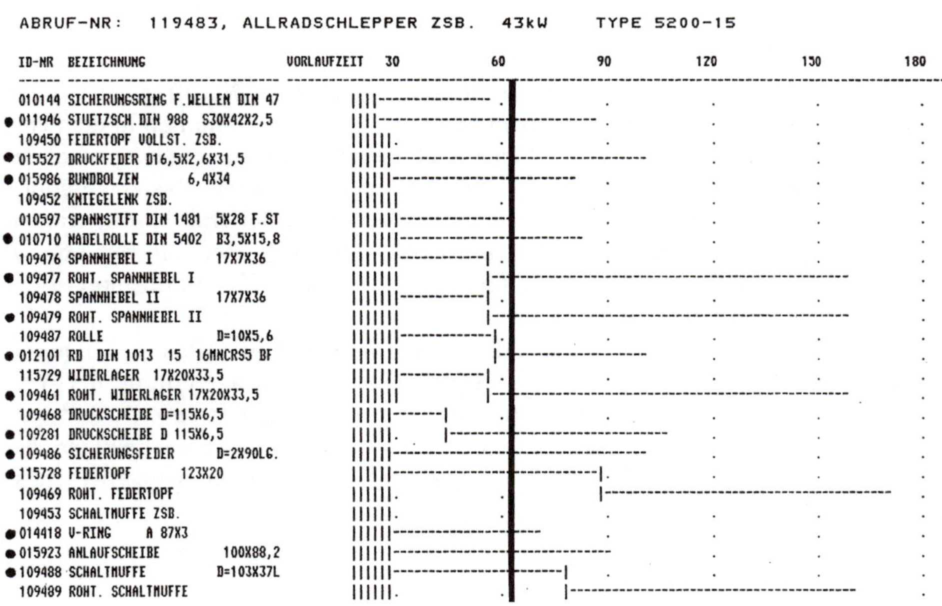

Abbildung 5.25: Alle Baugruppen des Dendrogramms eines Allradschleppers, die durch die Lieferzeitlinie von 62 Tagen geschnitten werden, müssen vorhergesagt und auf Lager gelegt werden.

Dieses Vorgehen hat drei positive Aspekte:

- die Sicherheitsbestände werden reduziert, da statt der vielen Endprodukte wiederverwendbare Teile vorgehalten werden,

- der Verschrottungsprozentsatz sinkt, da das Risiko der Veralterung bei wiederverwendbaren Teilen geringer ist, als bei Varianten–Endprodukten,
- die statistische Sicherheit der Prognose steigt, je mehr Wiederverwendungsteile vorkommen, da die Prognosen mehrerer Endprodukte gesammelt werden.

Für Endprodukte gäbe es natürlich noch bessere Prognose–Verfahren. Zum einen besteht die Möglichkeit, externe Zeitreihen zur Prognose mitzuverwenden. Solche fremden Zeitreihen können die Verkaufszahlen eines Pilotproduktes oder die Werbeaufwendungen sein, aber auch allgemein zugängliche Daten, wie die Anzahl der Schulabsolventen, der Einzelhändler, der Kfz–Zulassungen. Die mathematischen Verfahren, die fremde Zeitreihen mitberücksichtigen, heißen multivariate Korrelationsrechnungen.

Auch die wiederkehrende Gesetzmäßigkeit in einer Zeitreihe kann noch besser analysiert werden, als nur durch die Saisonfaktorenfestlegung. Vor allem das Box–Jenkins–Verfahren[3] zeigt gute Ergebnisse, wenn es darum geht, regelmäßige Verläufe zu ermitteln und zu prognostizieren. Allerdings ist die Handhabung dieses Verfahrens mathematisch sehr anspruchsvoll.

Langsamdreher

Für Slow–Moving–Teile, das sind Teile mit sporadischer Nachfrage, ist unser Periodenraster viel zu fein. Die Zeitreihe hat viele Nullwerte und ab und zu eine Nachfrage. Bei diesen Teilen zeigt sich, daß unsere Periodeneinteilung nicht für alle Teile gleich sein dürfte, sondern je Teil ein individuelles Raster gefunden werden müßte. Denn viele Slow–Moving–Teile werden bei Halbjahresperioden ganz gut prognostizierbar. Erreichbar ist das variable Raster, indem man auf die Periodeneinteilung ganz verzichtet und statt dessen die Summenkurve der Abgänge prognostiziert (Abb. 5.26).

Auf dieser Abgangskurve finden die Entnahmen bei Slow–Moving–Teilen seltener, bei Rennern häufiger statt. Aufgrund der Nachfragetermine der Vergangenheit wird der Zeitabstand zwischen zwei Nachfragewerten ermittelt und prognostiziert. Auf der Summenkurve werden dann bei Rennern häufiger, bei Slow–Moving–Teilen seltener die Prognosewerte abgegriffen und in das Bestandskonto eingefügt.

5.2.7 PPS–Realität

Der überwiegende Anteil aller PPS–Systeme besitzt keinen Vorhersagebaustein. Lediglich ein Rudiment der exponentiellen Glättung, nämlich die Mittelwertbildung 1. Ordnung, wird im Rahmen einer Bestellpunktrechnung eingesetzt. Die besseren PPS–Systeme besitzen integrierte Prognosebausteine, die sogar teilweise für beliebige Zeitreihen universell verwendbar sind. Alle anderen Systeme sollten zumindest eine Koppelung zu einem Standard–Statistikprogramm anbieten.

[3] Box,G./Jenkins,G.: Time Series Analysis, Forecasting and Control, San Franzisco:Holden Day, 1970.

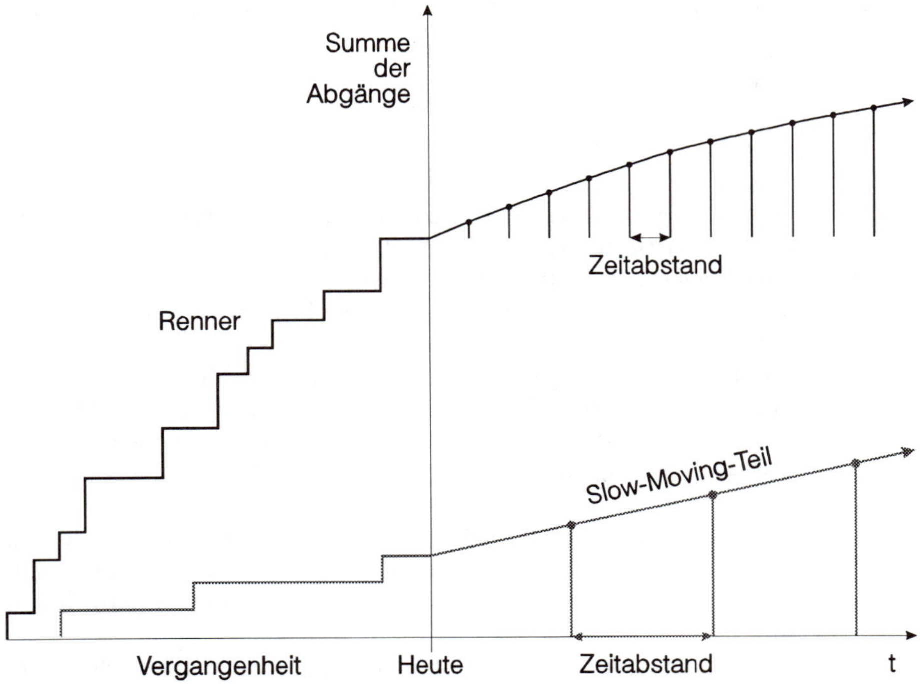

Abbildung 5.26: Die Zeitabstände zwischen 2 Nachfragen können auch aus den Vergangenheitszeitabständen vorhergesagt werden. Auf der prognostizierten Summenkurve werden die Vorhersagemengen abgegriffen.

Für die Modellauswahl wird die Regressionsrechnung verwendet. Nur die Modelle des konstanten und linearen Trends werden unterstützt. Nach der Modellauswahl wird für die laufende Fortschreibung und Prognose die exponentielle Glättung 2. Ordnung eingesetzt. Für Saisonmodelle stehen Saisonfaktoren zur Verfügung. Die Untersuchung auf Ausreißer und Strukturbrüche erfolgt mit dem geschilderten Verhältnis von MD zu MAD und einem Prüfintervall. Für die Fortschreibung von B1, B2 und MAD können unterschiedliche Alpha-Faktoren gewählt werden.

Ein Abgleich der Prognose mit Kundenaufträgen erfolgt nicht. Meistens werden die Prognosewerte auch nicht im Bestandskonto gespeichert, können also auch nicht verändert, gebucht oder für Abweichungsanalysen verwendet werden.

Als Ausweg bietet es sich an, statistische Programmpakete zusätzlich zum PPS-System einzusetzen. Sie erhalten von der Bestandsführung die Nachfragewerte geliefert und liefern ihrerseits Vorhersagewerte an die Nettobedarfsrechnung. Bei statistischen Paketen sind auch höherwertige Prognoseverfahren und multivariate Korrelationsverfahren verfügbar.

Das SAP-System unterstützt die Prognose mit Hilfe der exponentiellen Glättung 1. und 2. Ordnung. Das Prognoseverfahren kann für beliebige Zeitreihen universell eingesetzt werden. Automatische Modellauswahl, Saisonalität und

Ausreißerprüfungen sind enthalten. Das VPPS–System enthält keinen Prognosebaustein.

Nutzen, Fazit

Die Masse der Prognosen betrifft Ersatzteile, Hilfs- und Betriebsstoffe, Baugruppen und längerfristig zu beschaffende Materialien. Bei diesen Teilen bestehen geringe Forderungen an mathematisch ausgefeilte Verfahren. Aber auch bei diesem Teilespektrum senkt eine gute Prognose die Sicherheitsbestände erheblich, wie wir noch sehen werden.

Bei Endprodukten sind die geschilderten, einfachen Verfahren nur dort einsetzbar, wo es sich um gängige, unkritische Artikel handelt. Modeartikel, Anlaufteile, Sonderaktionen oder sehr teure Artikel sollten besser von einem Marketingsachbearbeiter mit Sachverstand und einem Gefühl für den Markt manuell geplant werden.

Nun liegt vielleicht der Gedanke nahe, auf die aufwendige Bedarfsauflösung zu verzichten und statt dessen für alle Baugruppen, Teile und Materialien aufgrund der Entnahmen eine Prognose zu machen. Dem ist folgende Betrachtung entgegenzusetzen:

Besteht ein Endprodukt aus 100 Komponenten, dann müßte jede dieser Komponenten mit einer Lieferbereitschaft von 99,9 % vorrätig gehalten werden, damit das Endprodukt in 9 von 10 Fällen auch gebaut werden könnte ($0,999^{100} = 0,905$).

Diese hohe Lieferbereitschaftsforderung kann durch die Stücklistenauflösung entfallen, denn jede geplante Bestellung erzeugt deterministisch Bedarfe — eine Lagerhaltung für zufällige Unsicherheiten bei den Komponenten wird konsequenterweise damit überflüssig.

Der Rechenaufwand für die Bedarfsauflösung steht also in keinem Verhältnis zu dem Kapitalbedarf, der für zusätzliche Lagerbestände erforderlich wäre.

Prognosen stimmen nie exakt mit der Wirklichkeit überein, sonst wären sie überflüssig. Unser Bestreben muß sein, die Algorithmen möglichst gut an die Wirklichkeit anzunähern. Die Fehler in der Prognose pflanzen sich nämlich hundertfach fort: Besteht ein Endprodukt aus 200 Baugruppen und Einzelteilen, so sind auch 200 Sekundärbedarfe und 200 geplante Bestellungen falsch, wenn eine Prognose falsch ist.

Die geschilderten Rechenverfahren, die Regressionsanalyse und vor allem die exponentielle Glättung sind für die Programmierung wenig anspruchsvoll und ergeben doch wesentlich bessere Ergebnisse als Schätzungen über den Daumen. Vor allem die exponentielle Glättung paßt sich an die tatsächlichen Nachfragen gut an. Ein Sachbearbeiter, der die Eingriffsmöglichkeiten, wie Anpassung des Alpha–Faktors oder des Kurventyps und die Nachfragekorrektur beherrscht, kann vortreffliche Prognoseergebnisse erzielen.

Gute Prognosesysteme werden zunehmend wichtiger, da die Differenz zwischen kurzen Liefer- und langen Wiederbeschaffungszeiten ständig wächst. Ohne verläßliche Vorhersagen führt der Weg des PPS–Systems zu Hektik und Chaos.

5.3 Sicherheitsbestand

5.3.1 Dynamische Sicherheitsbestände und –zeiten

Außer

- Trend
- Saisonalen Komponenten
- Strukturbrüchen

gibt es bei einer Zeitreihe noch den Bestandteil

- Zufallsabweichungen.

Diese Zufallsabweichungen bewirken, daß die Prognosen häufig falsch sind. Das Bemühen besteht darin, die Prognose so gut wie möglich und damit die Zufallsabweichungen so klein wie möglich zu machen. Denn die Zufallsabweichungen kosten Geld!

Trägt man die Abweichungen zwischen Nachfragen und Prognosen als Häufigkeitsverteilung auf, so zeigt sich, daß geringe Abweichungen häufiger vorkommen, Werte fernab der Prognose relativ selten sind (Abb. 5.27).

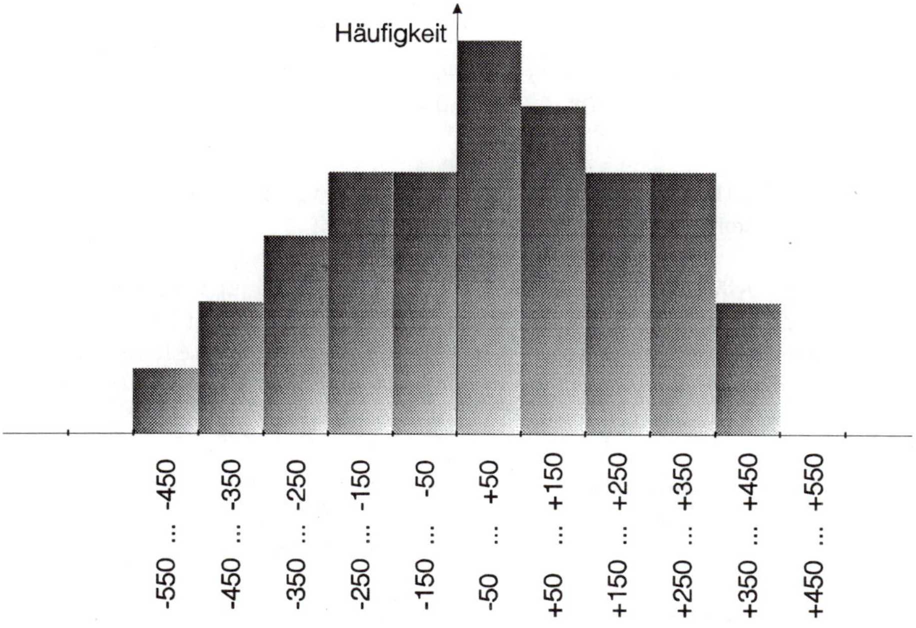

Abbildung 5.27: Typische Häufigkeitsverteilung der Abweichungen zwischen Prognose und Nachfrage.

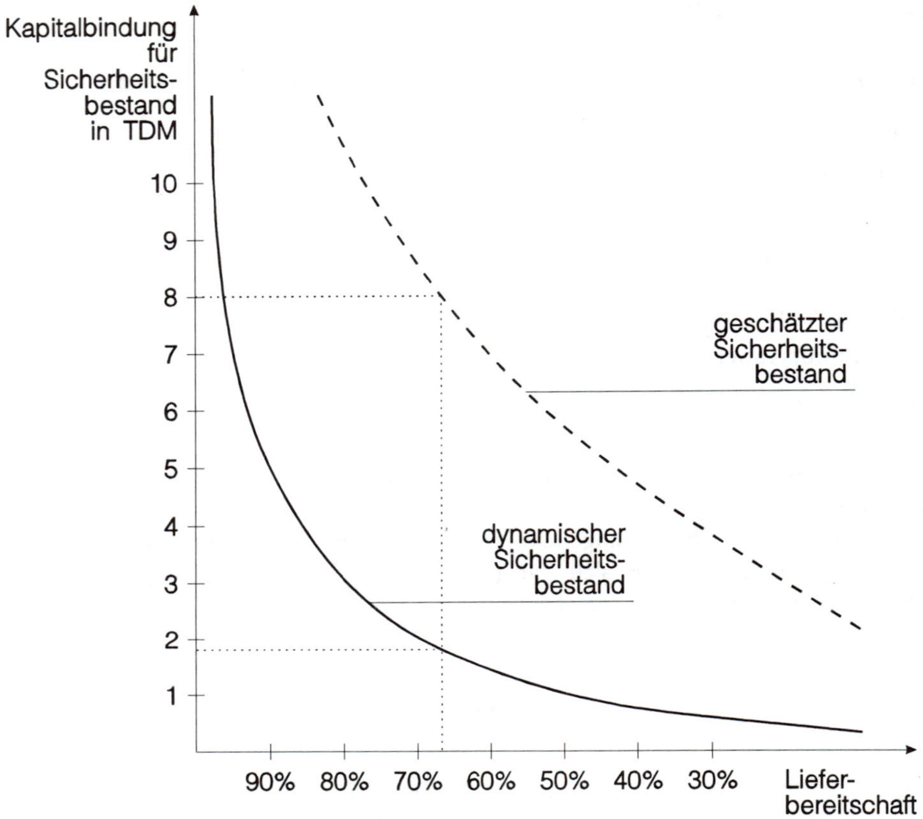

Abbildung 5.28: Lieferbereitschaft in Abhängigkeit von geschätzten und dynamisch errechneten Sicherheitsbeständen.

Wenn die Abweichungen wirklich zufälliger Art sind und genügend viele Werte der Zeitreihe vorliegen (mindestens 20 Werte), dann werden die Abweichungen eine Normalverteilung[4] zeigen. Falls keine Normalverteilung vorliegen sollte, muß die Tabelle von Abbildung 5.32 mit modifizierten k–Werten gefüllt werden. Die Grundaussagen für die Sicherheitsbestandsberechnung gelten trotzdem.

Das Risiko der zufälligen Abweichungen wird über Sicherheitsbestände abgefangen. Sicherheitsbestand darf also nicht für die normale Nettorechnung verbraucht werden — er ist für außergewöhnliche und nicht für planbare Abweichungen bestimmt.

Da 100 Fehlteile zwangsläufig stärker auffallen als ein überhöhter Lagerbestand von 100 Teilen, tendiert jeder Disponent oder Einkäufer zu überdimensionierten Sicherheitsbeständen. Durch die Berechnung dynamischer Sicherheitsbestände wird das in Sicherheitsbeständen gebundene Kapital verringert, ohne daß sich dadurch die Lieferbereitschaft verschlechtern würde. Abbildung 5.28

[4] Auf der Vorderseite des 10–DM–Scheines ist die Gauß'sche Normalverteilung abgebildet.

zeigt[5], daß in beiden Fällen die Sicherheitsbestände überproportional ansteigen, wenn eine höhere Lieferbereitschaft gefordert wird. Die dynamisch errechneten Sicherheitsbestände sind aber stets geringer, als die geschätzten.

Man erkennt, daß bei einer geforderten Lieferbereitschaft von 65 % ein Sicherheitsbestand von 8000 DM geschätzt wird, einer von 1800 DM aber ausreichen würde. Überhöhte Sicherheitsbestände wirken sich auch viel krasser auf das gebundene Kapital aus, als überhöhte Bestellungen: zu große Lose werden irgendwann wieder abgebaut, ein überhöhter Sicherheitsbestand liegt ständig am Lager.

Sicherheitsbestände sollen Unregelmäßigkeiten und Risiken abdecken. Im einzelnen gibt es folgende vier Risikoarten im Bereich der Materialwirtschaft (Abb. 5.29):

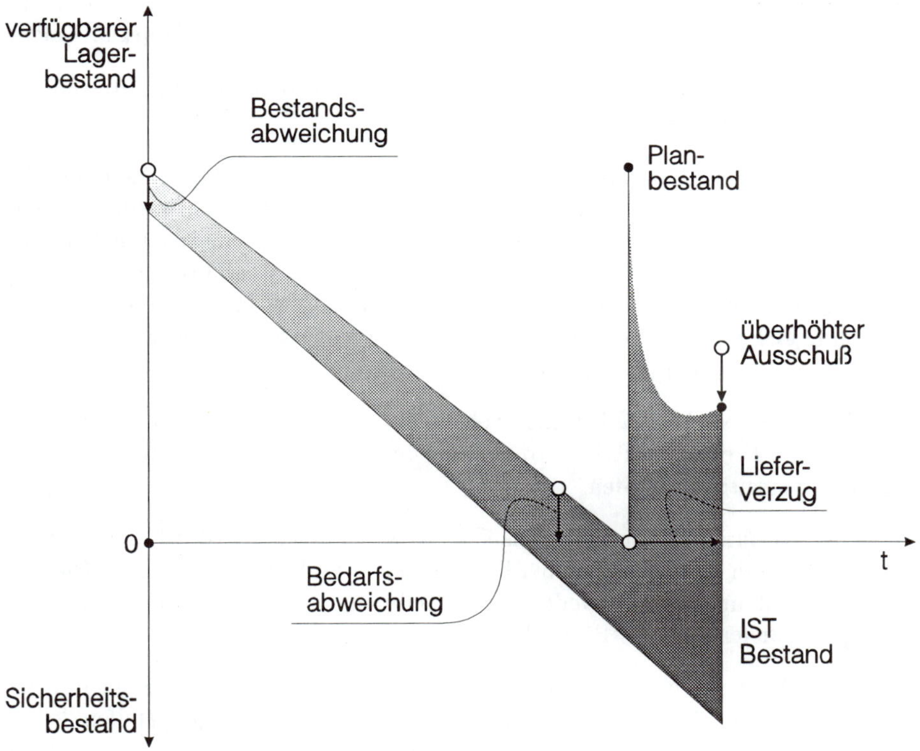

Abbildung 5.29: Bestandsabweichungen, Bedarfsabweichungen, Lieferverzüge und Ausschuß sind die Risiken, die durch Sicherheitsbestände gepuffert werden können.

[5] In Anlehnung an eine Erhebung von Trux, W.: Einkauf und Lagerdisposition mit Datenverarbeitung, München 1968

1. Differenzen zwischen buchmäßigem und tatsächlichem Bestand ruinieren die gesamte Nettorechnung. Sie sind oft in einer ungenauen Handhabung der Lagerzu- und -abgänge begründet. Aber es kommen auch falsche Stücklisten, terminlich zu späte Buchungen oder Übertragungsfehler vor.

2. Abweichungen zwischen geplanten oder vorhergesagten und tatsächlichen Entnahmen, also Verbrauchsabweichungen sind unvermeidbar — das sind eben unsere Zufallsabweichungen.

3. Aber auch Differenzen bei den Lieferterminen der Einkaufsteile sind sehr störend. Wenn nur eine Komponente fehlt, kann ein ganzer Auftrag nicht gestartet werden.

4. Liefermengenabweichungen sind mengenmäßige Differenzen zwischen erwartetem und tatsächlichem Lagerzugang. Solche Abweichungen kommen bei Eigenfertigungsteilen sehr viel häufiger vor, als bei Fremdbezugsteilen.

Diese vier Risikoarten kommen bei den verschiedenen Teilearten in unterschiedlicher Ausprägung vor:

1. Fehler in der *Bestandsführung* können nicht über Sicherheitsbestände abgefangen werden. Da Bestandsfehler bei jedem Teil gleich wahrscheinlich und beliebig groß sind, müßte bei sämtlichen Teilen ein zusätzlicher, hoher Sicherheitsbestand vorgehalten werden. Da ist es rationeller, durch organisatorische Maßnahmen, wie abgeschlossene Läger, „keine Buchung ohne Beleg" oder Verbot von ungeplanten Entnahmen, die Fehler in der Bestandsführung auszumerzen.

2. *Bedarfsabweichungen* kommen vor allem bei Endprodukten und Ersatzteilen vor. Dieses Risiko ist also eng mit der Planung oder Prognose und der Kundenseite verbunden.

3. *Lieferterminabweichungen* (das sind Abweichungen von der Beschaffungszeit) treten hauptsächlich bei Einkaufsteilen und Materialien auf. Die bestellte Menge wird entweder nur in Teilmengen oder insgesamt häufig zu spät geliefert. Dieses Risiko betrifft hauptsächlich die Lieferantenseite.

4. Der Idealbetrieb, der ohne unerwartete Störungen und ganz nach Plan arbeitet, benötigt bei den Baugruppen und Eigenfertigungsteilen keine Sicherheitsbestände. Wenn die Risiken der Beschaffung und die Risiken im Vertrieb abgedeckt sind, dann kann bei straffer Organisation auf Sicherheitsbestände in der eigenen Produktionen ganz verzichtet werden. Allerdings gibt es in jedem Industriebetrieb einige wenige, technologisch schwer beherrschbare Fertigungsverfahren. Bei diesen fällt *unberechenbarer Ausschuß* an. Bei überhöhtem Ausschuß müssen Teile oder Materialien nachgefaßt werden. Für solche unplanbaren Entnahmen sind selbst in gut organisierten Betrieben Sicherheitsbestände erforderlich.

Abbildung 5.30 zeigt die drei abzudeckenden Risiken in einer graphischen Darstellung.

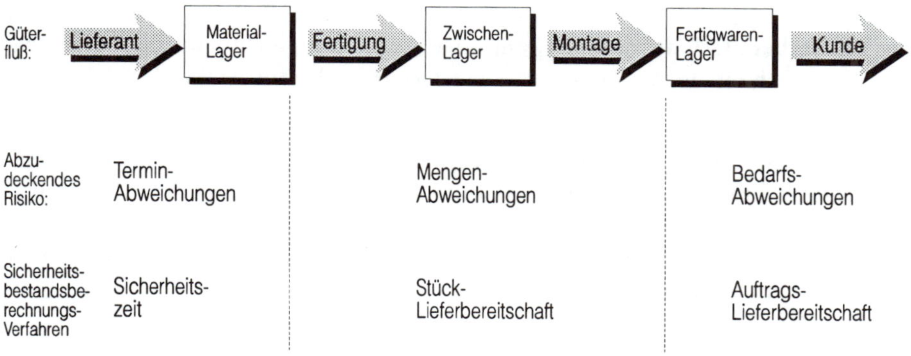

Abbildung 5.30: Gültigkeitsbereich von drei Risikoarten bezogen auf den Güterfluß.

5.3.2 Auftragslieferbereitschaft

Die Auftragslieferbereitschaft deckt das Risiko der Prognose–Ungenauigkeiten ab. Die Abweichungen vom Plan äußern sich in Auftragserhöhungen, Artikelumbestellungen, Zusatzaufträgen, Stornierungen, Ersatzteilbedarf. Die Höhe des Sicherheitsbestandes wird von drei Faktoren beeinflußt, nämlich

- von der geforderten Lieferbereitschaft des Artikels,
- vom Maß der Zufallsabweichungen und
- vom Verhältnis von Liefer– zur Wiederbeschaffungszeit.

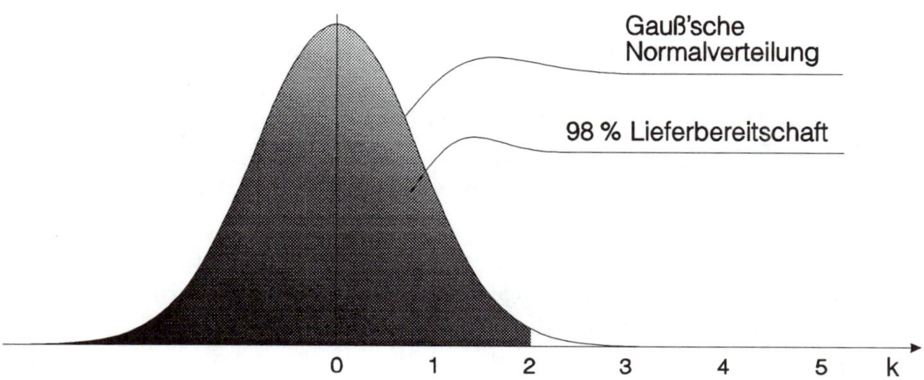

Abbildung 5.31: Gauß'sche Normalverteilung zur Ermittlung des k–Wertes aus der geforderten Lieferbereitschaft.

- Die Lieferbereitschaft entspricht der Fläche unter der Gauß'schen Kurve der Normalverteilung. Eine Fläche von 98 % und damit eine Lieferbereitschaft von 98 % umfaßt alle Abweichungen, außer den 2 % größten

(Abb. 5.31). Erfasst man die Nachfragen wöchentlich, so bedeutet 98 % Lieferbereitschaft, daß pro Jahr eine Woche lang nicht sämtliche Nachfragen nach einem Artikel sofort auslieferbar sind, weil Bestände fehlen.

- Für das Maß der Zufallsabweichungen haben wir bereits bei der Vorhersagefortschreibung den MAD gewählt. Natürlich kann man den MAD nicht nur für Prognosen errechnen, die maschinell erstellt werden. Auch für manuell gemachte Vorhersagen wird der MAD als Maß für den Schätzfehler mit denselben Formeln berechnet.

- Falls die vom Kunden geforderte Auftrags–Lieferzeit LZT gleich lang oder länger ist, als die gesamte Wiederbeschaffungszeit WDBZT, wäre kein Sicherheitsbestand nötig, da ja kein Risiko besteht: Jeder Auftrag könnte bestellt, gefertigt und rechtzeitig ausgeliefert werden. Wenn aber die Lieferzeit kürzer ist, als die Wiederbeschaffungszeit, dann muß für die Differenz ein Sicherheitsbestand die Zufallsabweichungen auffangen. Falls übrigens auf unteren Stufen, also z.B. bei den Einkaufsteilen, schon Sicherheitsbestände angelegt werden, dann verkürzt sich für die Sicherheitsbestandsberechnung die Wiederbeschaffungszeit WDBZT entsprechend um die Beschaffungszeit dieser Einkaufsteile.

Die Formel für den erforderlichen Sicherheitsbestand lautet:

$$\mathrm{SB} = \mathrm{k} \cdot 1,25 \cdot \mathrm{MAD} \cdot \sqrt{\mathrm{WDBZT} - \mathrm{LZT}}$$

k wird aufgrund einer Tabelle der normierten Normalverteilung ermittelt, die auszugsweise in Abbildung 5.32 tabelliert ist.

1,25 · MAD entspricht etwa der Standardabweichung.

$\sqrt{\mathrm{WDBZT} - \mathrm{LZT}}$ gibt an, wie lang die Risikozeit dauert. Die Zeit muß natürlich in der gleichen Einheit gemessen werden, wie der MAD, also in unserem Beispiel in Wochen.

Daß bei vierfacher Risikozeit nur der doppelte Sicherheitsbestand erforderlich ist, rührt daher, daß sich bei längeren Zeiträumen die Abweichungen etwas ausgleichen[6]. Ein Vergleich soll dies veranschaulichen:

Weichen die Monatsumsätze durchschnittlich um 500 TDM voneinander ab, so ist die mittlere Abweichung der Jahresumsätze nicht etwa $12 \cdot 500$ TDM = 6 Mio, sondern nur $\sqrt{12} \cdot 500$ TDM = 1,7 Mio.

Das folgende Beispiel verdeutlicht die Berechnung des dynamischen Sicherheitsbestandes. Gegeben seien folgende Daten für einen Artikel:

[6] Die mathematische Begründung für dieses Fehlerfortpflanzungsgesetz ist dargestellt in: Kreyszig, Erwin: Statistische Methoden und ihre Anwendungen, 7. Aufl. Göttingen: Vandenhoeck und Ruprecht, 1979, S.332 ff

k	l in %	l	k
0,0	50,00	90,0 %	1,29
0,2	57,93	95,0 %	1,65
0,4	65,54	97,0 %	1,89
0,6	72,57	98,0 %	2,06
0,8	78,81	99,0 %	2,33
1,0	84,13	99,5 %	2,58
1,2	88,49	99,6 %	2,65
1,4	91,92	99,7 %	2,75
1,6	94,52	99,9 %	3,09
1,8	96,41		
2,0	97,72		
2,2	98,61		
2,4	99,81		
2,6	99,53		
2,8	99,74		
3,0	99,87		

Abbildung 5.32: Standardnormalverteilungstabelle, aus der aufgrund der Lieferbereitschaft l der Faktor k entnommen werden kann.

geforderte Lieferbereitschaft	:	95%
gemessener MAD pro Woche	:	220
Wiederbeschaffungszeit WDBZT	:	70 Tage = 14 Wochen
Lieferzeit LZT	:	10 Tage = 2 Wochen

$$\begin{aligned} SB &= k \cdot 1,25 \cdot MAD \cdot \sqrt{WDBZT - LZT} \\ &= 1,64 \cdot 1,25 \cdot 220 \cdot \sqrt{14-2} \\ &= 1562 \end{aligned}$$

Dynamisch heißt die Berechnung deshalb, weil sich der Sicherheitsbestand automatisch an stärkere Verbrauchsabweichungen, höhere Anforderungen an die Lieferbereitschaft und kürzere Lieferzeiten anpaßt. Gelingt es mit Hilfe besserer Prognosen oder aber durch Werbemaßnahmen, die Abweichungen zwischen Vorhersagen und Nachfrage zu verringern,

- wird die Wiederbeschaffungszeit in Folge eines schnelleren Durchlaufs in der Produktion kürzer oder

- entspannt sich die Konkurrenzsituation und läßt damit eine günstigere Lieferbereitschaft zu,

so wird automatisch ein geringerer Sicherheitsbestand errechnet, da ja das Risiko gesunken ist.

In der Fertigungsindustrie werden selten Aufträge wegen fehlender Bestände abgelehnt; vielmehr versucht man durch Eilaufträge kurzfristige Aufträge zu erledigen. Die erheblichen Mehrkosten nennt man Fehlmengenkosten. Sie sind kaum exakt zu bestimmen, jedoch größenordnungsmäßig abschätzbar. Sie hängen von der Flexibilität der Fertigung, der Dringlichkeit und natürlich von den Rüstkosten ab. Abbildungen 5.33 zeigt, daß die Wahrscheinlichkeit für das Auftreten von Fehlmengenkosten mit steigendem Sicherheitsbestand fällt, während natürlich die Lagerkosten steigen.

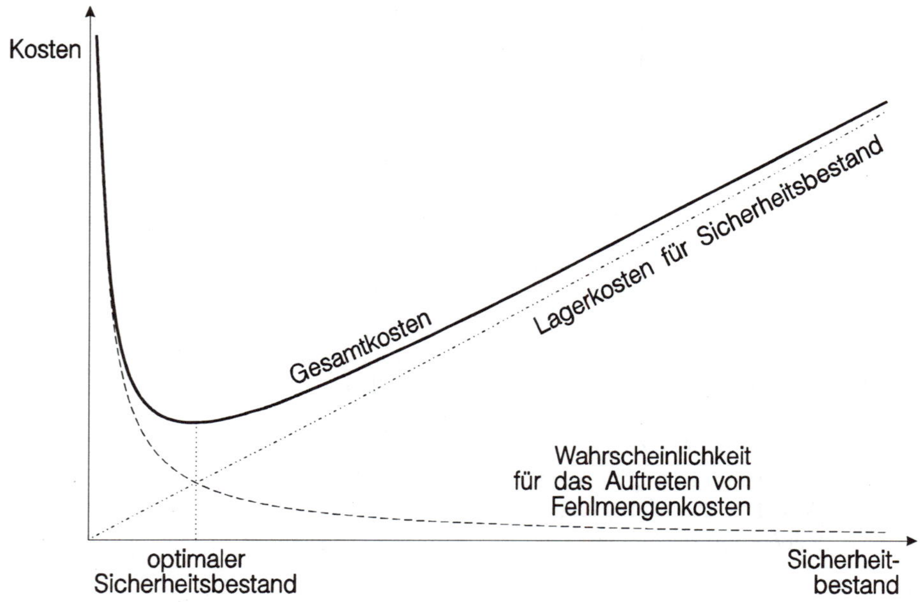

Abbildung 5.33: Mit steigendem Sicherheitsbestand steigen die Lagerkosten proportional und sinken die Fehlmengenkosten umgekehrt proportional.

Überlagert man die beiden Kurven, so ergibt sich der optimale Sicherheitsbestand im Minimum der Gesamtkostenkurve. Heinen hat die Formel dafür hergeleitet.[7]

$$l(opt) = 1 - \frac{p \cdot q}{c \cdot n}$$

p ist wieder der Preis oder die Herstellkosten des Artikels,
q der Lagerkostenprozentsatz pro Jahr,
c sind die Fehlmengenkosten und
n ist die Anzahl Lagerzugänge pro Jahr.

[7] Heinen, Edmund: Industriebetriebslehre, 9.Auflage, Wiesbaden: Gabler–Verlag, 1991, S.533.

Bei einem Preis von 120 DM, 25 % Lagerkosten, Fehlmengenkosten von 50 DM und monatlicher Produktion errechnet sich eine optimale Lieferbereitschaft von

$$l(opt) = 1 - \frac{120 \cdot 0,25}{50 \cdot 12} = 0,95 = 95\%$$

Ich kenne kein Unternehmen, das die Formel praktisch einsetzt. Das liegt vielleicht daran, daß die Abschätzung der Fehlmengenkosten oft schwieriger ist, als die Abschätzung der Lieferbereitschaft. Wo aber die Fehlmengenkosten bekannt sind, empfehle ich die Formel zur Erprobung. Die Formel bewirkt, daß sich der Sicherheitsbestand auch noch dynamisch

an die Änderung der Umstellkosten in der Produktion,
an Zinssatzänderungen,
an langfristige Losgrößenänderungen und
an Preisänderungen

anpaßt.

Zu beachten ist noch, daß das Rechenverfahren zwar Auftragslieferbereitschaft heißt, weil es das Risiko bei Kundenaufträgen abdeckt, daß aber die Lieferbereitschaft sich stets nur auf einen Artikel bezieht. Besteht ein Auftrag aus 10 Artikelpositionen, so ist der Auftrag natürlich nicht mit 98 % lieferbar, wenn jeder Artikel mit 98 % lieferbar ist. Vielmehr multiplizieren sich die Wahrscheinlichkeiten zu einer Lieferbereitschaft für den Auftrag von

$$0,98 \cdot 0,98 \cdot \ldots \cdot 0,98 = 0,98^{10} = 0,81 \quad \text{also} \quad 81\%.$$

Für die Gesamtlieferbereitschaft von 98 % müsste jeder Artikel des Auftrags mit 99,8 % verfügbar sein.

5.3.3 Sicherheitszeit

Gegen drohende Lieferterminabweichungen schützt eine Verlängerung der Beschaffungszeit um die Sicherheitszeit besser, als ein Sicherheitsbestand. Bei einer geforderten Lieferbereitschaft von 95 % kommt die Sendung in 19 von 20 Fällen verfrüht bei uns an. Dadurch baut sich zwar ein Sicherheitsbestand auf, aber dieser ist zeitlich eng begrenzt und baut sich bei der Entnahme wieder vollständig ab. Ein fester Sicherheitsbestand bei Einkaufsteilen ist demgegenüber nicht zu empfehlen, da er in der vollen Höhe ständig am Lager liegen müßte, um temporäre Terminrisiken abzufangen. Die Sicherheit würde dadurch kaum steigen, aber der Kapitaldienst um ein Vielfaches.

Die Sicherheitszeit sollte nicht an die Beschaffungszeit gekoppelt werden. Terminverzüge sind bei Bestellungen mit kurzer Lieferfrist so häufig, wie bei langfristigen Bestellungen. Bei kurzen Beschaffungszeiten ist die Gefahr eines Terminverzugs sogar eher größer. Anzustreben ist eine gleichmäßige Lieferbereitschaft für alle Einkaufsteile einer Produktgruppe. Das besagt aber keineswegs, daß für alle Fremdbeschaffungsteile dieselbe Sicherheitszeit anzusetzen ist. Vielmehr hängt die Länge der Sicherheitszeit von der Termintreue des Lieferanten ab (Abb. 5.34).

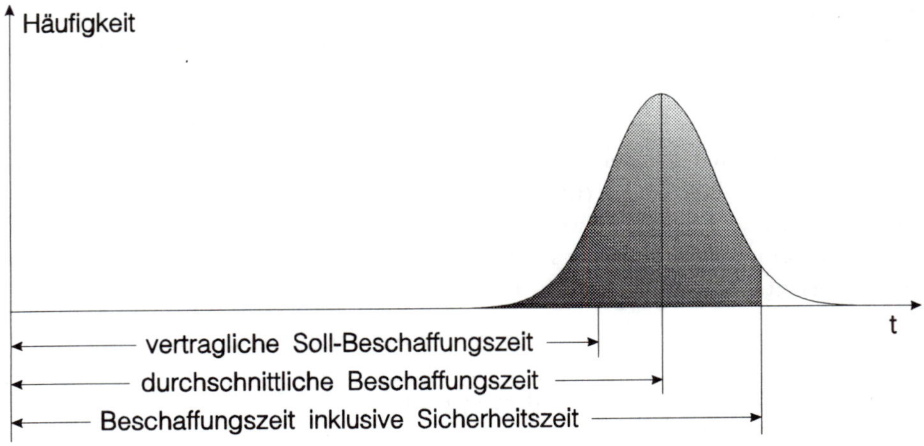

Die vertraglich vereinbarte Beschaffungszeit spielt bei der Berechnung überhaupt keine Rolle. Die echte Beschaffungszeit BZT wird ermittelt, indem je Artikel und Lieferant die Zeit ermittelt wird, die zwischen Bestellauslösung und Wareneingang verstreicht. Von der Bestellschreibung wird der Zeitpunkt der Freigabe in der offenen Bestellung festgehalten. Beim Wareneingang bildet die Bestandsführung die Differenz zu Heute. Zweckmäßigerweise wird der Mittelwert der tatsächlichen Beschaffungszeiten und die Abweichung MADb wieder mit der exponentiellen Glättung 1. Ordnung gebildet.

Die Sicherheitszeit hängt nicht von der mittleren Beschaffungszeit, sondern nur von der Termintreue ab (Abb. 5.34): Ein Lieferant, der immer eine zu lange, aber stets gleich lange Beschaffungszeit beansprucht, braucht keinen Sicherheitszuschlag. Die Formel für die Beschaffungszeit lautet:

$$\mathrm{BZT} = \overline{\mathrm{BZT}} + \mathrm{k} \cdot 1,25 \cdot \mathrm{MADb}$$

Ein Beispiel soll den Rechengang demonstrieren:

Die bisherige mittlere Beschaffungszeit der letzten 10 Lieferungen eines Lieferanten für ein Teil beträgt 20 Tage, die mittlere Abweichung MADb = 1,5 Tage. Die geforderte Lieferbereitschaft sei 97,5 %, der k–Wert also 1,96. Der α–Faktor für die exponentielle Glättung ist 0,2.
Die Beschaffungszeit für diesen Lieferanten und diesen Artikel beträgt in Zukunft:

$$\begin{aligned} \mathrm{BZT} &= \overline{\mathrm{BZT}} + \mathrm{k} \cdot 1,25 \cdot \mathrm{MADb} \\ &= 20 + 1,96 \cdot 1,25 \cdot 1,5 \\ &= 23,67 \end{aligned}$$

also 24 Tage. Damit werden von 200 Lieferungen 5 wirklich zu spät eintreffen.

Der Einkäufer gibt lediglich die geforderte Verfügbarkeit in Prozent vor. Die Beschaffungszeit inklusive Sicherheitszeit wird gemäß dem Rechenschema von

Lieferung Nummer	11	12	13	14	
Bestelltermin	5.4.	15.4.	10.4.	15.5.	[2]
Wareneingangs–Termin	23.4.	7.5.	31.5.	3.6.	[3]
Beschaffungszeit BZT	18,0	22,0	21,0	19,0	[4]
$\overline{BZT}(alt)$	20,0	19,6	20,0	20,2	[5]
Beschaff.Differenz	–2	+2	+1	–1	[6]
$\overline{BZT}(neu)$	19,6	20,0	20,2	20,0	[7]
Absolute Differenz	2	2	1	1	[8]
MADb(alt)	1,5	1,6	1,7	1,6	[9]
Differenz	0,5	0,4	–0,7	–0,6	[10]
MADb(neu)	1,6	1,7	1,6	1,5	[11]

[4] = [3] - [2]
[5] = [7] aus letzter Lieferung
[6] = [4] - [5]
[7] = [5] + $\alpha\cdot$ [6]
[8] = Absolutbetrag [6]
[9] = [11] aus letzter Lieferung
[10] = [8] - [9]
[11] = [9] + $\alpha\cdot$ [10]

Abbildung 5.35: Rechengang zur Berechnung der Beschaffungszeit mit Hilfe der exponentiellen Glättung 1. Ordnung.

Abbildung 5.35 dynamisch aus dem bisherigen Lieferverhalten hergeleitet. Dabei reicht es für die Statistik, wenn 20 Lieferungen eingetroffen sind. Die ersten 20 Lieferungen bei einem neuen Lieferanten oder Material sollten also nicht über die dynamische Berechnung laufen, sondern manuell geschätzt und ständig beobachtet werden.

Da die selten benötigten, billigen B– und C–Teile verhältnismäßig wenig Lagerkosten verursachen, ist es sinnvoll, dort die Lieferbereitschaftsforderung etwas anzuheben. Dadurch werden auch selten vorkommende Terminabweichungen abgefangen und die Gesamtlieferbereitschaft steigt an. Benötigt eine Baugruppe vier Einkaufs-Teile, davon ein A–Teil mit 95 % Lieferbereitschaft und drei C–Teile mit 99 % Lieferbereitschaft, dann ist die Verfügbarkeit insgesamt mit

$$0,95 \cdot 0,99 \cdot 0,99 \cdot 0,99 = 0,92$$

um 11 % höher als bei 95 % Lieferbereitschaftsforderung für alle Teile (81 %).

5.3.4 Stücklieferbereitschaft

Bei technologisch schwer beherrschbaren Prozessen kommt es zu überraschenden, gravierenden Mengenabweichungen. Die Teile, die für den Prozeß benötigt werden, müssen dann nachgefaßt werden. Bei diesen Teilen ist also ein zusätzlicher Sicherheitsbestand erforderlich.

Bei der Auftragslieferbereitschaft wird stets der schlechteste Fall unterstellt, daß nämlich ein ungeplanter Zusatzbedarf nicht durch Eilaufträge bevorzugt gefertigt werden kann, sondern daß der Lagerzugang erst nach Ablauf der Wiederbeschaffungszeit zu erwarten ist. Außerdem darf ein kurzfristiger Zusatzbedarf auch nicht vorübergehend aus den Zugängen eines anderen, längerfristigen Kundenauftrags gedeckt werden.

Beide Voraussetzungen treffen normalerweise für überhöhten Ausschuß und Nacharbeit in der eigenen Produktion nicht zu:

- Durch Beschleunigen vorhandener Aufträge (Zugänge) versucht die Produktion Nachaufträge schneller zu liefern und
- Sekundärbedarfe und Reservierungen werden den Lagerzugängen nicht fest zugeordnet, sondern nach Dringlichkeit.

Im Gegensatz zur Auftragslieferbereitschaft, die nur die Abgangsseite des Bestandskontos betrachtet, wird bei der Stücklieferbereitschaft auch die Zugangsseite in die Berechnung eingeschlossen.

Der Saldo der Zu- und Abgänge bildet den zukünftigen Bestand. Dieser Bestand kann bei kritischen Eigenfertigungsteilen momentan als Sicherheitsbestand angesehen werden, da bei Nacharbeit sicherlich in erster Linie der gerade vorhandene Bestand sofort entnommen wird.

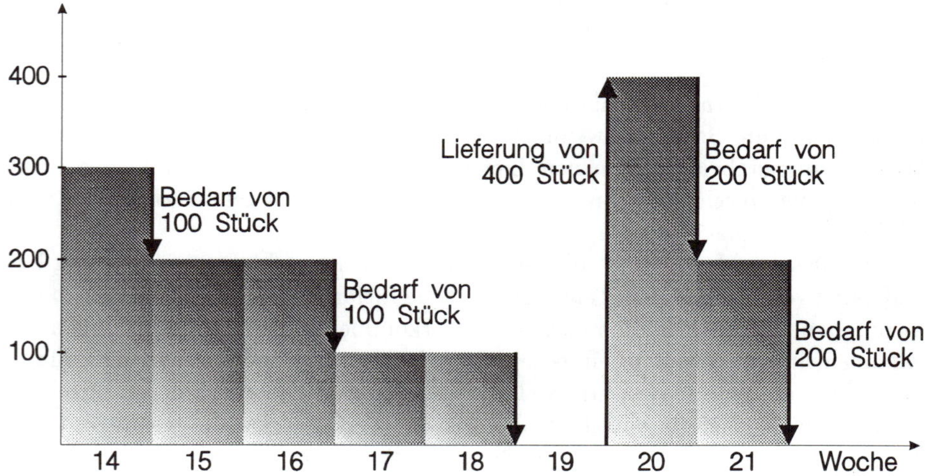

Abbildung 5.36: Bei der Stücklieferbereitschaft wird der zu erwartende Lagerbestand momentan als Sicherheitsbestand vorgesehen.

Abbildung 5.36 verdeutlicht, daß der Sicherheitsbestand = Saldo in den einzelnen Wochen stark schwankt: In der Woche 14 wäre es leichter, einen Nachauftrag zu befriedigen, als in der Woche 17.

Der Rechengang für die Festlegung eines Sicherheitsbestandes bei der Stücklieferbereitschaft ist folgender:

Die Abweichungen zwischen geplantem und ungeplantem Bedarf werden je Teil wie bei der Auftragslieferbereitschaft ermittelt. Der MAD gibt an, wie hoch der verfahrensbedingte, unplanbare Anteil ist. Dieser MAD wird wiederum mit der Wiederbeschaffungszeit des Teils korrigiert. Löst man die bereits bekannte Formel

$$SB = k \cdot 1,25 \cdot MAD \cdot \sqrt{WDBZT - LZT}$$

nach k auf, so lautet sie

$$k = \frac{SB}{1,25 \cdot MAD \cdot \sqrt{WDBZT - LZT}}$$

Die Lieferzeit für Nachfaßaufträge ist Null, MAD und Wiederbeschaffungszeit sind bekannt und als Sicherheitsbestand wird der jeweilige Saldo der Bestandsführung eingesetzt. Daraus errechnet sich pro Woche ein k–Wert und damit eine zu erwartende Lieferbereitschaft. Diese Lieferbereitschaft muß im Mittel innerhalb der Wiederbeschaffungszeit mindestens gleich groß sein, wie die geforderte Lieferbereitschaft. Andernfalls wird durch Probieren errechnet, wie hoch der zusätzlich erforderliche Sicherheitsbestand sein muß. Ein Beispiel dazu:

Gegeben sei ein wöchentlich gemessener MAD für ungeplante Entnahmen von 20. Die geforderte Lieferbereitschaft für Nachaufträge beträgt 95 %. Die Wiederbeschaffungszeit ist 6 Wochen. Die Salden der Bestandsführung sind die von Abbildung 5.36

Woche	Saldo	k	l in %	Mittlere Lieferbereitsch.
14	300	4,90	99,99	
15	200	3,27	99,99	
16	200	3,27	99,99	
17	100	1,64	94,52	89,83 %
18	100	1,64	94,52	
19	0	0,00	50,00	

Da die geforderte Lieferbereitschaft von 95 % durch die normalen Saldenbestände nicht gewährleistet ist, wird durch Probieren ein zusätzlicher Sicherheitsbestand eingeplant, der natürlich alle Salden erhöht. Bei probeweise 40 Stück Sicherheitsbestand sieht die Berechnung so aus:

Woche	Saldo	k	l in %	Mittlere Lieferbereitsch.
14	340	5,5	99,99	
15	240	3,9	99,99	
16	240	3,9	99,99	
17	140	2,3	98,93	95,07 %
18	140	2,3	98,93	
19	40	0,6	72,57	

Mit nur 40 Stück zusätzlichem Sicherheitsbestand können bei diesem Teil Nachaufträge von durchschnittlich 20 Stück in 95 % der Fälle problemlos ausgefaßt werden.

Die Auftragslieferbereitschaft hätte dafür

$$\begin{aligned} SB &= k \cdot 1,25 \cdot MAD \cdot \sqrt{\text{WDBZT - LZT}} \\ &= 1,645 \cdot 1,25 \cdot 20 \cdot \sqrt{6-0} \\ &= 100 \quad \text{Stück} \end{aligned}$$

angelegt.

Die Stücklieferbereitschaft berücksichtigt die Lagerzu- und -abgänge gleichermaßen. Sie stellt sich damit dynamisch auf die Losgrößenpolitik ein.

- Bei wenigen, großen Losen sind die Salden hoch: ein zusätzlicher Sicherheitsbestand ist nicht erforderlich.

- Bei vielen kleinen Losen wird ein zusätzlicher Sicherheitsbestand dynamisch angelegt. Diese Vorgehensweise erscheint aus der Sicht des Disponenten vernünftig.

Kapitel 6

Kapazitätswirtschaft

6.1 Einführung

Die Kapazitätswirtschaft — auch Zeitwirtschaft oder Kapazitätsplanung genannt — ist die Ergänzung zur Materialwirtschaft:

- Sie begleitet wie die Materialwirtschaft alle Detaillierungsstufen von der Grob- über die Mittelfrist- bis zur Feinplanung. Besonders bedeutsam ist die Kapazitätswirtschaft in der Grobplanung und in der Feinplanung (Abb. 6.1). In der *Grobplanung* werden aufgrund der Kapazitätswirtschaft die Kundenauftragstermine festgelegt und die Machbarkeit des Produktionsprogrammes überprüft. Die eigene Kapazitätssituation kann nur langfristig entscheidend verändert werden, während die langfristige Beschaffung der Fremdbezugsteile in den meisten Fällen unkritisch ist. In der *Feinplanung* wird die Reihenfolge der Aufträge festgelegt. Diese wird vom Kapazitätsangebot stärker bestimmt, als von der Bestandssituation, da nicht genutzte Kapazität verfällt, Bestand aber lagerbar ist.

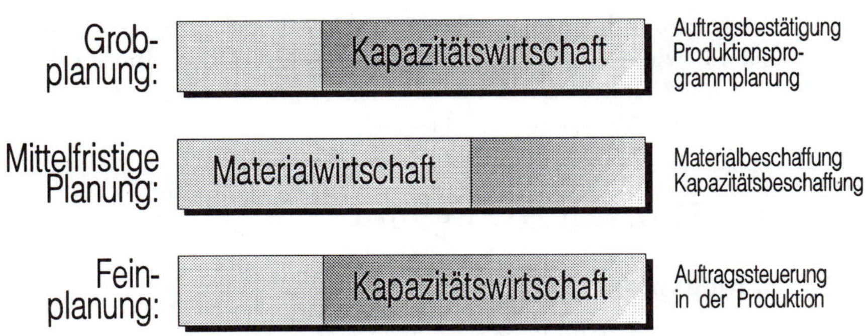

Abbildung 6.1: Die Schwerpunkte der Kapazitätswirtschaft liegen in der Grobplanung und in der Feinplanung.

Im Kapitel 6 werden die Belange der Kapazitätswirtschaft in den Bereichen Grob– und mittelfristige Planung behandelt. Die Feinplanung wird im Kapitel 7 dargelegt.

- Die Kapazitätswirtschaft verwendet statt der Stücklisten Arbeitspläne zur Ermittlung von Bedarfen und Auftragsterminen: in jedem Arbeitsgangsatz steht in Form von Vorgabezeiten, welcher Kapazitätsbedarf auf welchem Arbeitsplatz benötigt wird.

- Natürlich verwendet die Kapazitätswirtschaft auch ein Kapazitätskonto: das Kapazitätsangebot (Zugänge) wird mit den Kapazitätsbedarfen (Abgänge) abgeglichen. Erschwerend gegenüber der Materialwirtschaft kommt aber bei der Betrachtung von Kapazitäten hinzu, daß das Kapazitätsangebot im Gegensatz zum Materialangebot nicht gelagert werden kann.

- Wie bei der Materialwirtschaft gibt es zwei Sichten auf den Auftragsbestand:

  – Die Auftragssicht betrachtet alle Arbeitsgänge eines Auftrags gemeinsam. Diese Sicht dient zur Bedarfsermittlung, Auftragsterminierung und Verfügbarkeitsprüfung.

  – Die Ressourcensicht betrachtet alle Zu– und Abgänge eines Arbeitsplatzes gemeinsam. Aus dieser Betrachtung als Konto können Auftragsreihenfolgen, Unter– und Überdeckungen hergeleitet werden.

Natürlich ist gerade für die Kapazitätswirtschaft die Forderung nach simultaner Planung besonders wichtig: in jeder Phase muß simultan zur Kapazitätsplanung auch die Materialplanung erfolgen. Die beiden Planungen sollten nicht nacheinander, sondern verzahnt ablaufen, da

> die Materialplanung ihre Termine von der Kapazitätsplanung erhält
> und
> die Kapazitätsplanung auf den Bestellmengen und den Verfügbarkeitsterminen der Teile basiert.

Jede Planänderung im Bereich der Materialwirtschaft zieht eine Änderung in der Kapazitätswirtschaft nach sich und umgekehrt. Dieses Buch behandelt die beiden Planungsbereiche aus didaktischen Gründen zwar getrennt, sie sollten aber im PPS–System stets simultan ablaufen.

6.2 Das Kapazitätsangebot

6.2.1 Schichtplan und Leistung

Ein Kapazitätskonto umfaßt die Kapazitätsbedarfe und das Kapazitätsangebot. Das Kapazitätsangebot ist stets einer Ressource zugeordnet. Beispiele für Ressourcen sind

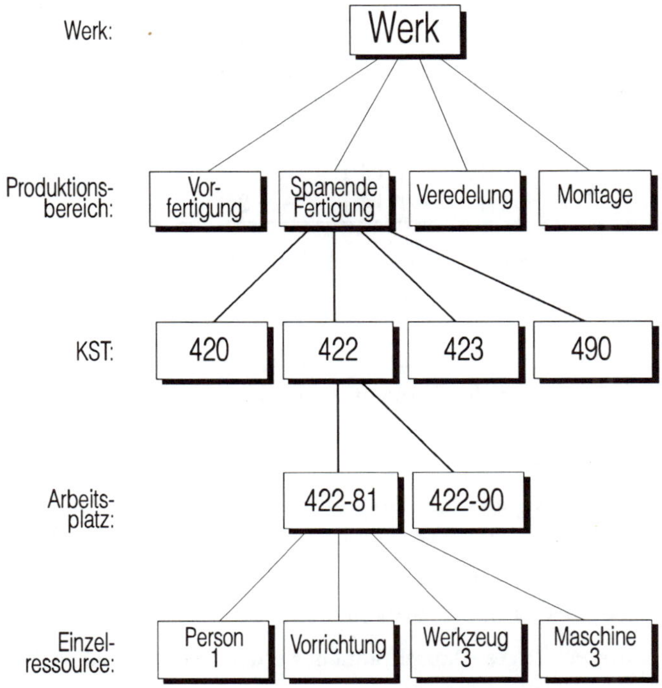

Abbildung 6.2: Die Ressourcen bilden eine Hierarchie: Aus Einzelressourcen werden Arbeitsplätze gebildet, die zu Kostenstellen zusammengefaßt den Produktionsbereichen zugeordnet sind. Mehrere Produktionsbereiche bilden das Werk.

- Werkzeuge
- Personen
- Vorrichtungen
- Einzelmaschinen
- Maschinengruppen, Fertigungszellen
- Transportmittel.

Diese Elementar–Ressourcen werden zweckmäßigerweise zu größeren Einheiten zusammengefaßt, nämlich zu

- Arbeitsplätzen
- Kostenstellen
- Fertigungsstraßen
- Produktionsbereichen.

Jedes Kästchen in Abbildung 6.2 ist eine Ressource und kann ein Kapazitätskonto besitzen. Die Kapazitätszugänge an einem Arbeitsplatz nennt man das Kapazitätsangebot. Das Kapazitätsangebot hängt von zwei Einflußgrößen ab, der Dauer und der Leistung (Intensität).

1.1.	-	8.1.	X	15.1.	X
2.1.	X	9.1.	X	16.1.	X
3.1.	X	10.1.	X	17.1.	X
4.1.	X	11.1.	X	18.1.	X
5.1.	X	12.1.	X	19.1.	X
6.1.	-	13.1.	-	20.1.	-
7.1.	-	14.1.	-	21.1.	-

Abbildung 6.3: Ausschnitt aus einem Fabrikkalender, in dem die arbeitsfreien Tage durch "–"gekennzeichnet sind.

- Die zeitliche Dauer des Kapazitätsangebots wird vom Fabrikkalender bestimmt. Im Fabrikkalender sind die Arbeitstage und die arbeitsfreien Tage aufgeführt (Abb. 6.3).

  Innerhalb der Arbeitstage des Fabrikkalenders bestimmt der Schichtplan die Arbeits– und Pausenzeiten. Der Schichtplan ist dreistufig aufgebaut:

  1- Ganz allgemeingültig werden für das Unternehmen alle überhaupt möglichen Standard–Tages–Pausenpläne in einer Tabelle festgehalten.

  2- Aus diesen Tages–Pausenplänen werden die möglichen Standard–Wochenpläne zusammengesetzt.

  3- Aus den Wochenplänen wird für jeden Arbeitsplatz der Jahresschichtplan kombiniert (Abb. 6.4).

  Aus der Kombination von Fabrikkalender und Schichtplan ergibt sich die Dauer des Kapazitätsangebots je Arbeitsplatz. Für jeden beliebigen Zeitpunkt innerhalb des Planungshorizonts kann bestimmt werden, ob in dieser Minute an dem fraglichen Arbeitsplatz gearbeitet wird.

- Die zweite Einflußgröße auf das Kapazitätsangebot ist die Intensität. So kann ein Arbeitsplatz mit zwei Personen besetzt sein oder zwei Maschinen umfassen. Damit verdoppelt sich das Kapazitätsangebot. Bei Personen ist die Leistung noch genauer spezifizierbar: arbeitet eine Person eine vorgegebene Arbeit statt in 54 Minuten in 40 Minuten ab, so hat sie einen Zeitgrad und damit eine Leistung von 135%. Ihr Kapazitätsangebot ist stets um 35% höher als im Arbeitsplan angenommen. Verteilzeiten vermindern dagegen die Leistung. Der Leistungsgrad ist also eine Mischform aus leistungserhöhenden und leistungsmindernden Einflüssen. Bei Maschinen gibt es nur die leistungsmindernde Komponente, da kein Aggregat mehr leisten kann als die technisch ermittelte Leistung.

Der Fabrikkalender/Schichtplan und die Leistung bestimmen das Normalangebot eines Arbeitsplatzes. Darüberhinaus gibt es für einzelne Zeiträume, also Tage oder Wochen, Zusatzangebote (Überstunden) oder Minderungen (Urlaub). Die Zusatzangebote werden einzeln zusätzlich zum Schichtplan angegeben (Abb. 6.5).

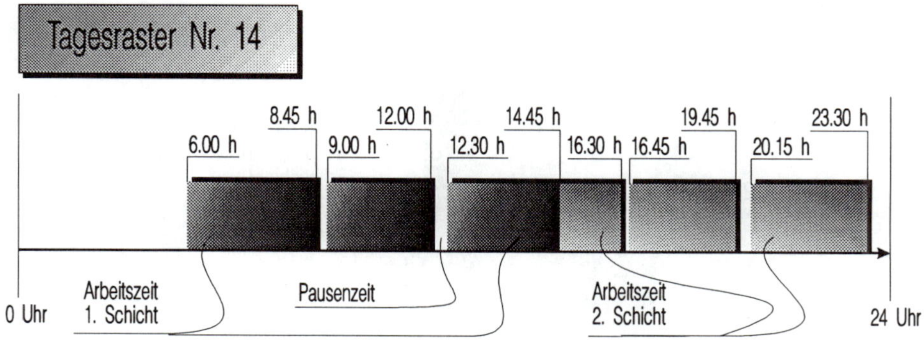

Wochenraster Nr. 41

Wochentag:	Mo	Di	Mi	Do	Fr	Sa	So
Tagesraster#:	14	14	14	14	13	0	0
Arbeitsdauer:	16	16	16	16	8	0	0

Jahresraster Nr. 105

Wochen:	17	18	19	20	21	22	23	24	25	26	27	28	...
Wochenraster#:	41	41	40	40	40	42	41	41	41	41	41	40	...

mehrere Jahre

Abbildung 6.4: Aus den Tagesrastern können beliebige Wochenraster kombiniert werden. Aus den Wochenrastern werden typische Jahresraster zusammengestellt. Zumindest jeder Einzelressource wird ein Jahresraster zugeordnet.

6.2.2 Bestimmung der Arbeitsgangdauer

Einerseits benötigt man das Kapazitätsangebot für den Abgleich des Kapazitätskontos. Außerdem dient aber das Kapazitätsangebot auch zur Ermittlung der Dauer eines Arbeitsgangs. Im Gegensatz zur Materialwirtschaft, bei der ein Materialzugang normalerweise in beliebiger Menge erfolgen kann, ist die Menge des Kapazitätszugangs durch den Schichtplan und die Leistung festgelegt. Auch

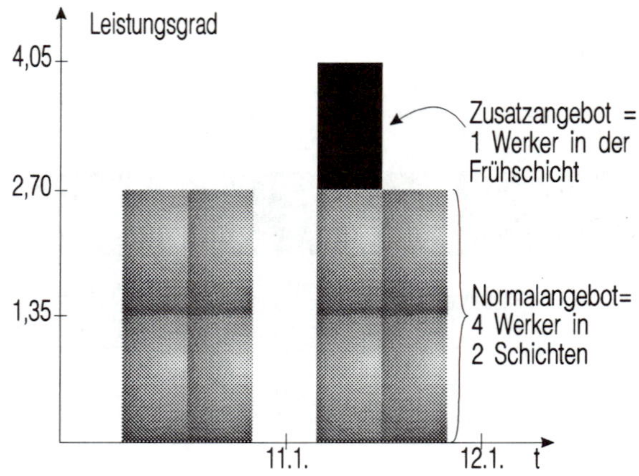

Abbildung 6.5: Leistungsangebot an einem Arbeitsplatz, der normalerweise mit 4 Akkordarbeitern in 2 Schichten besetzt ist und ein Zusatzangebot in der Frühschicht zugeteilt bekam.

wenn nur ein einziger Auftrag im Betrieb gefertigt würde, könnte dieser keineswegs in beliebig kurzer Dauer bearbeitet werden. Vielmehr wird die Mindestdauer eines Arbeitsgangs auch bei ausreichend vorhandener Kapazität durch den Kapazitätszugangsstrom bestimmt. Die Dauer eines Arbeitsganges ist nämlich nicht konstant, also z.B. 16 Stunden, sondern hängt vom Profil des Kapazitätsangebots und vom Zeitpunkt des Bedarfs ab.

Die Mindestdauer eines Arbeitsgangs wird — ohne Berücksichtigung konkurrierender Arbeitsgänge — gemäß Abbildung 6.6 aus dem Kapazitätsangebot abgeleitet:
Unser Arbeitsgang mit einem Kapazitätsbedarf von 16 Stunden dauert

bei einem Kapazitätsangebot von einer Maschine in einer Schicht ab Freitag 12:00 Uhr bis Dienstag 12:00 Uhr also 96 Zeitstunden
oder aber bei gleichem Kapazitätsangebot von Montag ab 8:00 bis Dienstag 16:00, also 32 Zeitstunden
oder bei einem Kapazitätsangebot von zwei Maschinen von Montag 8:00 bis 16:00 und somit 8 Zeitstunden.

Die Dauer differiert in unserem einfachen Beispiel um den Faktor 12; sie kann nicht durch einen Durchschnittswert ersetzt werden. Hier liegt eine große Schwachstelle der Materialwirtschaftsprogramme bei PPS–Systemen der 2. Generation: die Terminierung der Bedarfe erfolgt ohne Berücksichtigung des Angebotsprofils. Die fix vorgegebenen Vorlaufzeiten sind in der Realität völlig falsch und damit alle Termine unbrauchbar. Durch stark überhöhte Vorlaufzeiten in den Stammdaten versuchen die Disponenten auch die ungünstigen Fälle abzufangen. Dadurch erhöhen sich aber in allen anderen Fällen die Durchlaufzeiten und die Lagerbestände, da die Teile und Baugruppen viel zu früh beschafft werden.

An einem Arbeitsgang können nicht beliebig viele Aggregate oder Personen gleichzeitig arbeiten. Dies führt zu einer weiteren, wichtigen Präzisierung. Bei

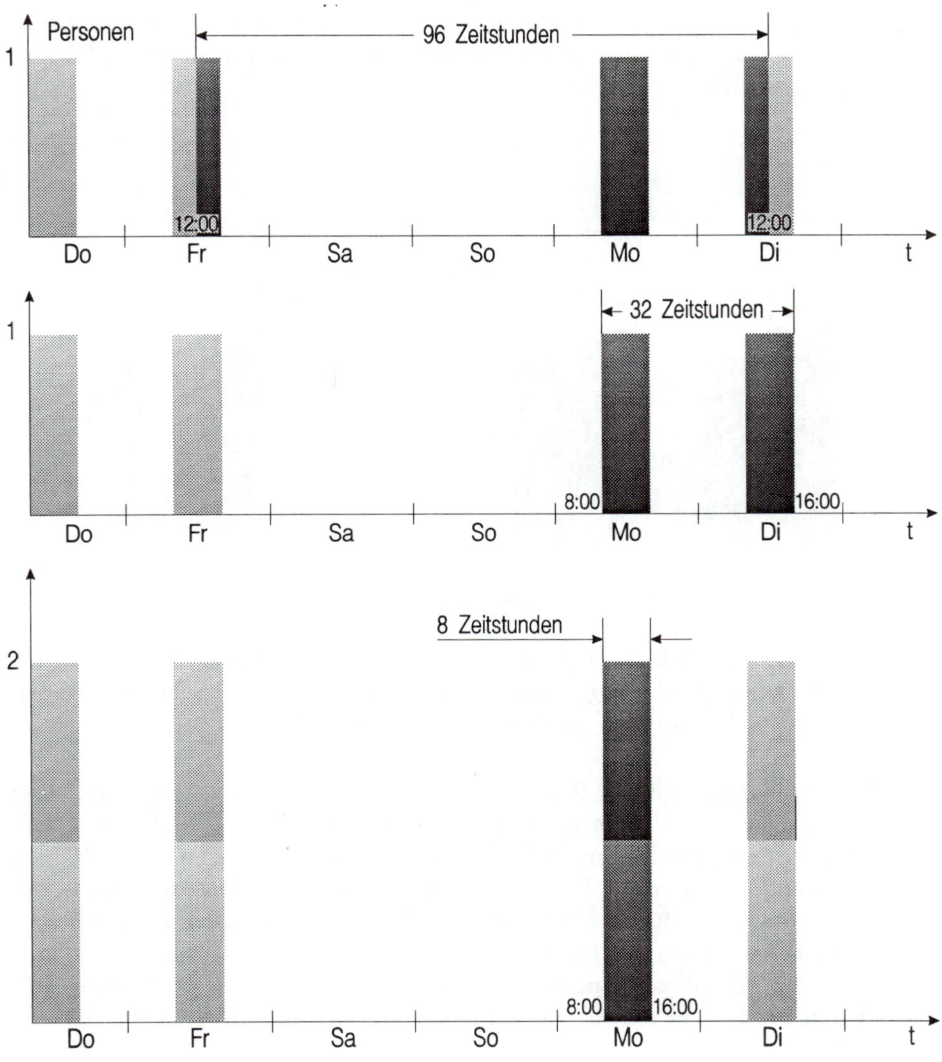

Abbildung 6.6: Drei Beispiele zeigen, daß die Arbeitsgangdauer eines Arbeitsgangs mit 16 Stunden Bedarf ganz extrem schwanken kann.

der Ermittlung der Dauer eines Arbeitsgangs aus dem Kapazitätsangebot gingen wir bisher davon aus, daß jeder Arbeitsgang

- einerseits die gesamte zur Verfügung stehende Leistung eines Arbeitsplatzes nutzen kann und
- andererseits auch mit der geringsten angebotenen Leistung bearbeitet werden kann.

Das entspricht aber nicht immer der Realität. So gibt es Arbeitsgänge, die auf einem mit 4 Personen besetzten Montagearbeitsplatz nur von 2 Personen bearbeitet werden können und andere, die mindestens 3 Personen gleichzeitig zur Montage benötigen. In jedem Arbeitsgang sollte von der Arbeitsvorbereitung festgelegt sein, welche Leistung mindestens und maximal für die Durchführung vorausgesetzt wird.

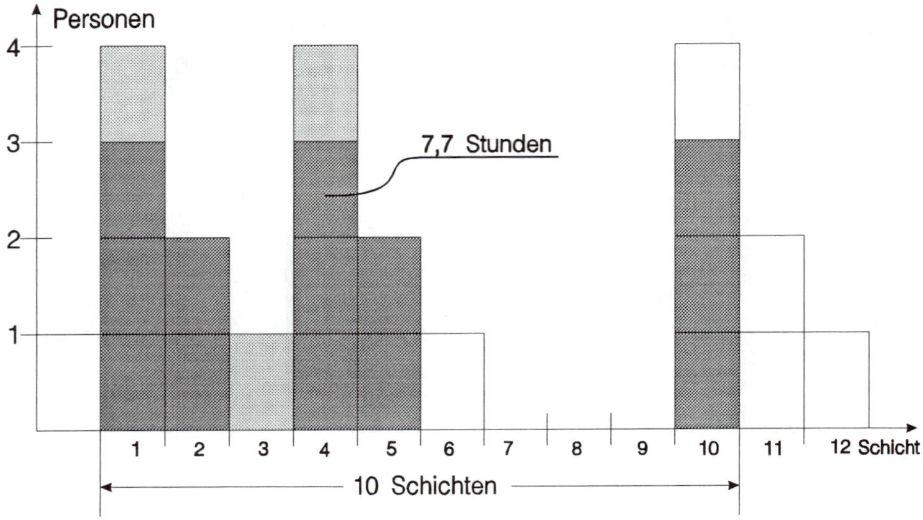

Abbildung 6.7: Ein Arbeitsgang von 100 Stunden Bedarf, den mindestens 2, maximal 3 Personen gleichzeitig bearbeiten können, benötigt 10 Schichten Dauer, wenn je Schicht 7,7 Stunden gearbeitet wird.

Ein Arbeitsgang mit 100 Stunden Bedarf, der mindestens 2, maximal aber 3 Personen benötigt, wird in ein Kapazitätsangebot von 1 bis 4 Personen laut Abbildung 6.7 eingeplant (dunkle Fläche). In der 1. Schicht stehen zwar 4 Werker zur Verfügung, aber nur drei können an dem Auftrag beschäftigt werden. In der 3. Schicht ruht der Auftrag. Die Schichten 7 bis 9 fallen auf einen Feiertag. Erst in der 10. Schicht kann der Auftrag fertiggestellt werden.

Ohne diese Randbedingungen würde er in die 1. bis 5. Schicht eingeplant. Der Auftrag würde in diesem Fall nur halb so lange, also 5 Schichten dauern (graue Fläche).

Bestimmen Sie zur Übung für einen Arbeitsgang mit 21,6 Stunden Kapazitätsbedarf den Starttermin, wenn der Arbeitsplatz das Jahresraster Nr.105 von Abbildung 6.4, die Leistung gemäß Abbildung 6.5 besitzt, und der Auftrag spätestens am Donnerstag der 25. Woche um 20 Uhr fertiggestellt sein soll. Der Arbeitsgang kann von maximal 2 Personen gleichzeitig bearbeitet werden.
Die Lösung lautet: Donnerstag, 11:00 Uhr[1].

Da die Arbeitsgangdauer leicht um den Faktor 20 schwanken kann, ist zu schließen: Während der Bedarfsauflösung und bei der Verfügbarkeitsprüfung muß die Vorlaufzeit mit Hilfe der Kapazitätswirtschaft aus den Arbeitsplänen und unter Berücksichtigung des Kapazitätsangebots errechnet werden. Bei jeder Terminverschiebung kann sich die Vorlaufzeit um ein Vielfaches ändern. Die

[1]Probe: Zwischen 11:00 und 20:00 liegen 8 Std Arbeitszeit. Der normale Leistungsgrad beträgt 2,7 in beiden Schichten. $8Std \cdot 2,7 = 21,6Std$

erforderliche Investition in Programmlaufzeit macht sich bemerkbar in einer erheblichen Reduzierung der Durchlaufzeiten und Lagerbestände.
Die Vorlaufzeit besteht nicht nur aus der Bearbeitungsdauer aller Arbeitsgänge, sondern aus weiteren Bestandteilen, wie Wartezeiten, Liegezeiten, Transport– und Prüfzeiten. Auf Seite 167 werden die restlichen Bestandteile der Vorlaufzeit behandelt.

6.2.3 Ressourcen–Hierarchie

Ein Kapazitätsangebot gibt es nicht nur von heute an in die Zukunft, sondern auch für die Vergangenheit. Für Auswertungen, Statistiken und Simulationen ist manchmal das vergangene Kapazitätsangebot als Vergleichsbasis erforderlich.

Bisher wurde angenommen, daß das Kapazitätsangebot nur auf den unteren Blättern der Hierarchie von Abbildung 6.2, also den Einzelressourcen geplant wird. Das ist bei der Grobplanung unsinnig fein und bei der mittelfristigen Planung viel zu detailliert. Vielmehr findet die Kapazitätsplanung bei der Grobplanung auf den oberen Stufen der Hierarchie, also auf Produktionsbereichen und Kostenstellen statt.

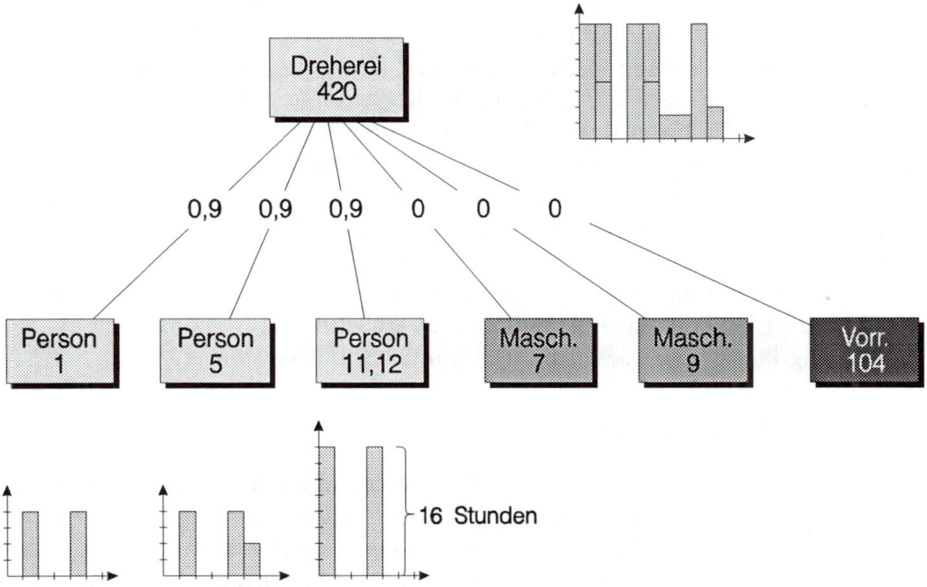

Abbildung 6.8: Das Kapazitätsangebot der übergeordneten Ressourcen kann aus den Kapazitätsangeboten der Elementarressourcen berechnet werden.

Für jede Ressource in der Hierarchie existiert ein Kapazitätsprofil. Die Kostenstelle 420 = Dreherei in Abbildung 6.8 besitzt beispielsweise eine Leistung von 4 Personen und einen Schichtplan mit Dreischichtbetrieb. Dieses Kapazitätsangebot ist eine etwas vergröberte Gesamtsicht aller Einzelressourcen der Dreherei. Für die Kapazitätsplanung auf der Ebene der Dreherei wird der unterschiedliche Leistungsgrad der Einzelpersonen nivelliert.

Das Kapazitätsangebot ist — besonders auf höheren Hierarchieebenen — keineswegs stets gleich hoch. Vielmehr wird die Leistung in der Nacht- und Tagschicht oft differieren. Auch ist der Leistungsgrad keinesfalls in allen Schichten konstant. Das bedeutet, daß es nicht ausreicht, je Arbeitsplatz einen Leistungsgrad anzugeben. Vielmehr muß je Schicht und je Zusatzangebot die Leistung angegeben werden.

Eine für die Konsistenz der Kapazitätsangebote wichtige Erweiterung stellt die **automatische** Ermittlung des Kapazitätsprofils aufgrund der Hierarchie dar: Das Kapazitätsangebot einer Kostenstelle errechnet sich aus dem Angebot der darunterliegenden Elementarressourcen (Abb. 6.8). Da aber eine Kostenstelle aus unterschiedlichen Elementarressourcen wie Personal, Maschinen, Vorrichtungen, NC-Programmen usw. besteht, muß in der Hierarchie je Kante eine Formel hinterlegt sein, die ausdrückt, wie dieser Arbeitsplatz in das Angebot des darüberliegenden Arbeitsplatzes eingeht. So wäre es denkbar, daß sich das Kapazitätsangebot der Dreherei aus dem Angebot aller Mitarbeiter jedoch ohne Maschinen und Vorrichtungen ergibt. Das Mitarbeiterangebot soll beispielsweise um 10% verringert eingehen, da nicht jede Person alle Aufträge ausführen kann und somit manchmal Lücken entstehen werden.

Unterscheiden sich die Kapazitätsprofile der Mitarbeiter zeitlich und leistungsmäßig stark, dann ist auch das Kapazitätsprofil der Dreherei wenig homogen — eine Abbildung als Schichtplan ist schwierig. Die präziseste Lösung besteht in der dynamischen Ermittlung der Kapazitätsprofile übergeordneter Arbeitsplätze aus den Kapazitätsprofilen der Elementarressourcen. Jede Änderung bei einer Elementarressource ist dann auch sofort für die Grob- und Mittelfristplanung verfügbar. Allerdings stehen dem derzeit noch Performanceprobleme entgegen. Als Kompromiß werden in einem Stapellauf nach jeder Änderung die Profile der übergeordneten Arbeitsplätze neu berechnet und abgespeichert.

Wie ändert sich in Abbildung 6.8 das Kapazitätsangebot der Dreherei, wenn die Person 11 in eine andere Abteilung versetzt wird?
Die Lösung lautet: Die 1. Schicht wird um 7,2 Stunden reduziert.

6.2.4 PPS-Realität

Die Mehrzahl der PPS-Systeme arbeitet mit einem stark vereinfachten Kapazitätsangebot. Eine im Arbeitsplatz festgelegte, mittlere Leistung gilt für jeden Fabrikkalendertag. Minder- oder Zusatzleistungen werden über Korrektursätze angegeben. Schicht-, Tages- und Pausenpläne sind unbekannt. Das führt dazu, daß alle Ergebnisse der Kapazitätswirtschaft unzulässig grob ausfallen und damit höchstens für eine Grobplanung taugen.

Ganz wenige PPS-Systeme kennen Arbeitsplatzhierarchien. Nur diese Systeme erlauben es, daß die Grobplanung und die Feinplanung dieselben Arbeitsplätze berücksichtigen, aber auf verschiedenen Ebenen planen. Ungelöst ist derzeit das Laufzeit-Problem der dynamischen Ermittlung des Kapazitätsprofils für übergeordnete Arbeitsplatzgruppen.

Das SAP-Programm führt das Kapazitätsangebot sehr detailliert. Je Arbeitsplatz wird ein Schichtplan mit Zusatz- und Minderleistungen verwaltet.

In einem Batchlauf kann das Arbeitsplatzangebot auf höhere Hierarchiestufen verdichtet werden. Dadurch entfällt die manuelle Korrektur der Kapazitätsangebote auf Produktionsbereichs- und Werksebene, die für die Grobplanung nötig sind.

Beim VPPS-System werden Schichtpläne in beliebiger Genauigkeit entsprechend Abbildung 6.4 eingesetzt. Die Hierarchie der Ressourcen ist zweistufig. Die Schichtpläne werden einer der beiden Stufen zugeordnet. Eine Verdichtung ist nicht vorgesehen.

In beiden Systemen wird die Arbeitsgangsdauer exakt nach dem Schichtplan bestimmt. Bei beiden Systemen kann die Berechnung der Arbeitsgangdauer simultan bei der Bedarfsauflösung der Materialwirtschaft erfolgen. Das bedeutet, daß bei beiden Systemen die Vorlaufzeiten realistisch berechnet und damit gegenüber fest vorgegebenen Vorlaufzeiten drastisch reduziert werden.

6.3 Der Kapazitätsbedarf

6.3.1 Kapazitätsabgänge

Das bislang behandelte Kapazitätsangebot entspricht den Kapazitätszugängen an einem Arbeitsplatz. Die Kapazitätsabgänge heißen Kapazitätsbedarf. Die an einem Arbeitsplatz auszuführenden Arbeitsgänge stellen den Kapazitätsbedarf dar. Für die Kapazitätsbedarfsplanung sind 2 Vorgabezeiten je Arbeitsgang notwendig

- die Rüstzeit tr definiert den auftragsfixen Bedarf,
- die Stückzeit te enthält den mengenproportionalen Bedarf.

Die Formel lautet:

$$\text{Bedarf} \quad = tr + m \cdot te$$

Um die Berechnungen einfach zu halten, wird unterstellt, daß der Kapazitätsbedarf eines Arbeitsgangs zum Arbeitsgangstarttermin in voller Höhe anfällt. Diese Vereinfachung stimmt natürlich nicht ganz.

In Abbildung 6.9 sind 7 Arbeitsgänge aus 7 Werkaufträgen dargestellt, die auf einem Arbeitsplatz gefertigt werden sollen. Beim geplanten Eintreffen eines Auftrags am Arbeitsplatz fällt der Bedarf in voller Höhe an und bleibt dann konstant, bis der Auftrag abgearbeitet ist; die dunkle Treppenkurve zeigt diesen Sachverhalt. In Wirklichkeit soll aber kontinuierlich an den Aufträgen gearbeitet werden; die Gerade stellt die Wirklichkeit exakt dar. Für die Saldierung des Kapazitätskontos ist das Ergebnis beider Kurven bezüglich des Arbeitsbeginns und des Arbeitsendes gleich. Bei periodenbezogenen Auswertungen entstehen hingegen manchmal verwirrende Ergebnisse: Ein Arbeitsplatz mit 38 Stunden Kapazitätsangebot pro Woche erscheint in der Woche 11 233% überlastet, wenn am Montag die Arbeitsfolge 4711/05 mit 22 Stunden und am Donnerstag die Arbeitsfolge 4728/07 mit 66,5 Stunden eingeplant werden (graue Fläche in Abbildung 6.9). Dafür scheint bei periodischer Betrachtung derselbe Arbeitsplatz in den Wochen 12 und 13 völlig unterbelastet zu sein, da der nächste Bedarf erst am Dienstag der 14. Woche kommt.

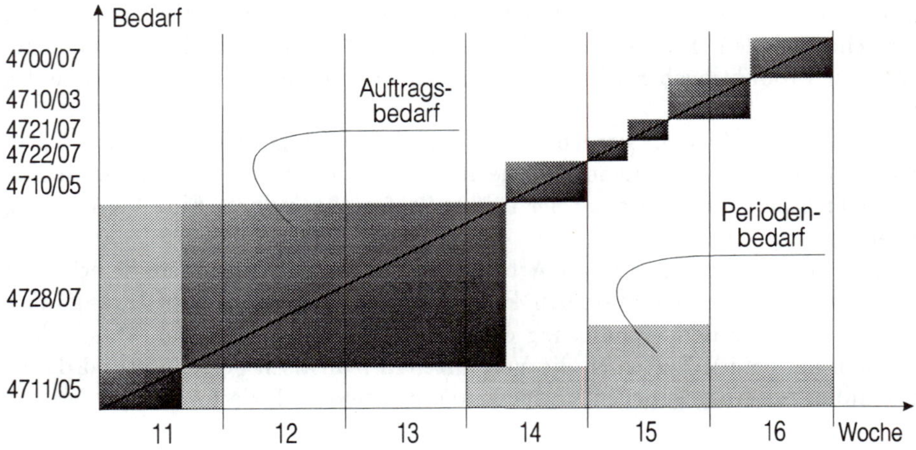

Abbildung 6.9: Die Einplanung von 7 Auftragsbedarfen für einen Arbeitsplatz erfolgt aus Vereinfachungsgründen in Form einer Treppenkurve. Die Gerade zeigt die Realität besser. Eine periodenweise Betrachtung, die hellgrau eingezeichnet ist, verfälscht den Bedarfsverlauf völlig.

Um auch bei periodenbezogenen Auswertungen plausible Ergebnisse zu erzielen, kann man den Bedarf in Teilbedarfe zerlegen: Man stückelt die langlaufenden Arbeitsgänge in Tagesportionen und erhält so eine besser an die Gerade angepasste Treppenkurve. Das Saldierungsergebnis ändert sich dadurch nicht, aber die Anschaulichkeit wird verbessert.

Eine weitere wichtige Anwendung des gestückelten Bedarfs findet man bei der Grobplanung. Auf Seite 113 wurde in Abbildung 5.3 die Stückelung dargestellt.

Auch auf der Bedarfsseite müssen in den oberen Stufen der Hierarchie die darüberliegenden Arbeitsplätze mitversorgt werden. Alle Bedarfe, die auf untergeordneten Arbeitsplätzen bereits existieren, sind auf den übergeordneten Arbeitsplätzen hinzuzunehmen: Ein Bedarf von 20 Stunden am Montageplatz 17 erzeugt natürlich auch einen Bedarf von 20 Stunden für die gesamte Montageabteilung. Wird ein neuer Kundenauftrag im Rahmen der Grobplanung probeweise in die Montageabteilung eingelastet, dann werden auch die 20 Stunden vom Arbeitsplatz 17 mitberücksichtigt.

Störungen, Wartungsarbeiten und ungeplante Aufträge werden in vielen Betrieben als Pauschalbetrag vom Angebot abgezogen: Man vermindert die Leistung oder die Dauer künstlich ein bißchen. Dieses Vorgehen ist aus zweierlei Gesichtspunkten sehr ungenau:

- Zum einen werden dadurch alle Statistiken verfälscht, da sie ja von einem geringeren Kapazitätsangebot als Bezugsgröße ausgehen.
- Zum anderen sind Pauschalangaben ungeeignet zur Planung, Überwachung und Auswertung dieser Brachzeiten.

Plant man dagegen Brachzeiten wie Aufträge als Sonder–Bedarfe ein, so können Wartungsarbeiten in freie Perioden gelegt und die erwarteten Störungen mit den tatsächlichen Störungen verglichen werden.

In der Vergangenheit muß dann stets das gesamte Kapazitätsangebot mit erledigten Kapazitätsbedarfen belegt sein, damit die Summe der Brach– und Ausführungszeiten wieder der zur Verfügung gestellten Kapazität entsprechen. Diese Kontrolle stellt sicher, daß keine Rückmeldung vergessen wurde.

Natürlich ist die Formel Bedarf = $tr + m \cdot te$ nicht allgemeingültig für alle Ressourcen. So gilt beispielsweise für ein Galvanikbad:

$$\text{Bedarf} \quad [\text{Platzbedarf} \cdot \text{Zeit}] \quad = \frac{m \cdot te \cdot \quad \text{Teilevolumen}}{\text{Badvolumen}}$$

Das Bad hat ein Fassungsvermögen von 2 Kubikmetern. Ein Auftrag benötigt dann

$$\begin{aligned} Bedarf &= Auftragsmenge \cdot Galvanisierdauer \cdot \frac{Teilevolumen}{Badvolumen} \\ &= 200\, Stück \cdot 20\, \frac{Minuten}{Stck} \cdot \frac{2\, Liter}{2000\, Liter/Bad} \\ &= 4\, Bad \cdot Minuten \end{aligned}$$

Von der Kapazität von 2000 Stundenlitern belegt dieser Auftrag 6,66%, nämlich 1/3 Stunde lang mit 200 Stück je 2 Liter, also 133,33 Stundenliter. Und 6,66% einer Stunde sind 4 Minuten von der Kapazität des Galvanisierungsbades. Die Dauer der Galvanisierung wird ganz anders berechnet. Das haben wir auf Seite 159 ff bei der *Bestimmung der Arbeitsgangdauer* gesehen.

6.4 Durchlaufterminierung

6.4.1 Durchlaufzeitanteile

Zu jedem Bedarf gehört mindestens ein Termin. Der Bedarfstermin und die Bedarfsdauer werden im Rahmen der Terminierung berechnet.

- Der Bedarf ist ein Wert für den Arbeitsinhalt eines Arbeitsganges.
- Die Dauer legt fest, wie lange der Bedarf zur Abarbeitung braucht,
- Termine ergeben sich aus der Durchlaufzeit.

Bei Arbeitsplätzen mit einer Leistung größer als 1 unterscheiden sich die Werte von Bedarf und Dauer. Ausgangspunkt für die Berechnung der Durchlaufzeitanteile ist stets der Arbeitsgangsatz (Abb. 6.10).

Transportzeit ist die Zeit, die beim Ortswechsel eines Auftrags vom Arbeitsplatz zum nachfolgenden Arbeitsplatz (bzw. vom und zum Lager) anfällt. Das gesamte Unternehmen wird in Standortbezirke eingeteilt. Jeder Arbeitsplatz (und jedes Teil) erhält einen Ortsschlüssel. In einer Transportzeitmatrix (Abb. 6.11) wird die benötigte Transportzeit zwischen allen Standorten festgehalten. Normalerweise genügt eine halb ausgefüllte Matrix, falls sich der Hin– und Rücktransport in der Dauer wenig unterscheiden.

Liegezeit fällt nach der Bearbeitung des Auftrags bis zum Transportbeginn an. Sie enthält Kontrollarbeiten, Abkühlungszeiten, Reifezeiten und das Warten auf den Transport. Eine hohe Wartezeit auf Transport fällt an, wenn

- die Transportkapazität erschöpft ist,
- der Transport nicht in die Planung einbezogen wird oder
- unerwartet viele Terminstörungen beim Transport anfallen.

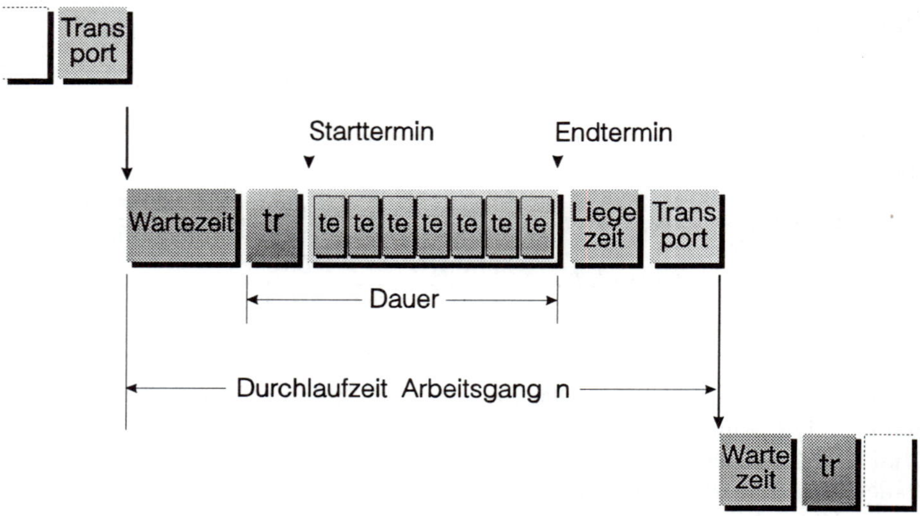

Abbildung 6.10: Die Durchlaufzeit eines Arbeitsgangs setzt sich aus Wartezeit, Rüstzeit, Bearbeitungszeit, Liegezeit und Transportzeit zusammen.

	nach KST					
von KST	422	428	432	437	450	...
422	–	3	2	2	1	..
428	3	–	2	2	3	..
432	2	2	–	4	1	..
437	2	2	4	–	1	..
450	1	3	1	1	–	..
...	..	..	..	..	..	–

Abbildung 6.11: Transportzeitmatrix.

Falls die Wartezeit auf Transport mehr als 1/3 der Bearbeitungszeit beträgt, dann sollte das Transportieren wie ein Arbeitsgang und der Transport als Arbeitsplatz geplant, gesteuert und überwacht werden.

Die technisch erforderliche Liegezeit wird vom Arbeitsplaner im Arbeitsgangsatz festgehalten.

Die häufig verwendete, einfache Formel für die Berechnung der **Bearbeitungszeit** Tb[1]

$$Tb = tr + m \cdot te$$

ist zur Bestimmung der Bearbeitungsdauer ungeeignet. Die Bearbeitungsdauer ermittelt man in 2 Stufen:

- Zuerst wird nach der schon bekannten Formel

$$Bedarf = tr + m \cdot te$$

  der Kapazitätsbedarf errechnet.

- Dieser Bedarf wird dann dem Kapazitätsangebot laut Schichtplan und Leistung gegenübergestellt und ergibt die Bearbeitungsdauer. Auf den Seiten 159 ff und 165 ff wurden diese Rechenschritte behandelt.

Die Bestimmung der **Rüstzeit** tr kann eigentlich erst erfolgen, wenn die Reihenfolge der Aufträge auf einem Arbeitsplatz festgelegt ist. Die Rüstzeit hängt von der Auftragsreihenfolge ab. So ist es weniger zeitaufwendig innerhalb einer Teilefamilie umzurüsten, als beim Wechsel auf eine neue Teilefamilie. Manchmal bestimmt sogar die Rüstzeit die Reihenfolge der Aufträge:

Um Riefen zu vermeiden, walzt man Bleche nur in abnehmenden Breiten,
um Reinigungszeiten zu sparen, färbt man zuerst die hellen, dann die dunklen Farben.

Für die lang- und mittelfristige Planung ist es meistens ausreichend, mit einer mittleren Rüstzeit zu rechnen. Solange noch Kundenaufträge, Zusatzaufträge und Programmänderungen dazukommen, ändert sich die Auftragsreihenfolge ständig. Die exakte Reihenfolge kann erst in der Feinplanung gebildet werden, wenn das Auftragsvolumen feststeht.

Die **Wartezeit** vor dem Arbeitsplatz ist das entscheidende Problem der Terminierung: In der Teilefertigung betragen die Wartezeiten nämlich 80% der Durchlaufzeit[2]. Eine Untersuchung der Universität Hannover ergab sogar, daß in der Serienfertigung je Arbeitsgang 13 Tage Durchlaufzeit und in der Kleinserienfertigung 20 Tage Durchlaufzeit im gewichteten Mittel anfallen[3]. Die IST-Analyse bei einem Maschinenbaubetrieb erbrachte eine Aufteilung der Durchlaufzeitanteile gemäß Abbildung 6.12[2].

Die PPS-Systemhäuser bieten drei völlig verschiedene Alternativen zur Berechnung der Wartezeit an:

[1] Gärtner, Schnizler, Straus: Arbeitsplanerstellung in: PPS-Fachmann, Band 2, Eschborn: RKW, 1987 P5/S. 64

[2] Stommel/Kunz: Untersuchungen über Durchlaufzeiten in Betrieben der metallverarbeitenden Industrie mit Einzel- und Kleinserienfertigung, Opladen 1983.

[3] Fachdokumentation zum IFA-Seminar "Statistisch orientierte Fertigungssteuerung", Hannover 1984.

1. Die einfachste Alternative geht davon aus, daß die Wartezeit für alle Aufträge eines Arbeitsplatzes innerhalb des Planungshorizonts konstant ist. Je Arbeitsplatz wird die mittlere Wartezeit festgehalten.

2. Die zweite Alternative bezieht nur die absolut unvermeidbaren Zeitanteile in die Terminierung ein. Sie berechnet stets Extremfälle ohne Wartezeiten.

3. Die dritte Alternative simuliert in einer Modellrechnung die Abfolge aller Aufträge über alle Arbeitsplätze und erhält dann aus der Simulation die zu erwartende Wartezeit pro Arbeitsgang recht genau.

Für jede Alternative gibt es wissenschaftliche Gründe und betriebswirtschaftliche Strategien. Im Absatz „Terminierungsstrategien“ werde ich näher darauf eingehen.

Den folgenden Ausführungen liegt die am häufigsten eingesetzte Alternative 1 zugrunde, die auf fest vorgegebenen, mittleren Wartezeiten basiert.

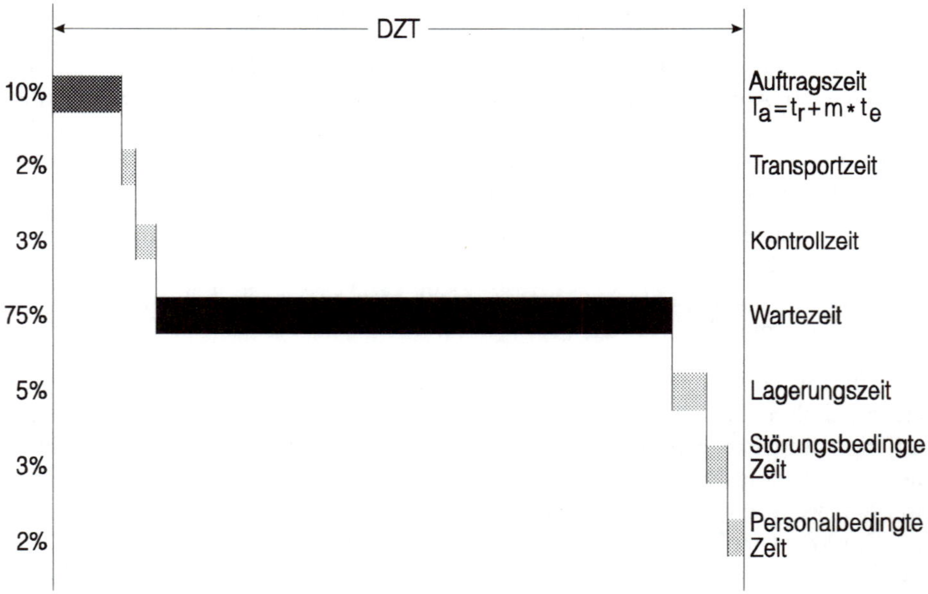

Abbildung 6.12: Aufteilung der Durchlaufzeitanteile in einem Maschinenbauunternehmen.

6.4.2 Rückwärtsterminierung

Die Rückwärtsterminierung (Abb. 6.13) geht vom spätesten Ablieferungstermin des Werkauftrags aus.

> Für den letzten Arbeitsgang wird die Transportzeit zwischen Arbeitsplatz und Lager aus der Transportzeitmatrix geholt. Die Transportzeit wird auf dem Schichtplan des Arbeitsplatzes zur

Gegenwart hin, also rückwärtsschreitend abgetragen. Das Ergebnis ist der Starttermin des Transports.

Die Liegezeit wird auf dem Schichtplan abgetragen. Man erhält den Endtermin des letzten Arbeitsgangs.

Dann wird der Bedarf unter Berücksichtigung der Leistung auf dem Kapazitäts–Angebot abgebildet (siehe Seite 159 ff). Der Starttermin des Arbeitsgangs ist bestimmt.

Die Wartezeit wird auf dem Schichtplan subtrahiert und so der Anlieferungstermin am letzten Arbeitsplatz ermittelt.

Mit diesem Anlieferungstermin wird auf die gleiche Weise der vorletzte Arbeitsgang rückwärts terminiert.

Sind alle Arbeitsgänge rückwärts terminiert, stehen die spätesten Bedarfstermine für die Anlieferung der Komponenten fest.

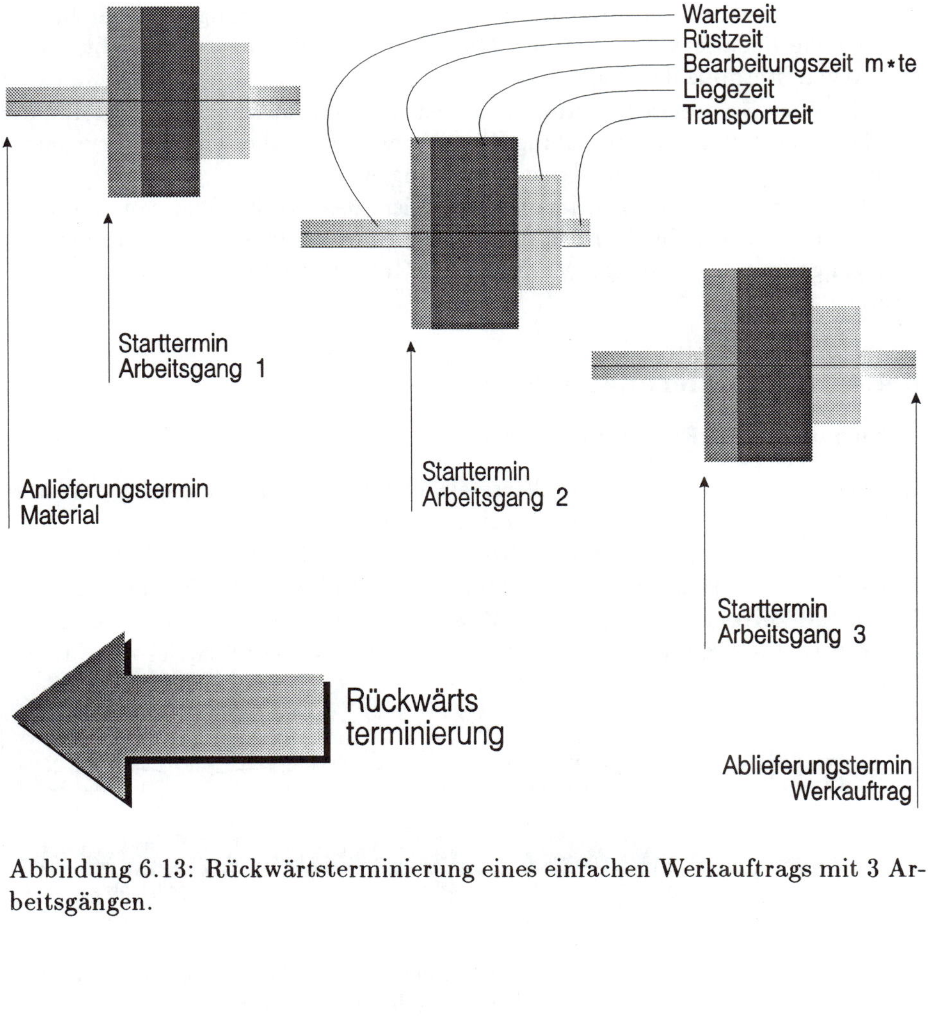

Abbildung 6.13: Rückwärtsterminierung eines einfachen Werkauftrags mit 3 Arbeitsgängen.

6.4.3 Vorwärtsterminierung

Die Vorwärtsterminierung geht von den Verfügbarkeitsterminen der Teile (Komponenten) aus. In Umkehr zur Rückwärtsterminierung wird zuerst

- die Wartezeit, dann
- die Bearbeitungsdauer,
- die Liegezeit und zuletzt
- die Transportzeit

auf dem Schichtplan abgetragen.

Das Terminierungsergebnis der Vorwärtsterminierung ist je Arbeitsgang ein Start– und Endtermin und für den gesamten Werkauftrag ein frühester Ablieferungstermin.

Die **Rückwärtsterminierung** ist die exakte Terminierungsmethode für die analytische Bedarfsauflösung in der Materialwirtschaft: Sie ermittelt die spätesten Bedarfstermine der Teile.

Die **Vorwärtsterminierung** ist die exakte Terminierungsmethode für die synthetische Verfügbarkeitsprüfung: Sie errechnet die frühesten Anlieferungstermine für die geplanten und offenen Bestellungen.

Die **Mittelpunktterminierung** terminiert den Werkauftrag von der Engpaßressource aus in beide Richtungen. Die Start– und Endetermine der Arbeitsgänge und des Auftrags werden auf die Terminsituation am Engpaß ausgerichtet.

6.4.4 Terminierungsstrategien

Alternative 1 = Fixe Wartezeiten

Der geschilderten Methode, die Wartezeit als mittlere, fest vorgegebene Wartezeit einzuplanen, liegt folgende Theorie zugrunde:

Die Wartezeit ist in der Werkstättenfertigung der überragende Anteil an der Auftragsdurchlaufzeit. **Wer die Wartezeiten beherrscht, beherrscht die Durchlaufzeiten.** Das japanische Management erkannte dies zuerst und reagierte darauf mit KANBAN (Abb. 6.14). KANBAN bedeutet soviel wie Karton, Karte, Beleg.

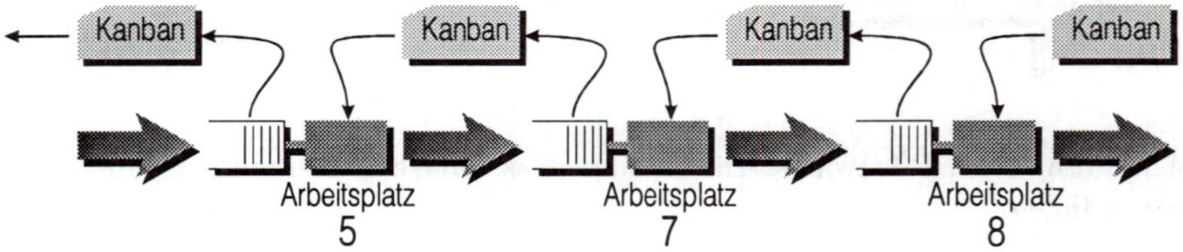

Abbildung 6.14: Das KANBAN– oder Supermarktprinzip verringert die Wartezeiten, indem die Anzahl der anwesenden Teile limitiert wird.

Auf dem KANBAN–Beleg steht die maximale Stückzahl eines Teils, die sich in der Produktion aufhalten darf. Erst wenn die nachfolgende Abteilung genügend vieleTeile abgeholt hat, dürfen neue Teile produziert werden. Koppelt man Vertrieb, Montage, Produktion, Einkauf und Lieferanten über KANBANS zu einer Kette, so können sich in diesem Prozeß nicht mehr Teile befinden, als über KANBANS ausgegeben wurden. Halbiert man die Anzahl der KANBANS, dann halbieren sich auch die Wartezeiten. KANBAN bedeutet, daß nur die Wartezeiten steuernd beeinflußt werden — die Bearbeitungs- und Transportzeiten werden fast ignoriert. Der Erfolg der KANBAN–Methode war umwerfend gut! Leider ließ sich KANBAN nur in wenigen Fällen auf europäische Betriebe übertragen. Der Hauptgrund liegt im Variantenreichtum der europäischen Industrie begründet: Sobald auf einem Arbeitsplatz 100 verschiedene Erzeugnisse gefertigt werden können, liegen auch 100 mal so viele KANBANS vor, die Warteschlange wird 100 mal so lang.

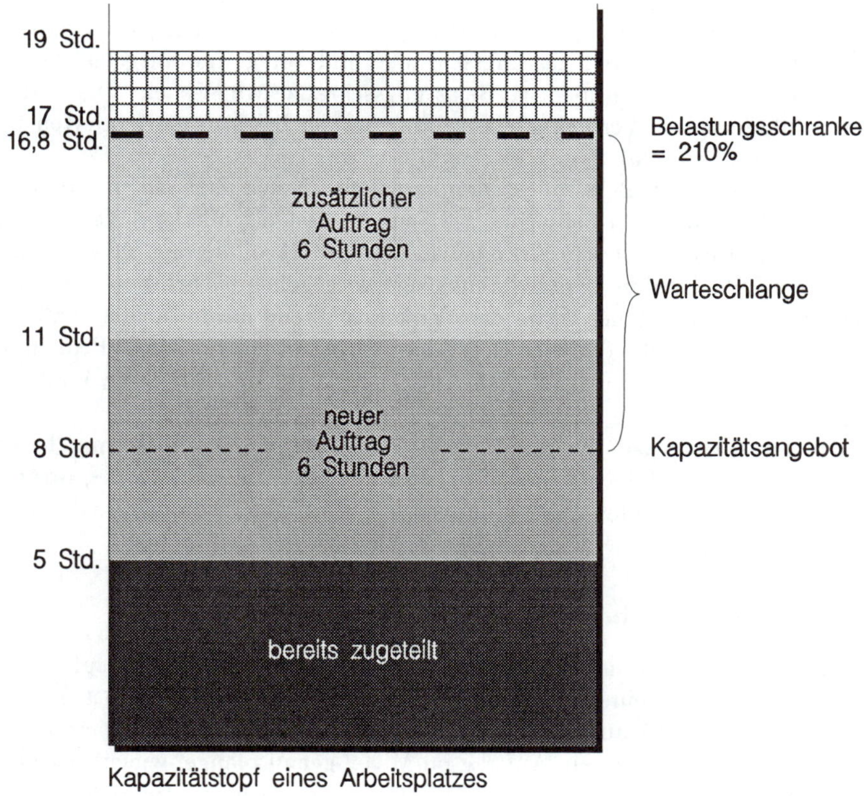

Abbildung 6.15: Die belastungsorientierte Auftragsfreigabe sorgt dafür, daß die Wartezeit vor einem Arbeitsplatz nie das über eine Belastungsschranke vorgegebene Limit überschreitet, aber nach Möglichkeit erreicht.

Professor Wiendahl von der Universität Hannover fand einen entsprechenden

Ansatz für die variantenreiche Fertigung: Die belastungsorientierte Auftragsfreigabe (BOA)[4]. Bei der BOA wird die Warteschlange nicht in Stück, sondern in Arbeitsinhalten gemessen.

Der Arbeitsplatz in Abbildung 6.15 hat ein tägliches Angebot von 8 Stunden. Davon sind 5 Stunden bereits belegt durch zugeteilte, wartende Aufträge. Ein neuer Auftrag von 6 Stunden kann zugeteilt werden, obgleich er das Kapazitätsangebot übersteigt. Das Management legt wie bei KANBAN die Warteschlangenlänge fest, jetzt aber nicht als Stückzahl, sondern als Prozentsatz des Kapazitätsangebots. Eine Belastungsschranke von 210% besagt, daß unserem Arbeitsplatz $2,1 \cdot 8$ Stunden, also 16,8 Stunden Arbeitsinhalt zugeteilt werden dürfen, also eine Warteschlange von $16,8 - 8,0$ Stunden $= 8,8$ Stunden erlaubt ist. Ein weiterer Auftrag von 6 Stunden könnte auch noch zugeteilt werden, ein zusätzlicher von 2 Stunden würde zurückgestellt, da jetzt die Belastungsschranke überschritten ist.

Die Belastungsschranke sorgt dafür, daß die Warteschlangen vor den Arbeitsplätzen möglichst immer die vom Management vorgegebene Länge haben — nicht mehr und nicht weniger. Das Management tut gut daran, vor Engpaßarbeitsplätzen eine höhere Belastungsschranke und vor gering ausgelasteten Arbeitsplätzen eine extrem niedrige Belastungsschranke vorzusehen. Die ausführliche Schilderung der Verfügbarkeitsprüfung bei der belastungsorientierten Freigabe folgt auf Seite 202.

Genau die dieser Belastungsschranke entsprechende Zeit (in unserem Beispiel von Abbildung 6.15 sind das 8,8 Stunden) ist als mittlere Wartezeit für alle Arbeitsgänge an diesem Arbeitsplatz bei der Terminierung zu verwenden. Wählt ein PPS–System in der Planung fest vorgegebene Wartezeiten, dann ist anzuraten, daß die Steuerung in der Werkstatt streng darauf achtet, daß diese Wartezeit auch eingehalten wird. Die Abarbeitung nach dem FIFO–Prinzip und eine Limitierung der freizugebenden Aufträge ist eine unabdingbare Voraussetzung.

Bei der Alternative 1 wird für jeden Arbeitsgang nur ein Termin berechnet. Das bedeutet, daß entweder die Vorwärts- **oder** die Rückwärts–, **oder** die Mittelpunktterminierung angewendet werden kann, aber nie mehrere Terminierungsverfahren gemeinsam.

Alternative 2 = Keine Wartezeiten

Wartezeiten hängen in hohem Maße von der Auslastung eines Arbeitsplatzes ab. Markow hat dies in seinem Warteschlangenmodell bewiesen (Abb. 6.16)[5]:

Bei einem zu 50% ausgelasteten Arbeitsplatz, an dem die Aufträge zufällig verteilt eintreffen, wartet ein Auftrag im Mittel genausolange, wie er bearbeitet wird. Bei 90% Auslastung beträgt die Wartezeit das 9fache der Bearbeitungszeit. Diese Zufälligkeiten und Ungewißheiten umgeht die zweite Alternative von Seite 170, indem sie **keine** Wartezeit je Arbeitsgang vorgibt. Sie rechnet – wie bei der Netzplantechnik – zwei Extremfälle durch:

[4] Wiendahl, H-P.: Belastungorientierte Fertigungssteuerung, München, Wien: Hanser, 1987

[5] Ein Vergleich verschiedener Warteschlangenmodelle ist enthalten in IBM: Analysis of Some Queueing Models in Real Time Systems, IBM–Form–Nr. GF20–0007

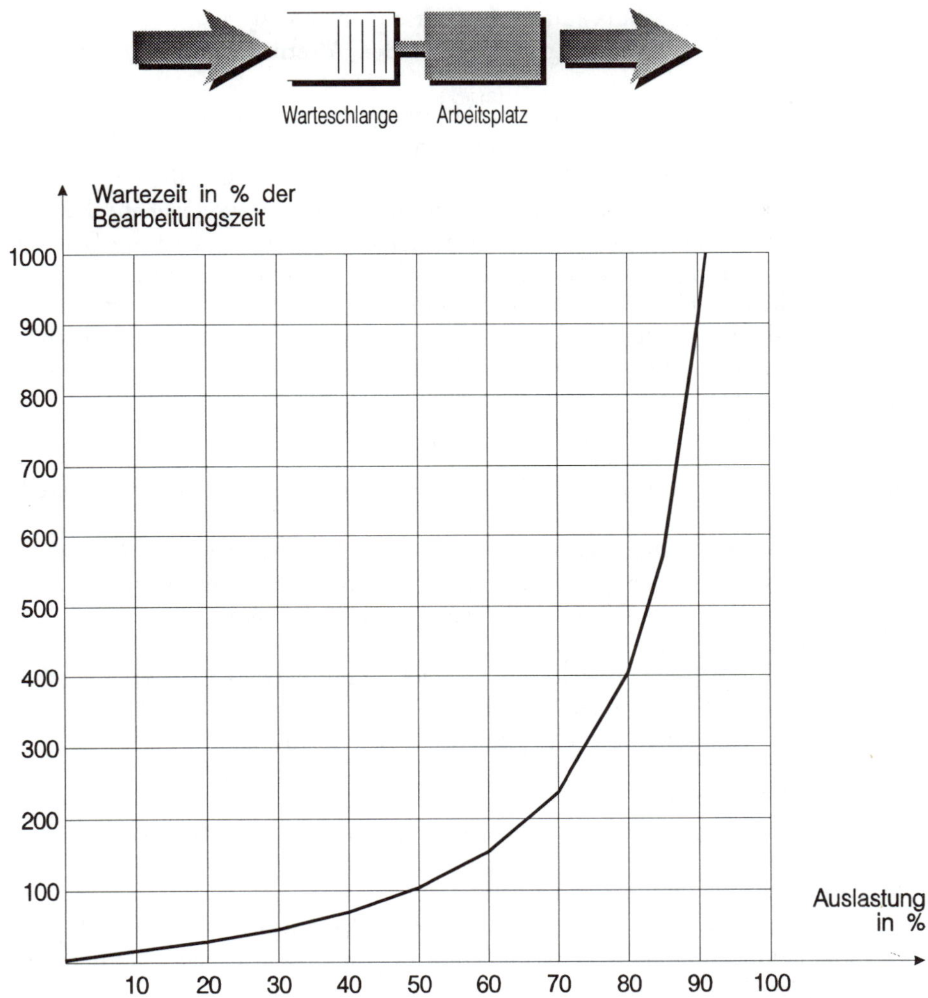

Abbildung 6.16: Ohne straffe Steuerung bildet sich vor einem Arbeitsplatz eine Warteschlange, die bei zunehmender Auslastung überproportional steigt. Markow hat dies mit seinem M:1:1–Modell gezeigt.

Die Rückwärtsterminierung ermittelt die allerspätesten Starttermine ohne Berücksichtigung von Wartezeiten. Jeder Auftrag wird wie ein Eilauftrag terminiert.

Die Vorwärtsterminierung berechnet die allerfrühesten Starttermine, wiederum ohne Wartezeiten.

Zwischen diesen beiden Terminen, dem frühesten und dem spätesten Termin, muß der Auftrag gestartet werden. Die Berechnung der beiden Crash–Termine wird bei der Netzplantechnik mit großem Erfolg eingesetzt.

Vergleicht man in Abbildung 6.17 die beiden Alternativen miteinander, so erkennt man:

- Bei der mittleren Wartezeit von Alternative 1 wird der verfügbare Puffer auf alle Arbeitsgänge eines Werkauftrags verteilt.
- Bei der Netzplantechnik (Alternative 2) wird der Puffer für den gesamten Werkauftrag und nicht für einzelne Arbeitsfolgen vorgegeben; das maximale Vorziehen (auch Vorgriffszeit genannt) gibt an, wieviele Zeit ein Werkauftrag insgesamt in allen Warteschlangen zubringen darf.

Eine mathematische Gegenüberstellung der beiden Alternativen verdeutlicht, wo die Vorteile der Netzplantechnik liegen. Die Wartezeit soll ja die Unsicherheiten in der Anlieferung an den Arbeitsplatz glätten. Diese Sicherheitszeit berechnet sich nach der Formel

$$SZT = k \cdot 1,25 \cdot MADb$$

Das ist die Sicherheitszeit aus der Formel, die wir auf Seite 148 für Einkaufsteile verwendet haben.

Bei jedem der 4 Arbeitsplätze, auf denen die Arbeitsgänge von Abbildung 6.17 bearbeitet werden, sei die gemessene Terminabweichung der Fertigstellungstermine 12 Stunden; nur 5% der Aufträge streuen mehr als 12 Stunden.

- Alternative 1:
  Die erforderliche Sicherheitszeit je Arbeitsgang beträgt bei 95% Lieferbereitschaft und 12 Stunden MADb
  $$SZT = 1,65 \cdot 1,25 \cdot 12 = 24,75 \quad \text{Stunden}$$
  Bei 4 Arbeitsfolgen also
  $$\sum \text{Wartezeit} \quad = 4 \cdot 24,75 \quad \text{Stunden} \quad = \quad 99 \text{ Stunden}$$
- Alternative 2:
  Betrachtet man den Werkauftrag als einen Gesamtprozeß und nicht als 4 voneinander unabhängige Arbeitsfolgen, so ergibt sich eine Terminabweichung von
  $$\sqrt{4} \cdot 12 \quad \text{Stunden} \quad = 24 \quad \text{Stunden}$$
  Die $\sqrt{4}$ rührt daher, daß sich positive und negative Terminabweichungen zwischen den 4 Arbeitsfolgen ausgleichen können[6].
  Die erforderliche Sicherheitszeit beträgt für den Werkauftrag bei gleicher Lieferbereitschaft
  $$SZT = 1,65 \cdot 1,25 \cdot 24 = 49,5 \quad \text{Stunden}$$
  und das ist eine Wartezeitverkürzung um ca. 48 % und eine Verkürzung der Wiederbeschaffungszeit um 1/3 (bei 80% Wartezeitanteil).

Die Alternative 2 (Netzplantechnik) kommt bei gleicher Lieferbereitschaft mit viel kürzeren Wiederbeschaffungszeiten aus. Das rührt daher, daß die Netzplantechnik stets ganze Prozeßketten, statt einzelner Arbeitsfolgen untersucht. Organisatorisch ist die Betrachtung von Prozeßketten statt von Einzelarbeitsgängen anspruchsvoller:

[6] Die Begründung dafür steht auf Seite 145

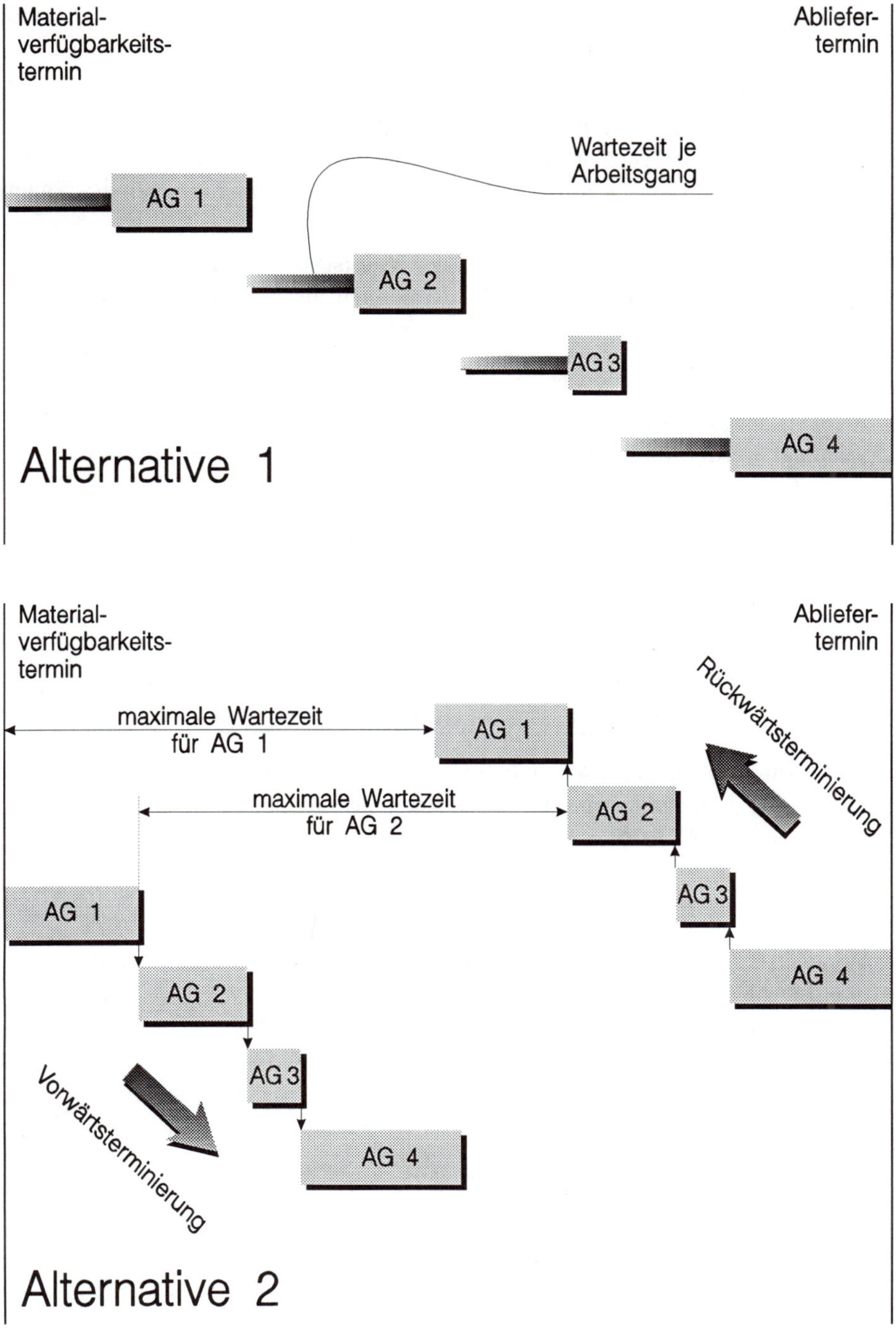

Abbildung 6.17: Bei der Alternative 1 wird je Arbeitsgang eine feste Wartezeit eingeplant. Bei der Alternative 2 ergibt sich die maximale Wartezeit eines Arbeitsgangs aus dem Puffer zwischen Vor- und Rückwärtsterminierung.

> und das ist eine Wartezeitverkürzung um ca. 48 % und eine Verkürzung der Wiederbeschaffungszeit um 1/3 (bei 80% Wartezeitanteil).

Die Alternative 2 (Netzplantechnik) kommt bei gleicher Lieferbereitschaft mit viel kürzeren Wiederbeschaffungszeiten aus. Das rührt daher, daß die Netzplantechnik stets ganze Prozeßketten, statt einzelner Arbeitsfolgen untersucht. Organisatorisch ist die Betrachtung von Prozeßketten statt von Einzelarbeitsgängen anspruchsvoller:

> Die Sachbearbeiter, Disponenten und Werkstattsteuerer müssen bei jeder Änderung an einem Werkauftrag auch die vor- und nachgelagerten Arbeitsfolgen mitberücksichtigen.

Auch die PPS-Programme werden komplizierter:

> Statt eines Termins müssen stets zwei Termine berechnet und gepflegt werden und bei jeder Verschiebung müssen die restlichen Arbeitsfolgen mitverschoben werden.

Und hier noch ein paar Übungen zur Vertiefung des behandelten Stoffs: Gegeben sind für 3 Arbeitsgänge folgende Zeiten in Minuten:

	tr	te	Liegezeit	Transport
AG1	15	3	100	20
AG2	10	1	100	50
AG3	5	4	100	20

Die Arbeitsplätze der 3 Arbeitsgänge sind täglich 8 Stunden mit der Leistung 1,0 verfügbar. Die Belastungsschranke der 3 Arbeitsplätze beträgt 300%; die Auftragsmenge 100 Stück.
a. Berechnen Sie die Wartezeiten gemäß BOA für die drei Arbeitsgänge.
b. Berechnen Sie die Dauer des Auftrags (Durchlaufzeit) in Tagen für die Alternative 1.
c. Wieviele Tage Durchlaufzeit benötigt derselbe Auftrag, wenn nach der Alternative 2 (Abb. 6.17) gerechnet wird?
d. Berechnen Sie den maximalen Puffer (maximale Wartezeit) für den Arbeitsgang 3 bei der Alternative 2, falls der 1. Arbeitsgang 6 Tage vor der Ablieferung des Werkauftrags begonnen werden kann.
Die Lösungen lauten:

a. $960' \; 960' \; 960'$.

b. $960' + 435' + 960' + 260' + 960' + 525' = 8,5$ Tage.

c. $435' + 260' + 525' = 2,5$ Tage.

d. 6 Tage - 2,5 Tage = 3,5 Tage.

Alternative 3 = Simulation der Wartezeiten

Die dritte Alternative von Seite 170 geht noch weiter: Durch eine (stark laufzeitreduzierte) Berechnung sämtlicher Fertigungsmöglichkeiten wird die beste Alternative gefunden und das ist diejenige mit der geringsten Gesamtwartezeit für **alle** Werkaufträge.

Bei $N = 20$ Aufträgen mit je 5 Arbeitsgängen, die auf $M = 5$ Maschinen beliebig gefertigt werden können, ergibt sich die theoretische Zahl von $(N!)^M = 24 \cdot 10^{85}$ Möglichkeiten.[7] Eine sehr leistungsfähige Workstation, die 100.000 Fertigungsalternativen pro Sekunde durchrechnen könnte, bräuchte trotzdem 10^{73} Jahre (eine Zahl mit 73 Nullen!), um die optimale Lösung sicher zu finden.

Es gibt bereits einige mathematische Ansätze, wie man mit nur tausenden von Rechenschritten und damit im Minuten- oder Stundenbereich eine brauchbare Näherung finden kann.

Bei dieser dritten Alternative werden alle Prozeßketten gemeinsam betrachtet. Dadurch kann das maximale Vorziehen noch weiter gesenkt und die Durchlaufzeit drastisch fast bis auf die reine Bearbeitungszeit reduziert werden.
Ein Vergleich der drei Alternativen zeigt,

- daß die Alternative mit vorgegebener Wartezeit organisatorisch und programmtechnisch die einfachste Lösung aber auch diejenige mit den größten Pufferzeiten darstellt,

- daß die Netzplanalternative straffer plant und bei gleicher Sicherheit die Puffer verkleinert,

- daß die Simulation die stärkste Reduzierung der Puffer ermöglicht, falls die Organisation und Rechnerleistung den hohen Ansprüchen genügen können.

  Die erste Alternative gleicht der Vollkostenrechnung, die mit Durchschnittswerten rechnet,
  die Netzplanalternative entspricht dann der Deckungsbeitragsrechnung, die die Kosten in unbedingt notwendige und zusätzlich anzurechnende aufteilt.
  Die Simulation entspräche etwa einer Kalkulation, bei der jeder Auftrag dynamisch geprüft wird, ob er das betriebliche Optimum verbessern würde.

Die Durchlaufzeit ist eine tragende Säule jedes PPS-Systems; daher ist auch die Entscheidung über die gewählte Alternative von großer Auswirkung auf die Zielerfüllung, Strategie und Organisation eines Unternehmens.

6.4.5 PPS-Realität

Nur wenige PPS-Systeme machen einen Unterschied zwischen Kapazitätsbedarf und Dauer eines Arbeitsgangs. SAP verwendet für die Berechnung des Bedarfs individuell vom Anwender zu bestimmende Formeln. Für die Berechnung der Dauer können separate Formeln vorgegeben werden. Für die Grobplanung können Bedarfe gemäß Abbildung 5.3 auf eine vorgegebene Anzahl von Teilbedarfen gestückelt werden. Alle PPS-Systeme enthalten die Rückwärtsterminierung. Beim SAP-System wird primär die Rückwärtsterminierung eingesetzt.

[7] Gutenberg, Erich: Grundlagen der Betriebswirtschaftslehre, Bd.1: Die Produktion, 24.Aufl., Berlin/ Heidelberg: Springer 1983, S.217.

Droht Terminverzug, wird statt der Rückwärtsterminierung die Vorwärtsterminierung oder aber die Mittelpunktterminierung verwendet. VPPS unterstützt sowohl die Rück– wie die Vorwärtsterminierung und legt die errechneten Termine in zwei separaten Terminfeldern ab. SAP verwendet die Warteschlangen–Alternative 1 und bietet auch die BOA dazu an. VPPS enthält die Alternative 2.

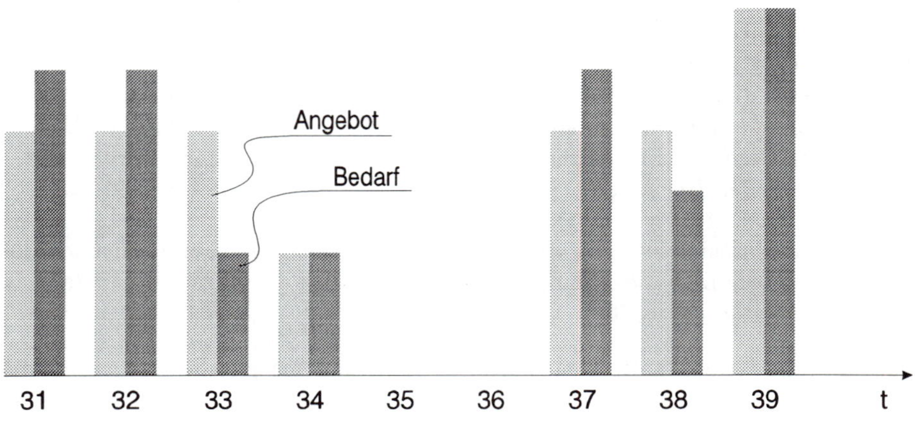

Abbildung 6.18: Gegenüberstellung von Kapazitätsangebot und –bedarf als Säulendiagramm (Kapazitätsgebirge).

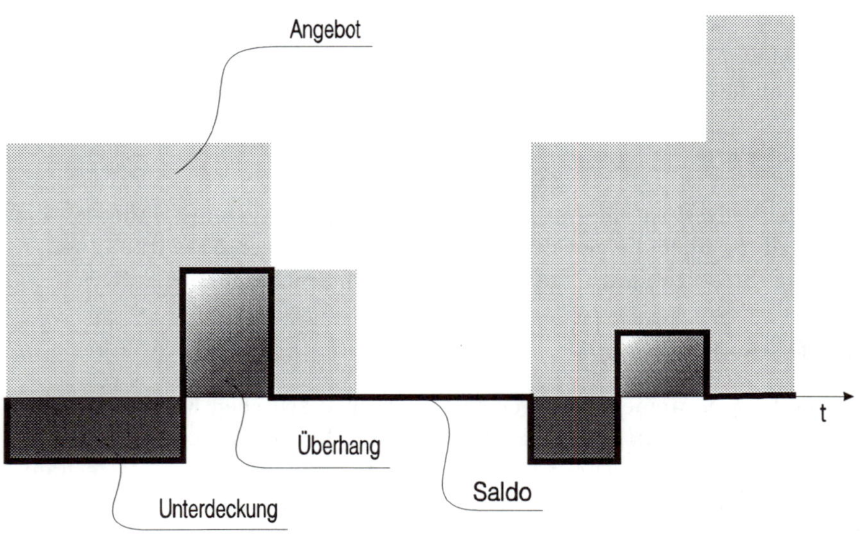

Abbildung 6.19: Darstellung von Kapazitätsüberhang und –unterdeckung.

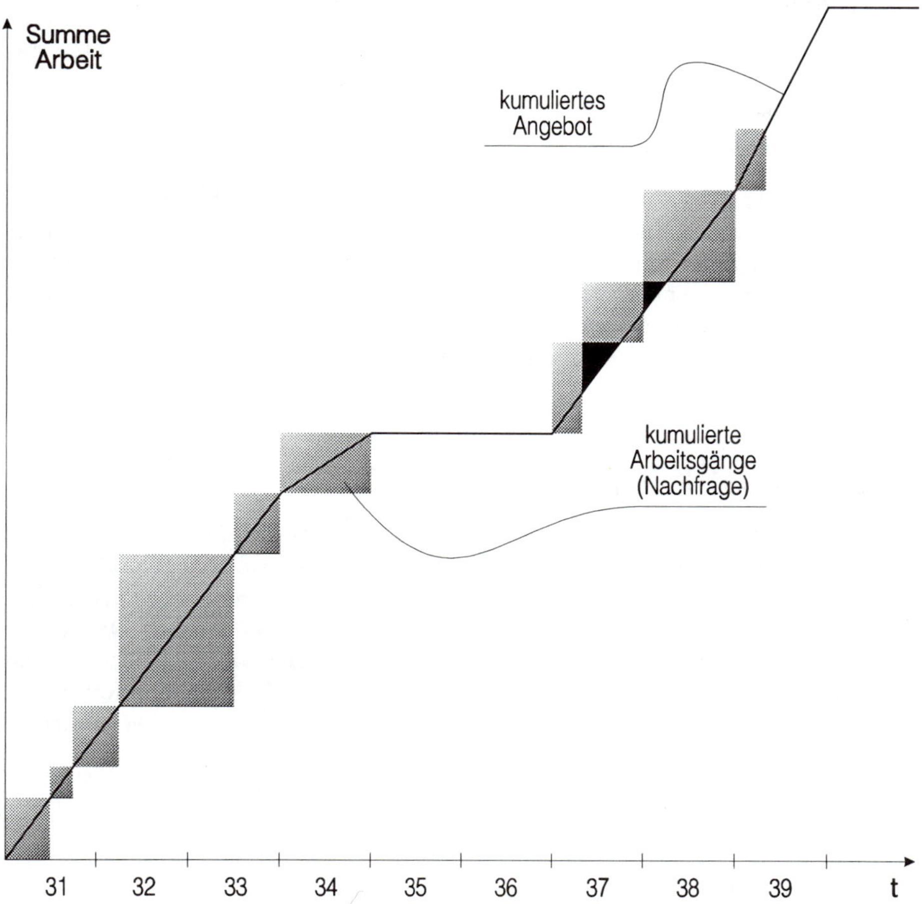

Abbildung 6.20: Das Kapazitäts-Durchlaufdiagramm stellt die kumulierte Nachfrage dem kumulierten Angebot gegenüber. Der schwarz markierte Bereich signalisiert eine Kapazitäts-Unterdeckung.

6.5 Das Kapazitätskonto

6.5.1 Graphische Darstellung

Die Zugänge in Form des Kapazitätsangebots und die Abgänge des Kapazitätsbedarfs können wie bei der Materialwirtschaft einander gegenübergestellt werden. Der Saldo zeigt, ob eine Überlast oder Unterdeckung zu befürchten ist.

Es gibt mindestens 4 Arten, das Kapazitätskonto darzustellen:

- Man kann periodenweise (z.B. tages- oder wochenweise) die Zu- und Abgänge als Balken darstellen (Kapazitätsgebirge) wie Abbildung 6.18 zeigt.
- Die Über- und Unterdeckung je Periode ist besser ablesbar, wenn das Kapazitätsangebot und der Saldo angezeigt werden (Abb. 6.19).

- Ohne verfälschendes Periodenraster kommt die Darstellung mit Durchlaufdiagrammen aus: Die kumulierte Zugangskurve zeigt das Kapazitätsangebot, die kumulierte Abgangskurve den Kapazitätsbedarf. Die Fläche zwischen den beiden Kurven zeigt das Ausmaß und den Zeitraum der Unter- und Überdeckungen an (Abb. 6.20).
- Aussagekräftiger und meist auch beruhigender ist Abbildung 6.21. Sie zeigt nicht nur eine Bedarfskurve gemäß Kundenwunschtermin, sondern auch noch eine zweite Bedarfskurve, wie sich die Situation ohne Wartezeit, also sofort bei Anlieferung der Werkstücke darstellt. Die Anlieferungskurve sollte stets über, die Bedarfskurve gemäß Kundentermin stets unter der Angebotskurve verlaufen, damit die Kapazität stets gut ausgelastet werden kann.

6.5.2 Kapazitätsausgleich

Da der Kapazitätsbedarf direkt von den Kundenaufträgen und dem Fertigungsprogramm abhängt, wäre es ein purer Zufall, wenn bei einem Arbeitsplatz weder Überlast noch Unterdeckung auftreten würden. Überlast bedeutet, daß Aufträge nicht gefertigt werden können, Unterlast verursacht Gemeinkosten. Die Kunst des Disponenten besteht also darin, das Kapazitätskonto auszugleichen. Der Disponent kann zur Vermeidung von Überlast und Unterdeckung eine Reihe von Maßnahmen ergreifen. In der Reihenfolge ihrer Bedeutung in der betrieblichen Praxis sind dies folgende:

1. Angebotsanpassung
2. Ausweicharbeitsplätze
3. Ändern der Auftragsreihenfolge
4. Alternative Fertigungsverfahren
5. Fremdvergabe
6. Mengenänderung der Aufträge
7. Terminänderung der Aufträge

1. Die **Angebotserhöhung** erfolgt in Absprache mit der Produktion. Überstunden, Samstagsarbeit, zusätzliche Schichten, mehr Leistung (= zusätzliche Personen oder Maschinen), und Personalumbesetzungen stehen als Mittel zur Verfügung. In Zeiten fallender Konjunktur kann durch Anordnung von Urlaub, Kurzarbeit und Personalabbau eine **Angebotserniedrigung** erreicht werden. Für das PPS–System ist die Anpassung des Angebots an den Bedarf die gelungenste Lösung, da der Bedarf dann nicht geändert weden muß. Über– und Unterdeckung kann natürlich auch innerhalb ähnlicher Arbeitsplätze durch Bedarfsumlagerung ausgeglichen werden: Die schnellaufende, kostengünstigere Maschine wird entlastet durch Verlagerung einiger Aufträge auf eine langsamere Maschine.

[8] Erdlenbruch, B.: Grundlagen neuer Auftragssteuerungsverfahren für die Werkstattfertigung. Dissertation Universität Hannover 1984.

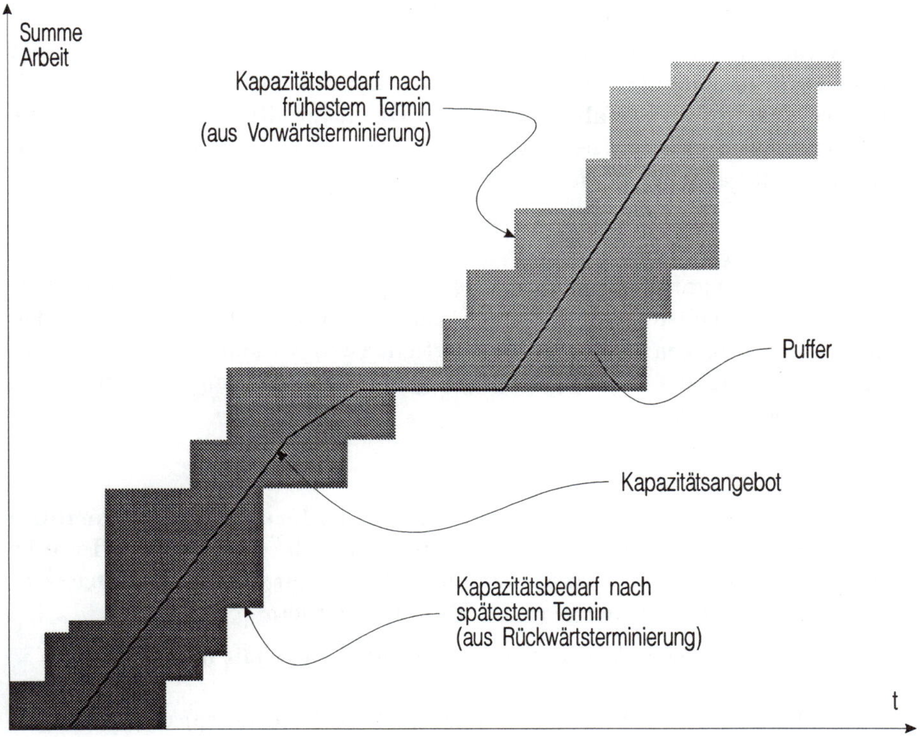

Abbildung 6.21: Liegt der kumulierte Kapazitätsbedarf nach frühestem Anlieferungstermin stets über und der kumulierte Kapazitätsbedarf nach spätestem Termin stets unter der kumulierten Angebotskurve, dann kann das Auftragsvolumen rechtzeitig und ohne leerstehende Kapazität abgewickelt werden. Die graue Fläche ist ein Maß für die Verschiebemöglichkeiten und für die Wartezeit[8].

2. Die Verlagerung auf **Ausweicharbeitsplätze** sollte möglichst spät erfolgen, da erst dann, wenn keine zusätzlichen Aufträge mehr hinzukommen, die kostengünstigste Verteilung aller Aufträge auf die zur Verfügung stehenden Arbeitsplätze möglich ist.

3. Durch eine **Änderung der Auftragsreihenfolge** bei Arbeitsplätzen mit stark von der Auftragsreihenfolge abhängigen Rüstzeiten kann eine Verminderung des Kapazitätsbedarfs erreicht werden. Dafür gibt es Verfahren, die sofort anschließend behandelt werden. Aber auch ohne Rüstzeiteinsparung kann eine Änderung der Auftragsreihenfolge bewirken, daß auf anderen Arbeitsplätzen Überlast oder Unterdeckung ausgeglichen werden. Das natürlich nur, wenn sich die Folgearbeitsgänge der verschobenen Aufträge in der Bearbeitungszeit oder bei den benötigten Arbeitsplätzen unterscheiden. Änderungen in der Auftragsreihenfolge sind sehr schwer auf ihre Auswirkungen abzuschätzen. Nur PPS–Systeme, die im Dialog die Auswirkung einer Änderung auf den Gesamtablauf zeigen, sind als Hilfe für solche manuellen Probeeinlastungen geeignet.

4. Überlastete oder schlecht ausgelastete Arbeitsplätze können gleichmäßiger belegt werden, indem Arbeitsgang–Sequenzen auf andere Arbeitsplätze verlegt werden. Dazu muß die Arbeitsplanung bei der Ermittlung der Arbeitspläne **alternative Fertigungsverfahren** vorsehen. Da oft für alternative Arbeitspläne auch alternative Werkstoffe benötigt werden, müssen auch die Bedarfe der Materialwirtschaft geändert werden.

5. Die **Fremdvergabe** ist eine spezielle Form der alternativen Fertigungsverfahren. Ganze Arbeitsfolgen und zumeist auch die Materialbeschaffung werden an Lieferanten vergeben: Aus dem Eigenfertigungsteil wird ein Fremdbezugsteil. Da die Beschaffungszeit oft stark von der Eigenfertigungszeit abweicht, muß eine neue Terminierung erfolgen.

6. Als allerletzte Mittel bleiben nur noch die **Änderungen der Termine oder Mengen** der Werkaufträge. Da hiervon aber die Mengen und Termine der Primärbedarfe betroffen sind, wird dieses Mittel nur in Notfällen angewendet. Die Änderungen der Mengen oder Termine erfordern

eine besonders enge Verzahnung der Materialwirtschaft mit der Kapazitätswirtschaft,
die Möglichkeit der Planänderung im Dialog (Net Change) und
den Einsatz der analytischen und synthetischen Planung.

Alle 7 Möglichkeiten der manuellen Anpassung sind sehr arbeitsintensiv und auch für das PPS–System laufzeitintensiv, da eine Lawine von Folgewirkungen zu beachten und berechnen ist. Nur mit Echtzeitsystemen kann überhaupt manuell ein befriedigender Kapazitätsausgleich erreicht werden. Besonders kritisch erweist sich, daß Kapazität nicht lagerbar ist: Die Abstimmung muß nicht nur wie beim Material Unterversorgungen vermeiden, sondern sie muß auch ein Überangebot bestmöglich beseitigen, da die nicht genutzte Kapazität die Gemeinkosten erhöht.

Erschwerend ist beim manuellen, wie auch beim maschinellen Kapazitätsausgleich, wenn mit statischen Wartezeiten je Arbeitsgang (Alternative 1) geplant wird. Die Verschiebemöglichkeiten beschränken sich dann auf die fest vorgegebenen Wartezeiten zwischen Werkstückantransport und Arbeitsbeginn. Viel größer werden die Verschiebemöglichkeiten bei der Alternative 2, bei der nach Art der Netzplantechnik die allerfrühesten Anlieferungstermine unter Berücksichtigung aller davorliegenden Arbeitsgänge und die allerspätesten Arbeitsbeginntermine aufgrund der nachfolgenden Arbeitsgänge berechnet werden. Gerade für diese Netzplanalternative gibt es gute Möglichkeiten, den Kapazitätsausgleich durch Terminverschiebungen automatisch zu bewirken. Zwei prinzipielle Möglichkeiten kommen dafür in Frage:

a. Vorziehen bei Überlast
b. Verschieben bei Überlast

Vorziehen bei Überlast

Werden alle Aufträge an einem Arbeitsplatz so spät wie möglich eingeplant, dann ergeben sich Überschneidungen (Abb. 6.22), die durch Vorziehen einzelner Aufträge in Zeiten der Unterdeckung beseitigt werden können (Abb. 6.23). Voraussetzung dafür ist, daß der Arbeitsplatz mittel- und langfristig nicht mit Aufträgen überbelegt ist.

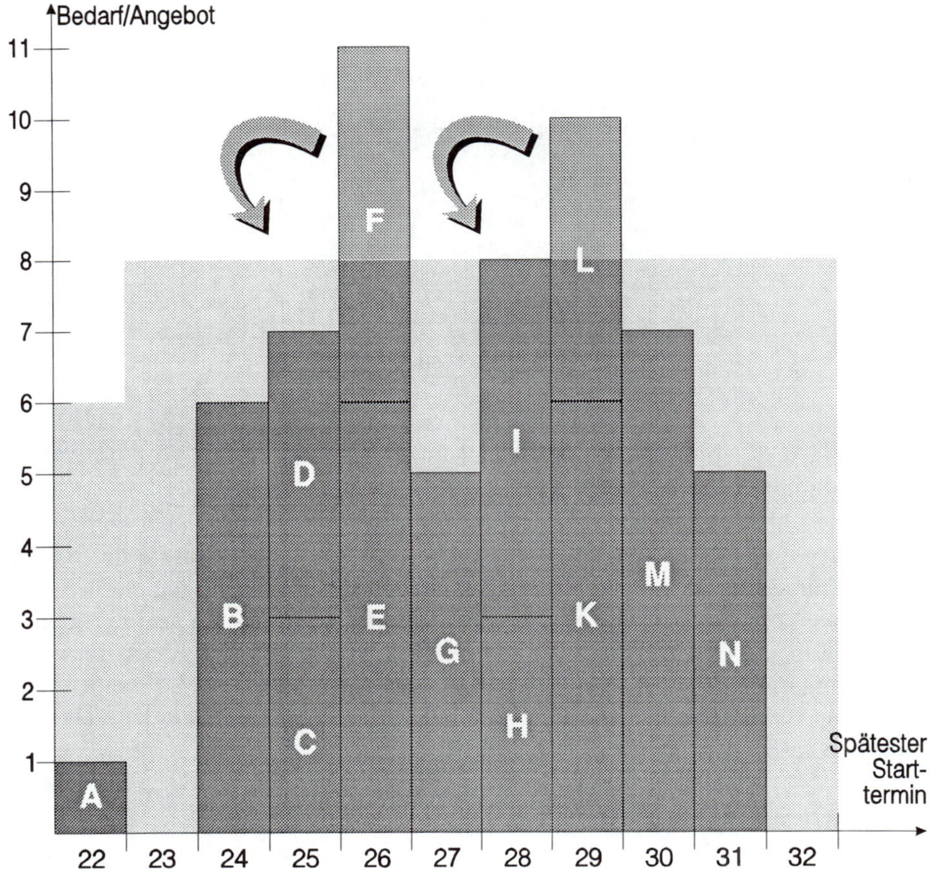

Abbildung 6.22: Die Aufträge werden so spät wie möglich eingeplant und bei Überlast vorgezogen.

Bei Überlast werden jeweils die Arbeitsgänge mit den früheren spätesten Startterminen, also die dringlicheren, in die Gegenwart vorgezogen und zwar so lange, bis das Kapazitätsangebot ausreicht. Im Normalfall bleibt in der Gegenwart ein erklecklicher Überhang beim Kapazitätsangebot. Dieser zeigt auf, wieviel Kapazität im alleräußersten Fall für Eilaufträge zur Verfügung gestellt werden könnte (Abb. 6.24).

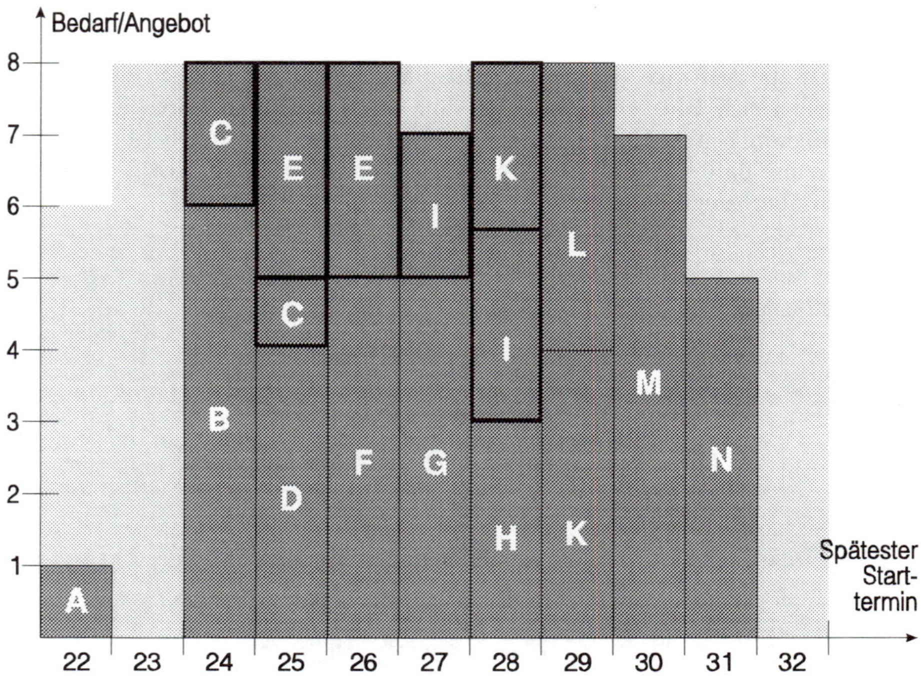

Abbildung 6.23: Nach dem Vorziehen sind die Bedarfsspitzen so nach vorne verlegt, daß die Überlast beseitigt ist.

Die neu errechneten spätesten Starttermine müssen unter Einsatz der Rückwärtsterminierung auf die davorliegenden Arbeitsgänge übertragen werden, da durch das Vorziehen auch die spätesten Bedarfstermine der Vorarbeitsgänge und Teile in die Gegenwart vorgezogen werden. Diese Art des Kapazitätsausgleichs entspricht der Losbildung, bei der ja auch spätere Nettobedarfe in frühere Zeiträume vorgezogen werden, um so Kosten zu sparen und dafür höhere Durchlaufzeiten in Kauf zu nehmen.

Verschieben bei Überlast

Ausgehend von heute werden an einem Arbeitsplatz alle Aufträge so früh wie möglich eingeplant. Die am wenigsten dringlichen Aufträge werden solange in die Zukunft verschoben, bis genügend Kapazität vorhanden ist. Als Dringlichkeitsmaß nehmen wir den spätesten Starttermin, da dieser den Kundenwunschtermin und die Restdurchlaufzeit des Auftrags enthält. Das Rechenschema in Abbildung 6.25 ist einfach:

> Man zieht vom Angebot des ersten Tages solange Bedarfe ab bis ein negativer Saldo entsteht, dann addiert man das nächste Angebot und fährt mit den Bedarfen fort, bis wieder ein negativer Saldo auftritt. Die Angebotstermine werden auf die unmittelbar nachfolgenden Bedarfe als früheste Starttermine übertragen (FT neu). Ein

ST alt	Bedarf	Angebot	Saldo	ST neu	Reserve (Eilauftr.)	Auftr. Nr.
31		8				
31	5		3	31	3	N
30		8				
30	7		1	30	1	M
29		8				
29	4			29		L
29	6		-2	28	-	K
28		8				
28	3			28		H
28	5		-2	27	-	I
27		8				
27	5		1	27	1	G
26		8				
26	5			26		F
26	6		-3	25	-	E
25		8				
25	4			25		D
25	3		-2	24	-	C
24		8				
24	6		0	24	0	B
23		8	8		8	
22		6				
22	1		5	22	5	A

Abbildung 6.24: Rechengang zum Kapazitätsausgleich durch rückwärtsschreitendes Saldieren nach spätestem Termin (ST). Das Angebot von Abbildung 6.22 wird solange mit den Bedarfen saldiert, bis ein positiver Saldo auftritt. Der Saldo der untersten Zeile zeigt die Kapazitätsreserve für Eilaufträge an.

positiver Restsaldo kann nur am Ende der Saldierung entstehen oder aber wenn ein Bedarf nicht so weit vorgezogen werden darf, weil es das maximale Vorziehen (Vorgriffszeit) nicht zuläßt. Dieser Restsaldo zeigt auf, daß zuviel Kapazität angeboten wird: Diese wird verfallen. Abbildung 6.26 zeigt das Ergebnis des Verschiebens bei Überlast grafisch.

Sind für einen Arbeitsplatz alle Bedarfe mit frühesten Terminen versehen, dann müssen diese unter Einsatz der Vorwärtsterminierung auf die nachfolgenden Arbeitsgänge übertragen werden, da der nachfolgende Arbeitsgang technologisch nicht vor dem Bearbeitungsende und der Transportzeit des Vorgängerarbeitsgangs gestartet werden kann. Diese Art des Kapazitätsausgleichs entspricht dem Allotment aus der Materialwirtschaft, wo die Bedarfe aufgrund der Teilezugangstermine so früh wie möglich eingeplant werden.

Tag	ST alt	Bedarf	Angebot	FT neu	Auftr. Nr.
22			6		
	22	1		22	A
	24	6		22	B
23			8		
	25	3		23	C
	25	4		23	D
24			8		
	26	6		24	E
	26	5		24	F
25			8		
	27	5		25	G
26			8		
	28	5		26	I
	28	3		26	H
27			8		
	29	4		27	L
	29	6		27	K
28			8		
	30	7		28	M
29			8		
	31	5		29	N

Abbildung 6.25: Rechengang zum Kapazitätsausgleich bei maximalem Vorziehen. Das Angebot von Abbildung 6.22 wird ausgehend von der Gegenwart bestmöglich mit Bedarfen gefüllt. Dadurch ergeben sich Früheste Termine (FT) für die Bedarfe.

Prioritätsregeln

Der Kapazitätsausgleich durch Vorziehen bei Überlast erzeugt möglichst späte Starttermine, der Kapazitätsausgleich durch Verschieben bei Überlast startet alle Arbeitsgänge so früh wie möglich. Im ersten Fall ist die Durchlaufzeit kurz, im zweiten Fall die Termintreue gesichert. Natürlich kann man bei beiden Methoden des Kapazitätsausgleichs die Einplanungsreihenfolge nach anderen Kriterien wählen. Typische **Prioritätsregeln** sind unter anderem:

- eine externe Priorität
- die kürzeste Operationszeit
- die geringste Fertigungsrestzeit
- die höchste Kapitalbindung
- die geringste Rüstzeit
- die Schlupf- oder Verzugszeit.

Die Prioritätsregeln beeinflußen die Strategie des Unternehmens bezüglich der vier PPS-Ziele entscheidend.

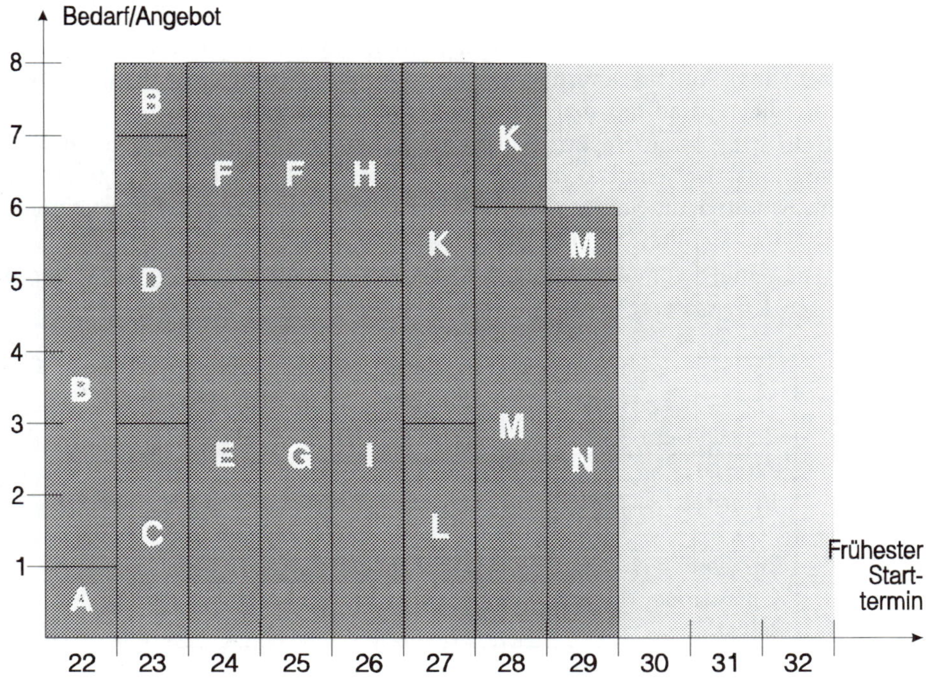

Abbildung 6.26: Werden alle Bedarfe so früh eingeplant, wie Kapazität verfügbar ist, ergeben sich die frühesten Termine.

Die **externe Priorität** wird vom Vertrieb dem Kundenauftrag zugeordnet. Aufträge mit hoher Priorität werden bevorzugt eingelastet. Für Werkaufträge, die in mehrere Kundenaufträge eingehen, wird die höchste Priorität aller davon bedienten Kundenaufträge angesetzt. Da die Prioritätenvergabe recht willkürlich erfolgt, wird sich auch die Zielerfüllung willkürlich verhalten.

Aus dem Pool der Bedarfe wird stets derjenige mit der **kürzesten Operationszeit (KOZ)** — das ist die kürzeste Bearbeitungszeit — ausgewählt, der schon gefertigt werden kann. Es werden schnell viele Aufträge abgearbeitet, die dicken Aufträge werden auf später verschoben. Das schafft Platz in der Fertigung und benachteiligt nur wenige große Aufträge gegenüber vielen kleinen, die alle pünktlich und schnell geliefert werden.

Die Regel der **geringsten Fertigungsrestzeit** erweitert den Betrachtungshorizont von einem Arbeitsgang auf die restlichen Arbeitsgänge eines Auftrags. Diejenigen Aufträge mit der geringsten Summe an Restbearbeitungszeit werden präferiert. Das bewirkt, daß fast fertige Aufträge bevorzugt behandelt werden.

Für eine gute Liquidität sorgt die Regel, die die Aufträge mit der **höchsten Kapitalbindung** vorzieht. So werden die Lager- und Werkstattbestände wertmäßig verringert und hohe Umschlagszahlen erreicht.

Wählt man immer denjenigen Auftrag als Folgeauftrag, der die **geringste Umrüstzeit** erfordert, dann wird ein knappes Kapazitätsangebot besser genutzt. Diese Prioritätsregel verringert zwar den Rüstbedarf, die optimale Rüstreihenfolge kann aber so nicht gefunden werden. Denn dazu müßten alle technisch machbaren Auftragsanordnungen geprüft werden und die günstigste ausgewählt werden — und das macht nur die echte Simulation.

Die **Schlupf- oder Verzugszeitregel** haben wir im vorhergehenden Beispiel angewandt: Derjenige Bedarf mit dem dringlichsten Termin wurde zuerst eingeplant, wodurch die Summe der Puffer und damit die Termintreue maximiert wurde.

Die Aufstellung von Abbildung 6.27 zeigt die tendenzielle Wirkung der 6 behandelten Prioritätsregeln auf die vier PPS-Ziele.[8]

	Lagerbestand	Kapazitätsauslastung	Durchlaufzeit	Termintreue (Puffer)
externe Priorität	– –	– –	– –	o
kürzeste Operationszeit	–	+	+	– –
Fertigungsrestzeit	–	o	+ +	– –
Kapitalbindung	+ +	–	–	–
Rüstzeit	–	+ +	–	– –
Schlupfzeit	o	o	–	+ +

Abbildung 6.27: Die Wahl der Prioritätsregel beeinflußt die Erreichung der 4 PPS-Ziele in unterschiedlicher Weise (– = schädliche, o = neutrale, + = positive Wirkung).

Durch die Wahl einer Prioritätsregel kann eine Unternehmensstrategie ins PPS-System eingepflanzt werden. Nur die externe Priorität läßt sich keiner Unternehmensstrategie zuordnen, da sie keines der 4 PPS-Ziele systematisch verbessert, sondern willkürlich wirkt. Jede Prioritätenregel kann durch den Parameter „maximales Vorziehen" noch feiner auf eine Strategie abgestimmt werden. Das magische Rechteck der Abbildung 4.13 auf Seite 107 zeigt die Wirkungsweise. So kann beispielsweise die Rüstzeitregel durch eine Vergrößerung

[8] In Anlehnung an Wildemann, Horst: Termin- und Kapazitätsplanung, in PPS-Fachmann, Bd. 4, S.1.1.3, Eschborn: RKW 1987, S.45.

des maximalen Vorziehens so richtig zur Wirkung kommen: Alle Aufträge werden sehr frühzeitig eingeplant, Material wird früh bereitgestellt und jetzt kann durch die Bildung rüstgünstiger Auftragsfolgen die Engpaßkapazität extrem gut genutzt werden. Die Termintreue wird sich allerdings in diesem Fall nicht verbessern.

Eine gleichzeitige Berücksichtigung mehrerer Prioritätsregeln ist möglich, aber wenig nützlich. Die Wirksamkeit einer Prioritätsregel wird nämlich durch die Koppelung mit einer anderen Regel geschwächt. Setzt man alle Prioritätsregeln zu einer gemeinsamen Regel zusammen, so ist diese Superregel völlig unwirksam.

Der Kapazitätsausgleich durch

- Vorziehen bei Überlast und
- Verschieben bei Überlast

ermittelt den frühesten und spätesten Starttermin jedes Arbeitsgangs auf einem Arbeitsplatz. Der exakte Fertigungstermin wird nicht berechnet — er liegt irgendwo dazwischen. Der früheste Termin sagt aus, wann der Arbeitsgang frühestens startbereit sein kann, der späteste, wann er allerspätestens begonnen werden muß. Je größer der Abstand der beiden Termine,

- desto länger ist die Durchlaufzeit
- desto größer wird der Lagerbestand sein
- desto besser gelingt der Kapazitätsausgleich und
- desto höher ist die Termintreue.

Zusammenfassend läßt sich sagen, daß die Auslastungsplanung der Kapazität von 3 wesentlichen Parametern abhängt, nämlich

- der Wahl, ob bei Überlast zu verschieben oder vorzuziehen ist,
- der Wahl der Prioritätsregel und
- der Wahl des „maximalen Vorziehens“.

Dispositionsstufen

Bei der Materialwirtschaft wurden für die Reihenfolge der Planung Dispositionsstufen ermittelt. Die Dispositionsstufen legten fest, in welcher Reihenfolge die Teile disponiert werden. In einer Fertigung, die streng nach dem **Flußprinzip** aufgebaut ist, kann man dieses Verfahren auch für die Planungsreihenfolge der Arbeitsplätze einsetzen. Im skizzierten Beispiel von Abbildung 6.28, bei dem die Pfeile die Werkaufträge mit ihren Arbeitsgängen darstellen, haben die Arbeitsplätze die Dispositionsstufen laut Abbildung 6.29.

Die Dispositionsstufe gibt auch hier an, über wieviele Arbeitsstationen der längste Weg im Netz bis zur Fertigstellung der Werkaufträge noch verlaufen kann. In diesem Fall sollten also die spätesten Termine mit Ausgleich durch Vorziehen und Rückwärtsterminierung in der Reihenfolge

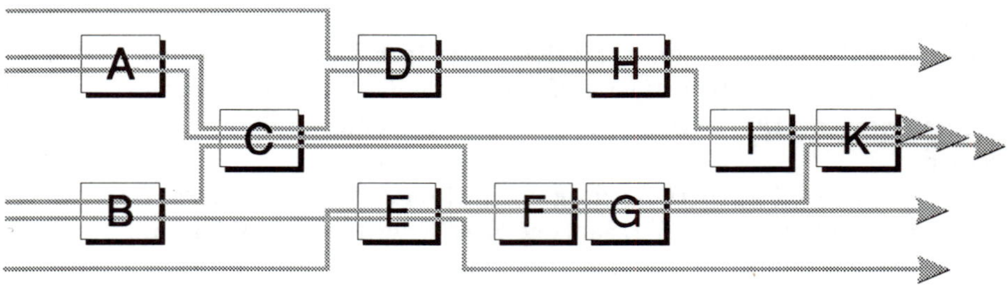

Abbildung 6.28: Beispiel für eine nach dem Flußprinzip aufgebaute Fertigung. Die Pfeile stellen die Aufträge, die Rechtecke die Arbeitsplätze dar.

Arbeitsplatz	Dispostufe
A	6
B	6
C	5
D	4
E	4
F	3
G	2
H	3
I	2
K	1

Abbildung 6.29: Dispositionsstufen der Arbeitsplätze von Abbildung 6.28.

K
I, G
H,F
D,E
C
A,B

geplant werden. Die frühesten Termine mit Ausgleich durch Verschieben und Vorwärtsterminierung in umgekehrter Folge.

Ein großes Problem liegt bei der **Werkstättenfertigung** in der Reihenfolge, in der die Arbeitsplätze geplant werden. Abbildung 6.30 verdeutlicht, daß jede gewählte Reihenfolge der Arbeitsplätze dem Fluß von mindestens einem anderen Fertigungsauftrag widerspricht. Man kann dann nur noch die vorherrschende Flußrichtung auswählen. Die vorherrschende Reihenfolge bei der Rückwärtsterminierung in Abbildung 6.31 lautet C,B,A. Der schwarz dargestellte Auftrag passt nicht in diese Reihenfolge. Zuerst werden bei C mit Ausgleich durch Vorziehen die spätesten Termine für alle 3 Aufträge berechnet. Bei der anschließenden Ausgleichsplanung auf B werden die spätesten Termine berechnet, die leider bei dem schwarzen Auftrag nur in der Hälfte aller Fälle mit den auf C errechneten

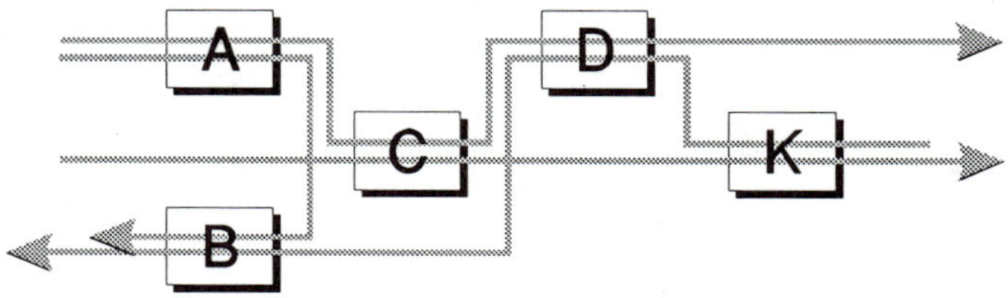

Abbildung 6.30: In diesem Beispiel gibt es keine allgemeingültige Flußrichtung. Vielmehr widersprechen sich die Ablauffolgen der Aufträge gegenseitig.

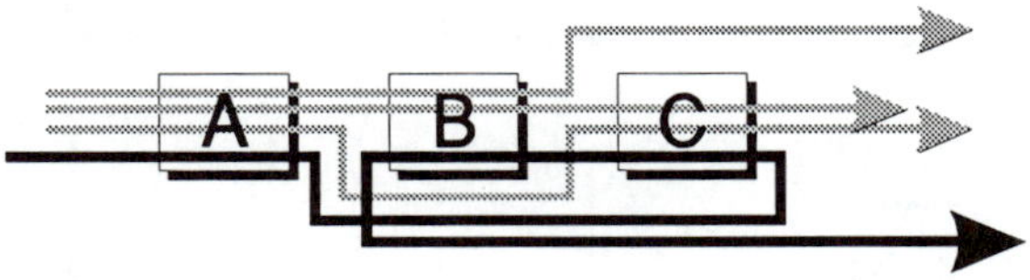

Abbildung 6.31: Die vorherrschende Flußrichtung wird nur von dem schwarz eingezeichneten Auftrag verletzt.

spätesten Terminen harmonisieren. Bei der anschließenden Rückwärtsterminierung wird der Termin des schwarzen Arbeitsgangs auf C wieder verschoben, wodurch manchmal bei C eine neuerliche Überschneidung verursacht wird.

Bei extremer Werkstattfertigung mit stark wechselnden Fertigungsrichtungen hilft nur die simultane Kapazitätsausgleichsplanung aller Arbeitsplätze. Am Beispiel der Ausgleichsplanung durch Verschieben wird die Vorgehensweise erläutert.

Simultanplanung

	#1		#2		#3		#4	
APL	Bedarf	ST	Bedarf	ST	Bedarf	ST	Bedarf	ST
A	4	38	8	37	4	39	8	37
B	8	40	8	38	–		–	
C	–		8	39	8	40	8	38
B	–		–		–		8	39

Abbildung 6.32: Vorgegeben sind die Werkaufträge #1 bis #4 gemäß Abbildung 6.31 mit ihren Bedarfen und spätesten Terminen laut Rückwärtsterminierung (APL = Arbeitsplatz, ST = Spätester Termin).

Gegeben sind in Abbildung 6.32 die Werkaufträge mit Bedarf und spätestem Termin laut Rückwärtsterminierung. Für die Arbeitsplätze A,B und C wird je eine Uhr angelegt. Alle Arbeitsgänge, die terminlich und aufgrund der Simulation einen Arbeitsplatz belegen können, werden eingelastet, indem die Uhr um die Zeit weiter gestellt wird, die der Bedarf laut Angebot (Schichtplan) zur Abarbeitung benötigt. Nach jeder Einplanung wird der Nacharbeitsgang zur Planung freigegeben und die niedrigste Uhr aller Arbeitsplätze gesucht.

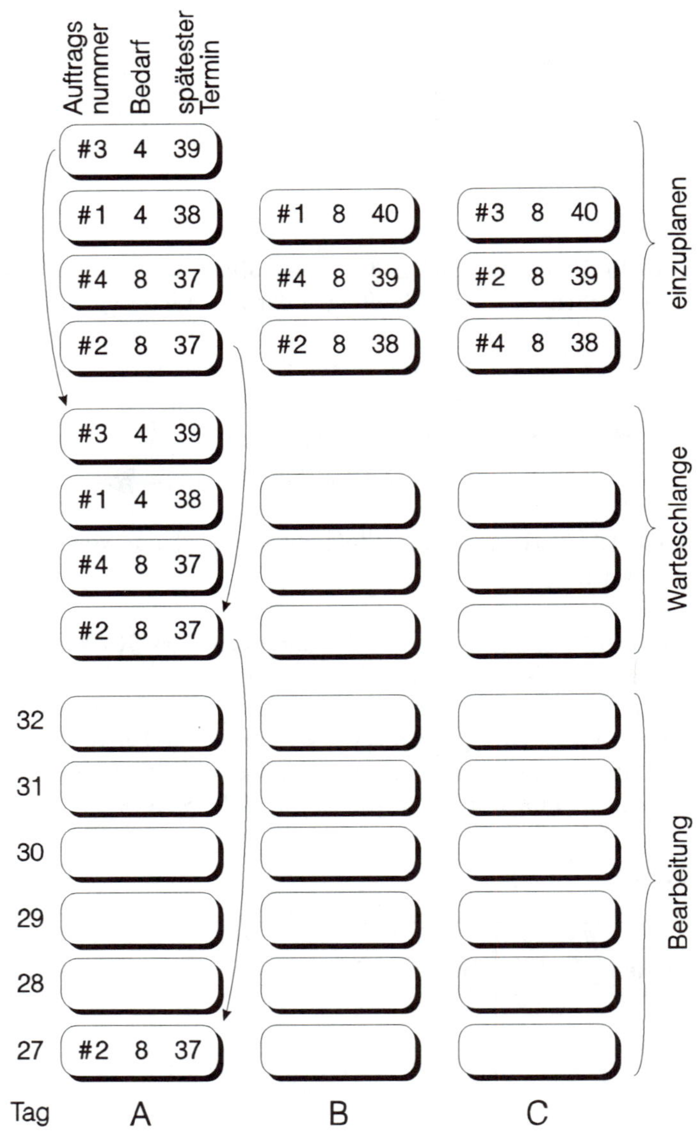

Abbildung 6.33: Spielfeld für eine Simulation der Kapazitätseinplanung der Aufträge von Abbildung 6.31 und 6.32.

Anhand eines kleinen Spielfeldes können Sie das Vorgehen erkennen. Unser Spielfeld sieht aus wie in Abbildung 6.33. Es simuliert die Situation von Abbildung 6.31. Jeder Arbeitsgang soll eine Dauer von 1 Tag haben. Legen Sie auf alle 10 Felder „einzuplanen" je einen Knopf. Die 4 Knöpfe von A können Sie alle auf „Warteschlange" setzen, denn sie sind als erste Arbeitsgänge jetzt einplanungsbereit. Der Knopf von #2 der Warteschlange wird auf Bearbeitung A, Tag

27 versetzt, dadurch kann der Folgearbeitsgang #2 von B in die Warteschlange rücken und sofort weiter nach B aber erst ins zweite Feld, da ja der Arbeitsgang auf A erst am Tag 28 fertig ist. #2 von C rückt in die Warteschlange, kann aber auf C noch nicht eingelastet werden, da B und A noch kleinere Uhrenstände haben. #4 wird auf A eingelastet, #4 rückt bei C in die Warteschlange usw. aufsteigend nach Tagen parallel für alle 3 Arbeitsplätze.
Nach Ende des Spiels ergeben sich die frühesten Termine von Abbildung 6.34.

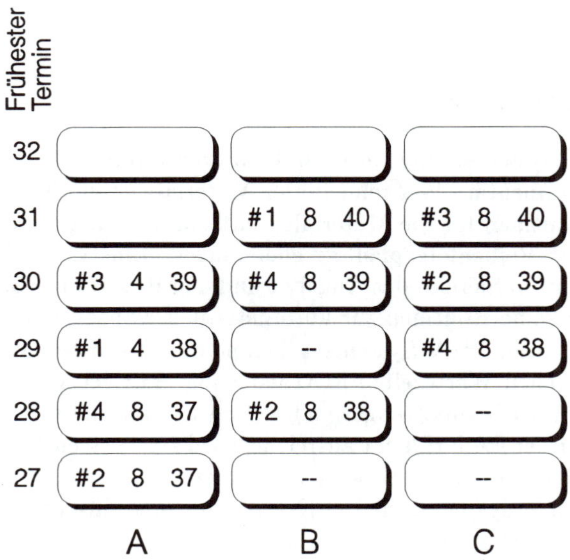

Abbildung 6.34: So sieht das Spielergebnis aus.

Natürlich kann man das Spiel in ähnlicher Form auch für die spätesten Termine im Rahmen des Vorziehens bei Überlast spielen. Dann ergeben sich auf ganz ähnliche Weise die spätesten Termine unter Berücksichtigung divergierender Auftragsflüsse bei einer Werkstattfertigung.

Was Sie an dem kleinen Beispiel erspielt haben, ist nur eine einzige Lösung des Problems. Bei der Simulation werden Hunderttausende von ebenfalls möglichen Einlastungsfällen durchgespielt und der Fall mit der besten Lösung in der Datenbank festgeschrieben. Die beste Lösung ist diejenige, die die vom Management vorgegebenen Zielsetzungen bezüglich

- Durchlaufzeit
- Termintreue
- Kapazitätsauslastung und
- Lagerbestandshöhe am besten trifft.

Eine solche Zielvorgabe könnte beispielsweise lauten:

- Kapazitätsauslastung der Engpaßplätze 97% bis 98%
- Kapazitätsauslastung der restlichen Arbeitsplätze 80% bis 85%
- Lagerbestandshöhe 4 bis 4,5 Mio
- Verhältnis Durchlaufzeit zu Wartezeit $1:2,0$ bis $1:2,2$
- Pufferzeiten maximal

Es würde dann diejenige Lösung gewählt, die die fest vorgegebenen Toleranzen nicht überschreitet und die größten Gesamtpufferzeiten und damit die größte Termintreue verspricht.

6.5.3 PPS–Realität

Die in den PPS–Systemen angebotenen Verfahren erfüllen die aufgezeigten Bedürfnisse nur rudimentär. Während in der Materialwirtschaft recht pfiffige und umfangreiche Routinen für die Materialbedarfsplanung angeboten werden, sind die Verfahren der Reihenfolgeplanung eher mager. Eine große Zahl von PPS–Systemen zeigt nur numerisch das Angebot und den Bedarf als Kapazitätsgebirge an, enthält aber keine Routinen zur automatischen Kapazitätsauslastung.

Fast alle restlichen PPS–Systeme arbeiten mit der Alternative 1, also mit statisch vorgegebenen Wartezeiten je Arbeitsgang. Für den Kapazitätsausgleich wird „Vorziehen bei Überlast“ angewendet. Erst im Notfall, wenn also das Kapazitätsangebot für den Bedarf nicht ausreicht, wird stattdessen (also nicht zusätzlich) das „Verschieben bei Überlast“ angewendet.

Ich kenne einige Systeme, die die Netzplantechnik einsetzen. Keines davon verwendet Dispositionsstufen in der Kapazitätsplanung. Allerdings enthalten manche Systeme die Simultanplanung, die wir mit dem Spiel geübt haben.

Die Mehrzahl dieser PPS–Systeme enthält eine Prioritätsregel. Diese wird häufig aus mehreren Prioritätsregeln gemischt, um divergierende Forderungen zu berücksichtigen.

Am Markt sind die ersten Systeme verfügbar, die durch Simulation eine optimale Strategie einplanen.

6.5.4 Erweiterungen, Ergänzungen, Ausnahmen

Rüstzeitermittlung

Bei der Reihenfolgeplanung mit oder ohne Kapazitätsausgleich spielt bei manchen Arbeitsplätzen mit hohen und stark wechselnden Rüstzeiten die Auftragsreihenfolge eine bestimmende Rolle. In vielen Fällen ist es ausreichend, wenn bei einer gegebenen oder gefundenen Auftragsreihenfolge realistische Rüstzeiten ermittelt werden. Im einfachsten Fall geschieht dies mit Hilfe einer dem Arbeitsplatz zugeordneten Rüstzeitmatrix. Diese ist gegliedert nach einem Rüstfamilienschlüssel, den der Arbeitsplaner in den Arbeitsplänen festhält (Abb. 6.35).

Der Teilefamilienschlüssel klassifiziert beispielsweise Farbe, Temperatur, Toleranz, Spanndurchmesser, Breite oder Gewicht. Während der Reihenfolgeplanung eines Arbeitsplatzes wird die Rüstzeit aus der Tabelle geholt und in den

von / nach	Teilefamilienschlüssel 30	40	50	90
30	0	3	3	4
40	2	0	3	4
50	2	2	0	4
90	2	2	2	2

Abbildung 6.35: Die Rüstzeitmatrix enthält die Rüstzeiten, die bei einem Wechsel der Teilefamilie auf einem Arbeitsplatz anfallen.

Arbeitsgangsatz eingetragen. In manchen Fällen hängt aber die Rüstzeit nicht nur von einem Merkmal, sondern von mehreren Merkmalen gleichzeitig ab, wie z.B.

- Dicke und Breite von Blechen,
- Faserart und Farbe von Stoffen,
- Materialart, Volumen und Temperatur von Teilen.

In solchen Fällen reicht eine einfache Matrix nicht mehr. Hier helfen KI–basierte Systeme (KI = Künstliche Intelligenz), die aufgrund mehrerer Bedingungen die Rüstzeit ermitteln. Entscheidungstabellen sind eine einfache Form solcher Systeme. In KI–Systemen können beliebige Formeln für die Ermittlung der Rüstzeit aufgrund verschiedener Merkmale verwendet werden.

Etwas weiter geht die Forderung nach optimaler Rüstreihenfolge: Durch Simulation aller terminlich möglichen Auftragsreihenfolgen auf dem Arbeitsplatz wird diejenige Folge ermittelt, die ohne Verzug die kürzeste Gesamtrüstdauer beansprucht. Das Zusammenlegen ähnlicher Arbeitsgänge aus verschiedenen Aufträgen wird Raffen genannt. Die Wirkung ähnelt derjenigen der Losbildung.

Die nach Rüstgesichtspunkten gewählte Reihenfolge verfolgt natürlich nur das Ziel der Kapazitätsauslastung und ignoriert die Existenz aller weiteren Ziele.

Gibt es in einem Fertigungsbetrieb nicht nur einen Arbeitsplatz mit der Rüstproblematik, sondern mehrere oder gar viele, so würde die Rüstoptimierung des ersten Arbeitsplatzes diejenige der folgenden Arbeitsplätze stark beeinflußen, vielleicht sogar unmöglich machen. In solchen Fällen hilft nur die gleichzeitige Simulation sämtlicher Aufträge auf sämtlichen Arbeitsplätzen. Auf Seite 179 wurde schon auf das Laufzeitproblem dieser Lösung hingewiesen. Eine Rüstzeitenmatrix ist bei PPS-Systemen Stand der Technik, Rüstzeitoptimierung wird nur durch Spezialprogramme abgedeckt.

Kapazitätsgruppen

Solange es sich bei der Kapazitätsplanung um Einzelarbeitsplätze handelt, ist die geschilderte Methode problemlos. Bei unseren bisherigen Modellrechnungen sind wir davon ausgegangen, daß stets die gesamte Leistung eines Arbeitsplatzes einem Auftrag zugeteilt wird. Bei Arbeitsplatzgruppen können auch mehrere Personen oder Maschinen gleichzeitig an mehreren Auftägen arbeiten. Abbildung 6.36 zeigt, daß daraus ein Fehler bei der Bestimmung der Starttermine entstehen kann.

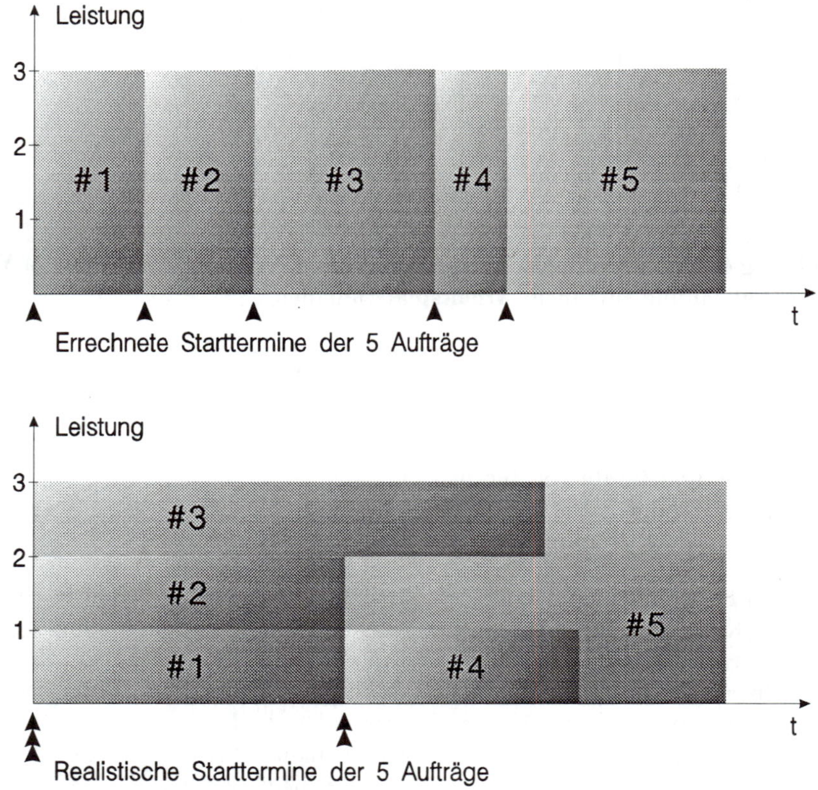

Abbildung 6.36: Bei einem Kapazitätsangebot von 3 gleichartigen Maschinen an einem Arbeitsplatz errechnet die einfache Auslastungsplanung zu späte Starttermine (oben). Verwendet man stattdessen 3 separate Arbeitsplätze für die Berechnung, wird das Ergebnis realistisch (unten).

Falls die Termindifferenzen bedeutsam sind, muß je Leistungseinheit einer Gruppe gesondert saldiert werden bzw. bei unserem Spiel eine eigene Uhr geführt werden. Das bedeutet nicht, daß auch die Einzelperson bzw. Einzelmaschine namentlich bestimmt sein müssen.

Noch komplizierter werden die Algorithmen, wenn auf einer Arbeitsplatzgruppe eine Mischung von Auftragsarten eingeplant werden muß. Solche Fälle kommen bei flexiblen Fertigungsinseln, in der Verfahrenstechnik und in der Montage vor. Dort muß für eine günstige Auslastung eine Mixtur von zueinander ergänzenden Aufträgen gefertigt werden. Durch eine Erweiterung der Prioritätsregeln werden anstehende Aufträge zurückgestellt, wenn sie nicht zum derzeitigen Auftragsmix passen.

Die exakte Planung von Kapazitätsgruppen ist noch Neuland. Sie scheitert oft an der erforderlichen, extremen Laufzeit. Außerdem ist die Verbesserung der Terminaussagen meistens recht unbedeutend — zumindest im mittel- und langfristigen Horizont.

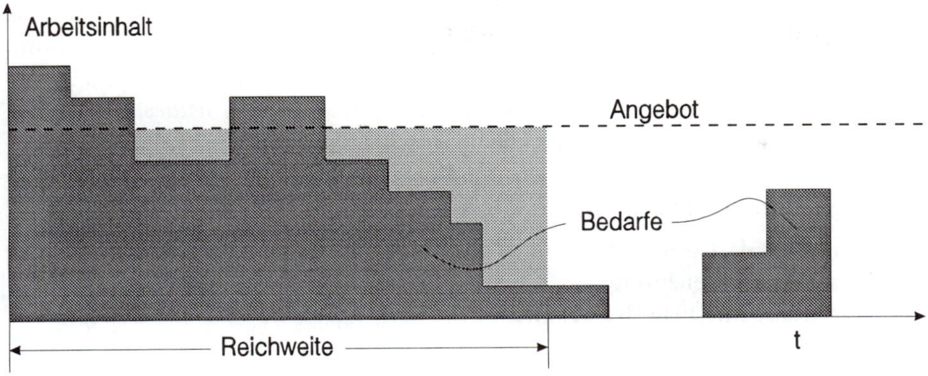

Abbildung 6.37: Schiebt man die Bedarfe lückenlos nach links, daß sie die Angebotsfläche füllen, dann erhält man die mittlere Reichweite.

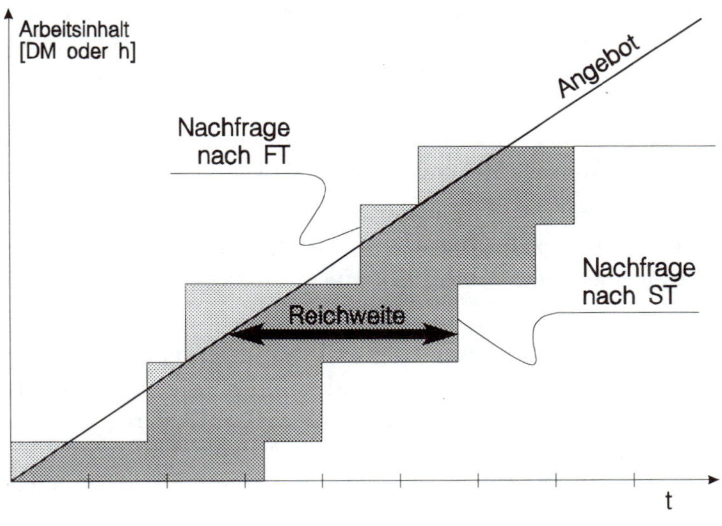

Abbildung 6.38: Die exakte Reichweite ist der waagrechte Abstand von der Nachfrage nach spätestem Termin (ST) und dem Angebot .

Reichweite

Eine besondere Form des Kapazitätskontos wird für die Ermittlung der Reichweite eingesetzt. Die Bedarfe werden ohne Berücksichtigung der Termine lückenlos in das Kapazitätsangebot eingeplant. Der Termin, an dem dann wieder Kapazität zur Verfügung steht, markiert die Reichweite der Bedarfe auf diesem Arbeitsplatz. Die Reichweite ist also eine Maßzahl für das Kapazitätspolster vor einem Arbeitsplatz (Abb. 6.37).

Will man nicht nur eine pauschale Aussage in Bezug auf das Kapazitätspolster, sondern detaillierte Informationen über die Reichweiten für den gesamten

Planungshorizont, so eignet sich dafür das Durchlaufdiagramm. Trägt man das kumulierte Kapazitätsangebot und die kumulierte Nachfrage nach spätestem Starttermin auf, so ist der waagrechte Abstand zwischen Nachfrage und Angebot die jeweilige Reichweite (Abb. 6.38). Ist der Bedarf nach frühestem Termin kleiner als das Angebot, so verfällt die dazwischen liegende Fläche des Angebots. Die Reichweite liegt dann zwischen der Nachfrage nach frühestem Termin und spätestem Termin. Für die Reichweite können statistische Informationen, wie

- maximale Reichweite
- minimale Reichweite
- durchschnittliche Reichweite
- Streuung der Reichweite

ausgegeben werden.

6.6 Verfügbarkeitsprüfung

Bei der Alternative 1, dem Kapazitätsplanungsverfahren mit statischer Wartezeit, wird ein einziger Termin je Arbeitsgang verwendet. Im Normalfall ist dies der späteste Starttermin aus der Rückwärtsterminierung. Falls dieser Termin verschoben werden soll oder gar muß, fehlt die Aussage, die der früheste Termin bei der Netzplanung gibt, wann nämlich der Arbeitsgang frühestens begonnen werden könnte. Terminverschiebungen sind erforderlich, wenn

- Aufträge aufgrund von Kundenwünschen vorgezogen werden sollen,
- ein manueller Kapazitätsausgleich gemacht werden muß,
- Aussagen über die Pünktlichkeit eines Auftrags garantiert werden müssen.

Für einen ausgewählten Werkauftrag sowie für jeden geplanten Auftrag, kann auch bei der Alternative 1 eine Verfügbarkeitsprüfung gemacht werden. Das Ergebnis wird grafisch dargestellt. Für den einzelnen Auftrag ist diese Grafik aussagekräftiger als die beiden Termine bei der Netzplanmethode.

Bei der Verfügbarkeitsprüfung eines Auftrags wird für jeden Arbeitsplatz, den der Auftrag durchläuft, und für jeden Tag geprüft, ob

– auch mit dem Auftrag noch Kapazität frei ist,
o ohne den Auftrag noch Kapazität frei wäre, mit dem Auftrag aber das Angebot schon etwas überschritten wird,
\+ der Arbeitsplatz auch ohne den Auftrag schon überlastet ist oder
x der Arbeitsplatz auch ohne den Auftrag schon gewaltig überlastet ist.

Das Limit zwischen Überlastung und gewaltiger Überlastung kann der Anwender bestimmen.

Abbildung 6.39 zeigt das Ergebnis dieser Prüfung für 3 Arbeitsgänge eines Werkauftrags. Die Starttermine der einzelnen Arbeitsgänge sind eingerahmt. Diese Grafik ist schwierig abzulesen, da die Starttermine gestaffelt sind. Übersichtlicher wird die Abbildung, wenn man einfach alle Starttermine übereinanderschiebt (Abb. 6.40). Jetzt ist deutlich zu erkennen, daß alle Arbeitsgänge

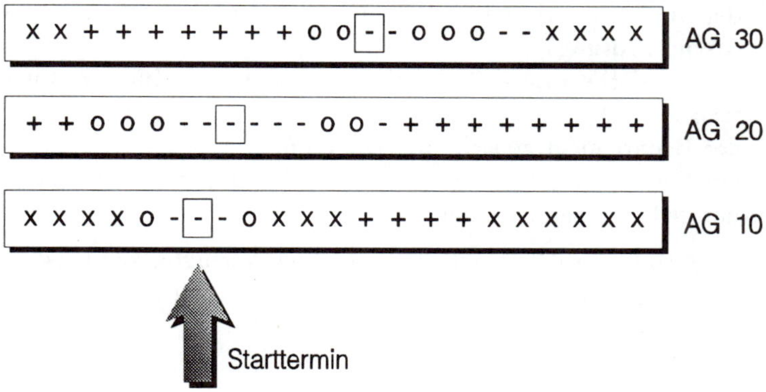

Abbildung 6.39: Pseudografik mit der Anzeige des Verfügbarkeitsergebnisses für einen Auftrag mit 3 Arbeitsgängen. Jedes Zeichen stellt die Verfügbarkeit an einem Tag dar.

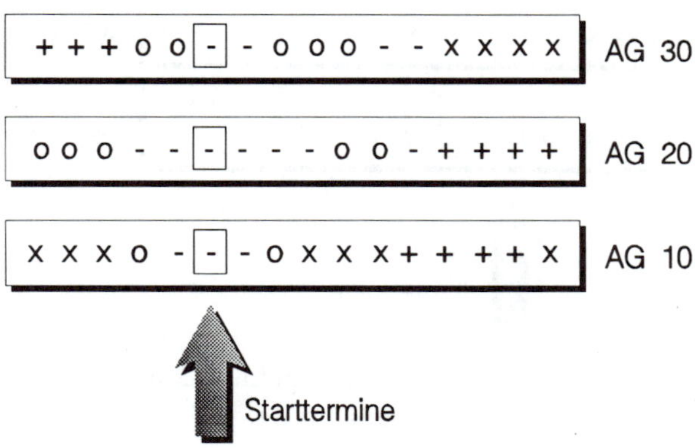

Abbildung 6.40: Die Grafik mit den untereinandergeschobenen Startterminen von Abbildung 6.39 zeigt deutlich, an welchen Tagen der Auftrag problemlos oder mit großen Schwierigkeiten gefertigt werden kann: Der Auftrag kann problemfrei nur um einen Tag verschoben werden.

einen Tag später auf freie Kapazität treffen (–) und zwei Tage danach zumindest teilweise bearbeitet werden könnten (o). Einen Tag früher könnte der Auftrag zumindest teilweise begonnen werden. Drei Tage Vorziehen ist nicht möglich, da der erste Arbeitsplatz in dieser Zeit völlig überlastet ist (x). Das Verfahren ist übersichtlich, wenn einzelne Aufträge von Hand terminlich verschoben werden sollen. Es zeigt auch auf, welcher Arbeitsgang eines Auftrags der kritische ist. Es eignet sich nicht für einen Kapazitätsausgleich.

Es ist naheliegend, nicht nur die Kapazitätssituation, sondern gleichzeitig auch die Materialsituation zu prüfen und in der gleichen Grafik anzuzeigen. Bei den Materialkomponenten wird pro Tag ermittelt,

- – ob der physisch vorhandene Bestand für diesen Bedarf noch ausreicht (statische Prüfung),
- o ob der physische Bestand und die zu erwartenden Zugänge für diesen Bedarf ausreichen,
- x ob der Bedarf nicht gedeckt werden kann,
- / ob der Bedarf außerhalb der Wiederbeschaffungszeit liegt und damit immer gedeckt werden kann.

Die ergänzte Abbildung 6.41 zeigt, daß die obige Verfügbarkeitsaussage für unseren Auftrag immer noch stimmt. Im SAP-System wird die geschilderte Art der Verfügbarkeitsprüfung angeboten.

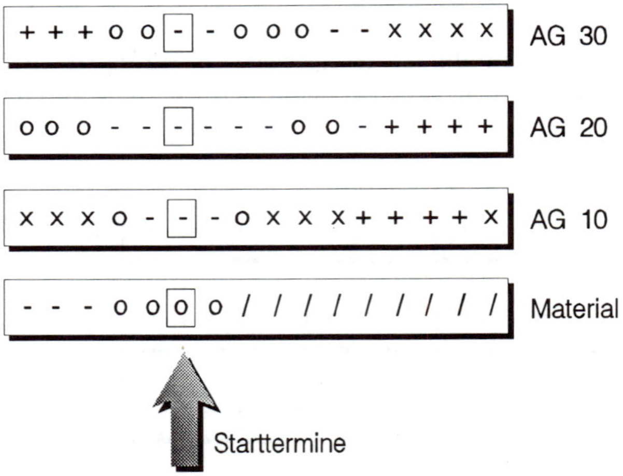

Abbildung 6.41: Die zu Abbildung 6.40 hinzugefügte Materialzeile zeigt, daß das Material schon zwei Tage früher verfügbar wäre.

6.7 Freigabe an die Fertigungslenkung

Eine besondere Art der Verfügbarkeitsprüfung stellt die belastungsorientierte Auftragsfreigabe (BOA) dar: Im Zeitpunkt der Auftragsfreigabe — und nur dann — wird geprüft, ob der freizugebende Auftrag ausreichende Verfügbarkeit auf allen Ressourcen antreffen wird. Falls das nicht der Fall ist, wird der Auftrag nicht freigegeben, sondern zurückgestellt. Das Verfahren stellt sicher, daß alle freigegebenen Aufträge mit großer Wahrscheinlichkeit zügig durch die Produktion laufen.

Zur Vereinfachung des Verfahrens wird nicht das Kapazitätsangebot laut Schichtplan ermittelt, sondern nur das Angebot der nächsten Periode, also z.B. des nächsten Tages.

Je Arbeitsplatz wird vom PPS–Management eine zulässige maximale Wartezeit in Form einer Belastungsschranke vorgegeben (Abb. 6.42). Diese Belastungsschranke wird in einem Prozentsatz des Kapazitätsangebots als Bela-

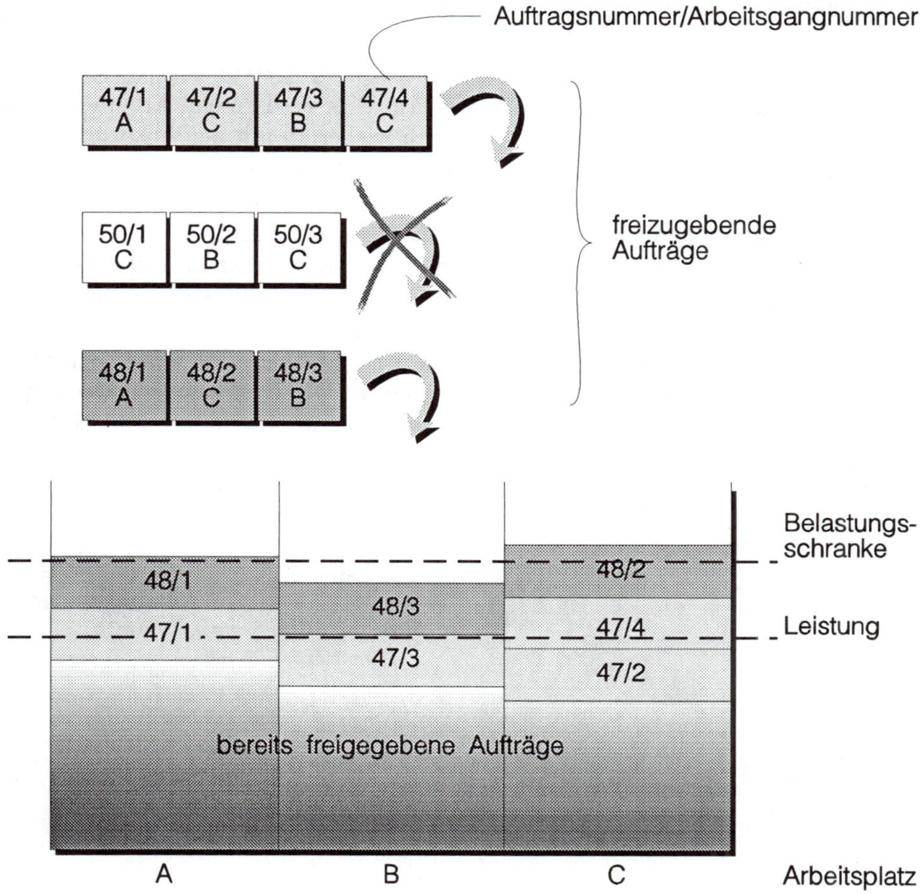

Abbildung 6.42: Bei einer Belastungsschranke von 140% können auf die drei Arbeitsplätze A, B und C die Aufträge 47 und 48 eingelastet werden, nicht mehr der Auftrag 50 (Beispiel ohne Abzinsung).

stungsschranke festgelegt. 300% bedeutet, daß vor einem Arbeitsplatz mit 7,5 Stunden Kapazitätsangebot 15 Stunden Kapazitätsbedarf warten dürfen. Das Kapazitätsangebot wird also für die Freigabe um den Prozentsatz der Belastungsschranke künstlich erhöht.

In diesen Kapazitätstopf je Arbeitsplatz werden zuerst die direkt anstehenden Arbeitsgänge der schon freigegebenen Aufträge voll eingeplant. Da die unmittelbar darauffolgenden Arbeitsgänge auch noch mit einer gewissen Wahrscheinlichkeit schon am Folgetag beginnen können, werden die Bedarfe um einen Faktor abgezinst und eingeplant. Der Abzinsungsfaktor wird vom Benutzer frei gewählt. 33% bedeutet, daß in einem Drittel aller Fälle Folgearbeitsgänge um einen Tag vorgezogen werden. Entsprechend werden die Arbeitsgänge aller Aufträge gemäß ihrer Abfolge mit einem immer kleiner werdenden Anteil in den Kapazitätstopf eingeplant.

Töpfe, bei denen das Kapazitätsangebot inklusive Belastungsschranke überschritten ist, werden aus dem Zuteilungsspiel entfernt.

Die freizugebenden Aufträge werden nach ihrem Starttermin sortiert, also nach Dringlichkeit. Der Bedarf des ersten Auftrags wird gemäß Arbeitsplan in alle Arbeitsplatztöpfe eingeplant — natürlich wiederum mit der Abzinsungsmethode. Paßt der Auftrag noch in alle Töpfe, wird er freigegeben. Wurde bei einem Topf die Belastungschranke überschritten, wird der Auftrag zurückgestellt, der Topf aus dem Spiel entfernt und der nächste Auftrag geprüft.

Die BOA führt zu einem zügigen Durchlauf der freigegebenen Aufträge durch die Produktion. Problematisch ist, daß die Materialverfügbarkeit vorausgesetzt wird und damit das Material auch für die zurückgestellten Aufträge am Lager vorgehalten wird. Die Kapazitäts–Verfügbarkeitsprüfung erfolgt nur punktuell im Zeitpunkt der Freigabe: vorher und nachher wird die Verfügbarkeit weder geplant noch überwacht. Dafür ist das Verfahren programmtechnisch sehr einfach, kommt mit wenig Speicher aus und ist schnell.

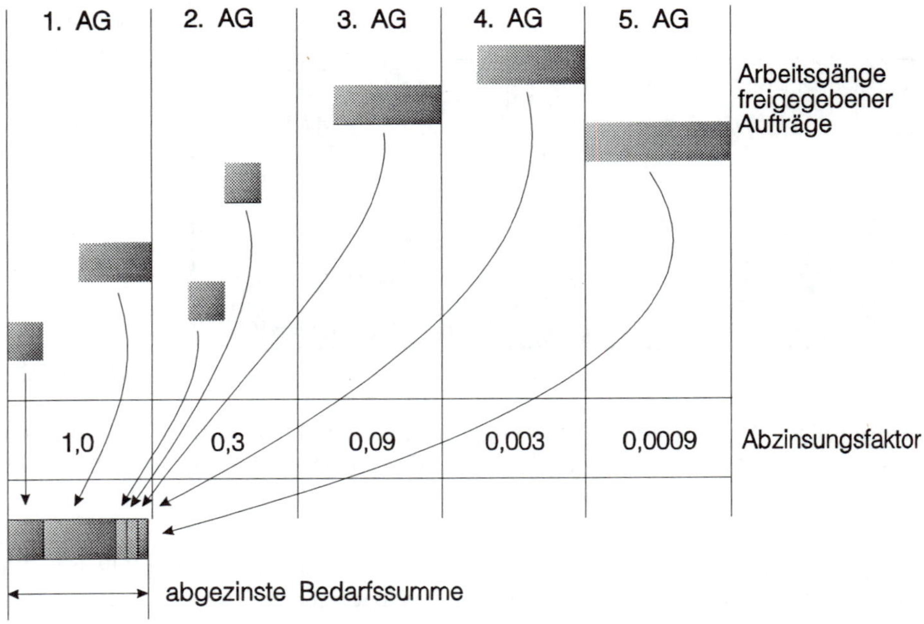

Abbildung 6.43: Die Kapazitätsbedarfe der freigegebenen Aufträge werden gemäß ihrer Fristigkeit auf die laufende Periode abgezinst. Die Abzinsung entspricht der Wahrscheinlichkeit, mit der ein Bedarf in der laufenden Periode anfallen wird. Die abgezinste Bedarfssumme wird mit der Belastungsschranke verglichen.

Kapitel 7

Fertigungslenkung

7.1 Erfolge eines Mittelständlers

Ein Hersteller von Kosmetikstiften stellt 2.500 Produkte für Kosmetikfirmen her. Die Kunden erwarten kürzeste Lieferzeiten und termingetreue Anlieferung trotz starken saisonalen Abweichungen und vielen Produktänderungen. Flexibilität und Marktorientierung waren die besonderen Merkmale, auf die bei der Einführung eines Leitstandsystems geachtet wurde. 80 % der Produkte müssen kundenauftragsbezogen gefertigt werden. Der Hersteller fertigt daher generell alle Produkte kundenspezifisch. Im Rahmen der Leitstandeinführung wurde die Aufbauorganisation geändert: Die Arbeitsvorbereitung wurde in eine zentrale Dispositionsstelle mit einem Planungshorizont von mehreren Monaten und in die Fertigungssteuerung mit einem Planungshorizont von einigen Wochen aufgeteilt.

Die Fertigungssteuerung übernimmt die Werkaufträge vom PPS–System und ordnet die Arbeitsfolgen den Einzelressourcen (500 Arbeitsplätze) zu. Die Engpässe werden am Leitstand ständig überwacht und gezielt gesteuert.

Die feingeplanten Werkaufträge werden über ein PC–Netzwerk an die Stationen der jeweiligen Fertigungsbereiche übertragen (500 Arbeitsgänge täglich). Der Meister darf die Auftragsreihenfolge an seinem Leitstand ändern. Er veranlaßt den Ausdruck der Werkstattpapiere.

Über ein BDE–System werden täglich ca. 500 Rückmeldungen erfaßt, mit den Soll–Daten abgeglichen, verdichtet und an die Abrechnungssysteme weitergeleitet.

Das Leitstandsystem erbrachte nach 9 Monaten folgende Erfolge:

Reduzierung der Durchlaufzeiten um bis zu 25 %.
Produktivitätssteigerung um 13 %.
97 % der Aufträge werden wochengenau geliefert.

7.2 Leitstandfunktionen

Die Fertigungslenkung ist das S der PPS–Systeme, das Steuerungs– oder Durchsetzungssystem. Anstelle von Fertigungslenkung werden auch die Begriffe Fertigungsplanung, Fertigungssteuerung, Leitstand oder Shop–Floor–Control verwendet. Am zutreffendsten wäre sicher der Begriff Fertigungsregelung, wenn aufgrund der zurückgemeldeten IST–Daten die SOLL–Vorgaben geändert werden. Die Fertigungslenkung verwaltet, plant, steuert, überwacht und bucht alle Aktivitäten der Werkaufträge, deren erster Arbeitsgang begonnen ist oder demnächst begonnen werden muß.

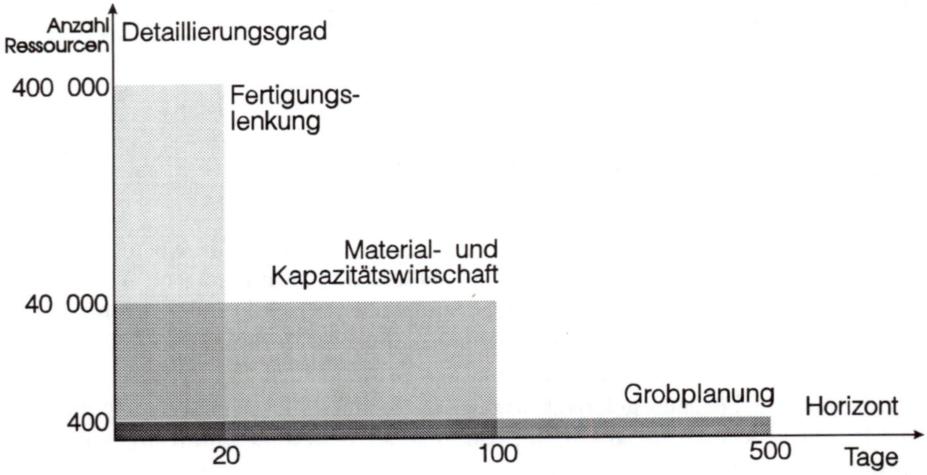

Abbildung 7.1: Die Grobplanung, Produktionsplanung und Fertigungslenkung unterscheiden sich im Horizont und im Detaillierungsgrad.

Die Prinzipien, Algorithmen, Regeln und Strukturen der Fertigungslenkung sind denen der mittelfristigen Kapazitätsplanung sehr ähnlich oder gar gleich. Die Unterschiede liegen hauptsächlich im Detaillierungsgrad und im Horizont der Kapazitätsplanung und der Fertigungslenkung (Abb. 7.1). In der Grobplanungsphase werden die Kundenaufträge und der Produktionsplan über einen langen Horizont eingeplant. Die Detaillierung beschränkt sich auf einige wenige Engpaßressourcen. So kann der Horizont zwei Jahre rollierend und der Detaillierungsgrad nur 400 Engpaßressourcen (Arbeitsplatzgruppen und kritische Einkaufsteile) betragen. Die Material– und Kapazitätsplanung, also die PP des PPS–Systems löst die Primärbedarfe über alle Stücklisten und Arbeitsplanpositionen auf. Ungefähr 40.000 Ressourcen, nämlich alle Einkaufteile, Baugruppen, Arbeitsplatzgruppen und Endprodukte, werden im Rahmen der Material– und Kapazitätswirtschaft über einen Horizont von einem halben Jahr geplant. Die Fertigungslenkung übernimmt die freigegebenen Werkaufträge für die nächsten vier Wochen, verwaltet aber dafür jede Einzelmaschine, jedes Transportmittel, Meßmittel, Werkzeug und jeden Lagerplatz, also mindestens 10mal so viele Ressourcen, wie die Kapazitätswirtschaft. Der Detaillierungsgrad steigt von Pla-

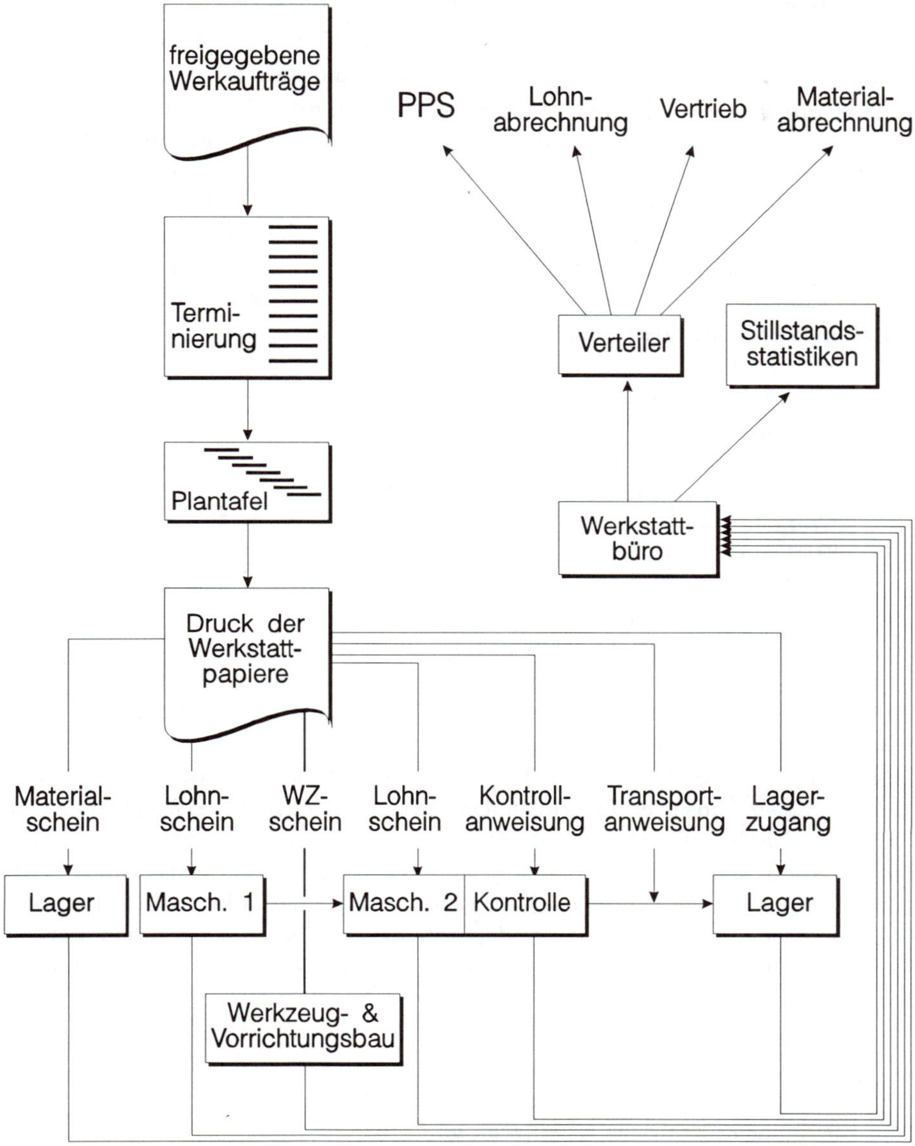

Abbildung 7.2: Schematische Darstellung eines Leitstandes der 1. Generation.

nungsphase zu Planungsphase um mindestens eine Zehnerpotenz, während der Horizont sich jeweils auf mindestens 1/4 verkürzt.

Die PPS–Systeme, die am Markt als Standardsysteme angeboten werden, vernachlässigen meist die Fertigungslenkung sehr. In diese Lücke haben sich in den letzten Jahren die elektronischen Leitstände gedrängt. Sie werden daher das Gebiet der Fertigungslenkung am Beispiel der elektronischen Leitstände kennenlernen.

Die 1. Generation der Leitstände bestand aus Plantafeln, Hängeregistraturen, Vollsichtkarteien und optisch–akustischen BDE–Systemen. In Abbildung 7.2 sind die Grundfunktionen eines solchen Leitstandes skizziert.

Die vom PPS–System freigegebenen Aufträge werden feinterminiert (Rückwärtsterminierung), arbeitsgangweise auf Karten übertragen und auf der Plantafel bei den Arbeitsplatzzeilen in Kapazitätslücken gesteckt. Die vervielfältigten Arbeitspapiere werden kurz vor Arbeitsbeginn an die ausführenden Stellen verteilt. Die Rückmeldungen über das optisch–aktustische BDE–System werden vom Leitstandführer auf der Plantafel nachgeführt und als verdichtete Werte an die Abrechnungssysteme weitergeleitet. Einfache Statistiken werden vom Leitstandführer erstellt. Die Grundfunktionen lauten:

- Übernahme vom PPS–System
- Terminierung
- Kapazitätseinplanung
- Grafische Darstellung
- Werkstattpapier–Verteilung
- BDE und Buchung
- Statistiken
- Übergabe an Abrechnungssysteme

Die Geburtsstunde der elektronischen Leitstände schlug, als zu Demonstrationszwecken ein PPS–System auf einem Großrechner mit einer NC–Maschine gekoppelt werden mußte: Ein PC diente als Umsetzer, der gegenüber dem Großrechner und gegenüber der NC–Maschine jeweils ein Terminal emulierte. Die durch den Umsetzer fließenden Daten wurden erfreulicherweise auf einer Plantafel visualisiert. Die Nachfolger dieses Prototyps bekamen schnell eine Terminierung, die Auftragseinlastung auf Arbeitsplätze, eine BDE und Statistikfunktionen hinzugefügt. Damit war die ganze Grundfunktionalität der konventionellen Leitstände abgedeckt. Diese Leitstände der 2. Generation werden bevorzugt auf preisgünstigen PC–Netzen angeboten. Gegenüber konventionellen Leitständen besticht

die hohe Aktualität der Daten,
die gute Anpassbarkeit an betriebliche Abläufe,
die einfache, grafische Oberfläche und
die gute Recherchiermöglichkeit bei Störungen im Ablauf.

Die 3. Generation der Leitstände verbessert und elektronisiert nicht nur die Basisfunktionen der konventionellen Leitstände, sondern bringt neue Funktionen hinzu, die bei manuell geführten Leitständen undenkbar sind. Solche Funktionen sind

- automatische Detaillierung bei der Übernahme,
- Planung von alternativen Auftragsabläufen,
- Bildung günstiger Auftragsfolgen auf Arbeitsplätzen,
- Simulation mehrerer Planungsalternativen,

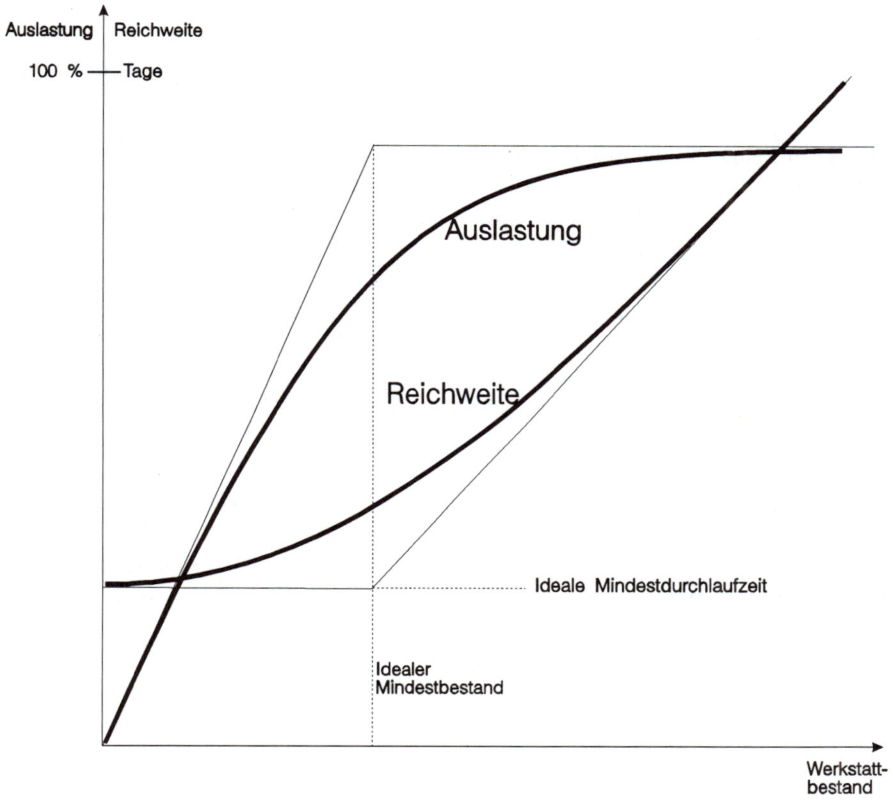

Abbildung 7.3: Kennlinien für die Auslastung und Wartezeit in Abhängigkeit vom Werkstattbestand[1].

- Bereitstellung von Statistiken und Kennzahlen für die nahe Zukunft,
- ständige Verfügbarkeitsprüfung und damit stets aktuelle Termine,
- Integration des Materialflusses in den Leitstand,
- Koppelung beliebiger Abrechnungs-, Planungs- und Steuerungssysteme,
- Vereinfachung der BDE und
- Dezentralisierung der Leitstände.

[1] Nyhuis, Peter: 'Quantifizierung logistischer Rationalisierungspotentiale mit Betriebskennlinien'. Manuskript zur Veröffentlichung in: *Zeitschrift für Betriebswirtschaft*, Herbst 1992, Abb. 15.

In der Fertigungslenkung gibt es zwei unausrottbare Mythen. Sie lauten:

- Je mehr Aufträge in die Fertigung geschleust werden, desto weniger unproduktive Zeiten fallen an.
- Je eher ein Auftrag in die Produktion gegeben wird, desto sicherer wird sein Liefertermin eingehalten.

Beide Mythen sind natürlich falsch. Untersuchungen von Prof. Wiendahl[2] belegen, daß die Kapazitätsauslastung bei steigendem Werkstattbestand nur anfänglich steigt. Nach Erreichen eines Knickpunktes erwirkt eine weitere Erhöhung des Werkstattbestandes keine nennenswerte Verbesserung der Kapazitätsauslastung. Der Knickpunkt ist bei den meisten Arbeitsplätzen bereits lange vor der 100 %–Auslastunglinie erreicht. Die Erklärung liegt darin, daß nach Erreichen der 100 %–Auslastung am Hauptengpaß keine wesentliche Steigerung bei den anderen Arbeitsplätzen möglich ist. Leider steigt aber die Durchlaufzeit auch bei stagnierender Auslastung weiterhin überproportional an. Es gilt somit, den kritischen Punkt möglichst exakt zu treffen — und dafür benötigt man sehr gute Analysewerkzeuge im Leitstand.

Auch der 2. Mythos wurde in mehreren Untersuchungen widerlegt[3]. Die Verteilung der Durchlaufzeit an einem Arbeitsplatz ist völlig zufällig: Manche Aufträge sind schon nach wenigen Stunden erledigt, andere werden erst nach 30 Tagen fertig. Jeder Statistiker weiß, daß es für eine Kurve, wie in Abbildung 7.4, keinen allgemeingültigen Mittelwert gibt. Das bedeutet aber, daß die mittlere Durchlaufzeit einen enormen Fehler beinhaltet und daß alle unsere Terminberechnungen fehlerhaft sind[4]. Daraus erklärt sich auch, daß die errechneten Termine nur bei verschwindend wenigen Aufträgen exakt eingehalten werden können.

Man kann daraus die Forderung ableiten, daß die Ist–Durchlaufzeiten der in Abbildung 7.4 skizzierten, hellgrauen Kurve mit einem ausgeprägten Mittelwert und einer geringen Standardabweichung entsprechen müssen, damit überhaupt die Terminierung brauchbare Termine errechnen kann. Die Einhaltung von gleichmäßigen Durchlaufzeiten setzt eine straffe Werkstattorganisation und eine gute BDE voraus.

Das Durchsetzungssystem ist somit nicht nur eine nette Zutat zu einem PPS–System. Vielmehr sind *alle Ergebnisse eines PPS–Systems zweifelhaft und unbrauchbar, wenn die IST–Durchlaufzeiten nicht mit Hilfe einer gut organisierten Fertigungslenkung harmonisiert werden.*

Die Funktionen eines Leitstandsystems ähneln denen der mittelfristigen Kapazitätswirtschaft — sie planen und steuern nur wesentlich detaillierter. In der Folge finden Sie daher viele Verweise auf die entsprechenden Abschnitte der Kapazitätswirtschaft. Die dort gemachten Aussagen werden weiter verfeinert oder ergänzt.

---

[2] Wiendahl, H.–P.: Belastungsorientierte Fertigungssteuerung; München/Wien, 1987, S.331.

[3] Wiendahl, Nyhuis: 'Betriebskennlinien in PPS' in *Wirtschaftsinformatik* Heft 5/1992, S.532.

[4] ... falls mit einer festen, mittleren Wartezeit tw, wie auf Seite 93 und auf Seite 170 bei der Alternative 1 gerechnet wird. Die Terminierungroutinen, die keine vorgegebene Wartezeit verwenden, bringen verläßlichere Terminaussagen.

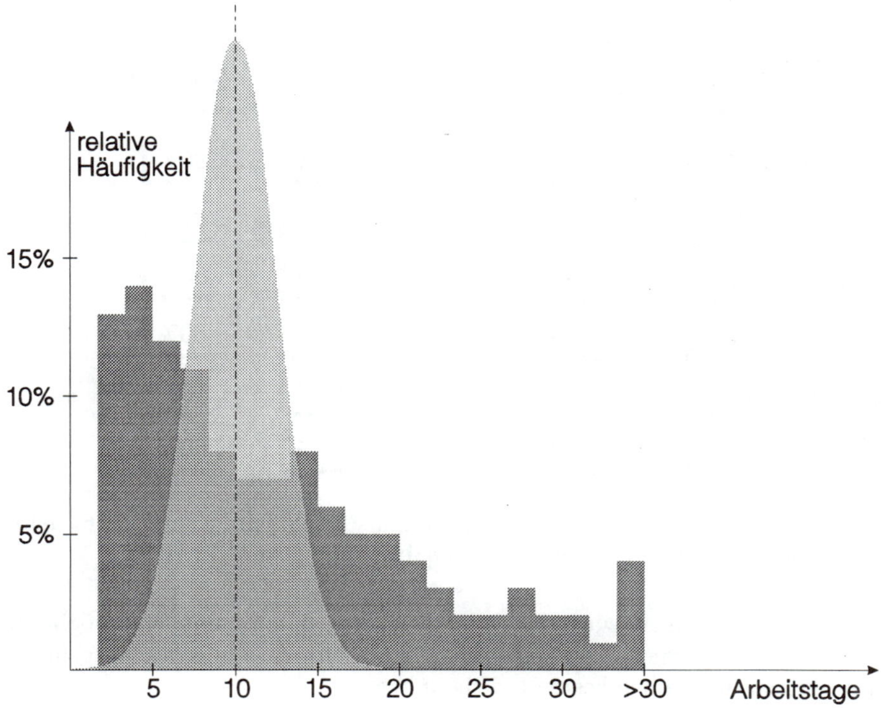

Abbildung 7.4: Die statistische Verteilung der Durchlaufzeiten an einem Arbeitsplatz. Die dunkelgraue Kurve stellt eine gemessene Ist–Situation dar, die hellgraue Kurve wäre der wünschenswerte Soll–Zustand[1].

7.3 Kapazitätsangebot

Im Leitstand muß das Kapazitätsangebot wesentlich detaillierter geplant werden, als in der mittelfristigen Kapazitätsplanung. Während dort normalerweise auf Stundenbasis abgerechnet wird, ist der Leitstand in der Lage, minutengenau zu planen. Der auf Seite 159 gezeigte, minutengenaue Schichtplan kann unverändert für den Leitstand eingesetzt werden.

In Ergänzung zur mittelfristigen Kapazitätsplanung sollte im Leitstand **jede** Ressource, die nicht im Überfluß vorhanden ist, geplant werden. Denn mehrere Einzelressourcen, die zu mehr als 20 % ausgelastet sind, können leicht zum zeitkritischen Faktor werden. Auf der Basis von Abbildung 7.5 wird der mathematische Beweis dazu erbracht.

Falls ein Auftrag aus 5 Arbeitsgängen besteht und je Arbeitsgang 6 Ressourcen benötigt werden, die nicht deterministisch geplant werden, weil sie nur zu 20% ausgelastet sind, dann bedeutet das je Ressource eine Wahrscheinlichkeit von 80%, daß zum gewünschten Termin gerade Kapazität frei ist. Für jeden Arbeitsgang ist die Wahrscheinlichkeit $0,8^6 = 26\%$ und für den Auftrag $0,26^5 = 0,12\%$. Nur in einem von tausend Fällen kann der Termin eingehalten werden, falls die 30 nebensächlichen Ressourcen nicht im Leitstand geplant

[1] Messungen an einem spanabhebenden Arbeitsplatz im Werkzeugmaschinenbau. Weitere Beispiele in Wiendahl (Hrsg.): Anwendung der Belastungsorientierten Fertigungssteuerung. München/Wien, 1992, S.403,459.

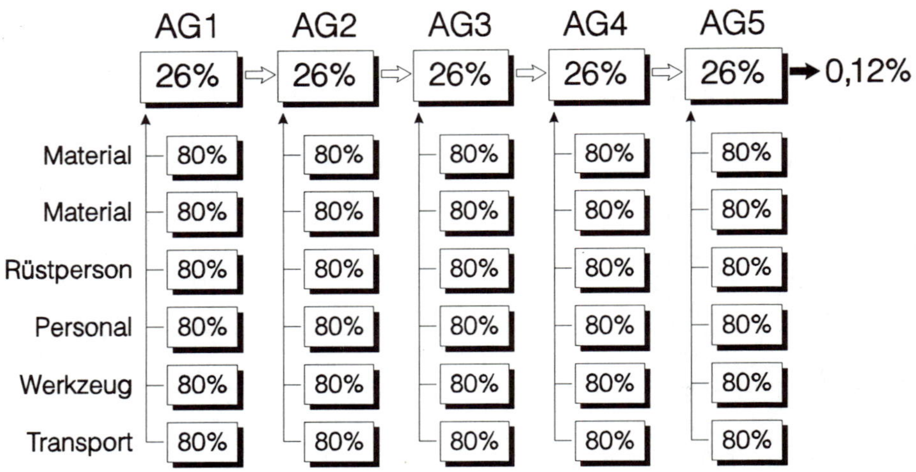

Abbildung 7.5: Bei 30 nur zu 1/5 ausgelasteten Ressourcen ist die Wahrscheinlichkeit, einen vorgegebenen Termin einzuhalten, nur noch 0,12 %.

werden. In Wirklichkeit wird sich jeder Fertigungsleiter bemühen, möglichst auch die nebensächlichen Ressourcen gut auszulasten, da alle wenig ausgelasteten Ressourcen die Gemeinkosten kräftig anheben.

Besonders bedeutsam ist es, daß die Meister das Kapazitätsangebot akribisch genau und aktuell pflegen. Überstunden, Zusatzschichten, vorhersehbare Ausfälle, Stillegung von Arbeitsplätzen, Urlaub usw. sollten sofort nach Bekanntwerden im Kapazitätsangebot des Leitstandes korrigiert werden. Denn das Kapazitätsangebot dient ja nicht nur zur Terminierung und Kapazitätsausgleichsplanung im Leitstand, sondern ist auch die Basis für die mittelfristige Kapazitätsplanung.

7.4 Kapazitätsbedarf

Prinzipiell wird der Kapazitätsbedarf im Leitstand genauso ermittelt, wie dies auf Seite 165 ff erklärt ist. Eine Besonderheit gibt es allerdings im Leitstand: Während bei der mittelfristigen Planung ein Arbeitsgang stets **einem** Arbeitsplatz zugeordnet wird, sollten bei der detaillierteren Planung im Leitstand je Arbeitsgang **alle** erforderlichen Ressourcen parallel geplant werden. Jeder Arbeitsgang benötigt mehrere Ressourcen wie

- Material
- Rüstpersonal
- Werkzeuge
- Bedienpersonal
- Maschine
- Meßmittel
- Prüfpersonal
- Transportmittel

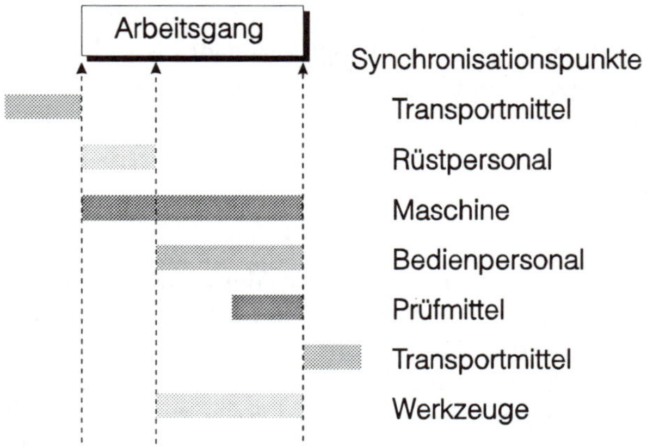

Abbildung 7.6: Ein Arbeitsgang benötigt parallel zueinander mehrere Ressourcen.

Abbildung 7.6 verdeutlicht, daß diese Ressourcen aber nicht vollständig parallel, sondern leicht versetzt benötigt werden. So werden

- das Rüstpersonal nur während der Rüstzeit,
- die Maschine während der gesamten Durchführungszeit,
- das Bedienpersonal nur während der Bearbeitungszeit,
- die Meßwerkzeuge und das Prüfpersonal kurz vor Beendigung der Bearbeitungszeit,
- das Transportmittel unmittelbar vor und nach der Durchführungszeit und
- die Werkzeuge während der Durchführungszeit benötigt.

Abbildung 7.6 zeigt, wie die Ressourcenbedarfe auf 3 Synchronisationspunkte ausgerichtet werden, nämlich auf den Arbeitsbeginn, das Arbeitsende oder das Rüstende.

Die Arbeitsgänge müssen bei der Übernahme der freigegebenen Werkaufträge aus dem PPS–System detailliert werden. Es ist präzise festzulegen, wer, was, wann an einem Arbeitsgang erledigen soll. Diese Vorwegbestimmung erfordert auch eine Änderung im Arbeitsstil der Meister: Statt in der Werkstatt den Arbeitsfortschritt zu überwachen und die Arbeiten fallweise anzuweisen, bestimmen sie frühzeitig am Leitstandterminal den Ressourceneinsatz. Überschneidungen, Unvereinbarkeiten und Terminprobleme werden rechtzeitig am Leitstand entdeckt und beseitigt, die geplante Zuordnung der nächsten Schichten ist für jeden ersichtlich, die Fertigung läuft geplant und ruhig ab.

Die fallweise Detaillierung aller Arbeitsgänge von Hand geht am Leitstand wahrscheinlich rascher vonstatten, als die Zuweisung in der Werkstatt, ist aber immer noch sehr aufwendig. In fortschrittlichen Leitständen werden automatische Detaillierungshilfen angeboten:

- Bei häufig wiederkehrenden Arbeitsgängen wird der detaillierte Arbeitsplan im Leitstand verwaltet. Er ersetzt bei der Übernahme den gröberen Arbeitsplan aus dem PPS–System.

- Existiert eine größere Anzahl gleichartiger Ressourcen, dann ist es günstig, automatisch diejenige Einzelressource zuzuordnen, die als erste frei wird. Bei gleichartigen Maschinen oder Personengruppen wird diese Methode erfolgreich eingesetzt.

- Oft hängt die Ressourcenauswahl von Merkmalen des Auftrags ab. So ist die Farbe wichtig für die Auswahl des Färbeaggregats, die Länge für die Auswahl der NC-Drehmaschine, die Dicke für die Auswahl des Walzgerüsts, die Härte für die Auswahl des Glühofens. Mit Hilfe von KI-Systemen oder Entscheidungstabellen, wie sie auf Seite 49 erklärt werden, kann diese Auswahl automatisiert werden: Anhand der festgelegten Regeln wird ein Detaillierungsvorschlag für jeden Arbeitsgang gemacht (Abb. 7.7).

Durchmesser	<30	<30	<30	<30	⩾30	⩾30
Länge	<100	<100	⩾100	⩾100	-	-
Materialart	Ms	Cu	Ms	Cu	Ms	Cu
Transport 128	15	15	15	15	20	20
Rüstperson 18	5	5	10	10	12	12
Maschine 472	12	11	17	16	20	21
Personal 21	7	6	7	6	8	9
Werkzeug 41	7	-	7	-	8	-
Werkzeug 45	-	6	-	6	-	9

Vorgabezeit [Minuten]

Abbildung 7.7: Anhand von Merkmalen erfolgt eine automatische Ressourcenauswahl.

Derzeit laufen Bestrebungen, aus mehreren möglichen alternativen Zuordnungen diejenige automatisch zu wählen, die den PPS-Zielen am besten genügt. Dazu müssten natürlich mehrere detaillierte Arbeitsplanalternativen ausgearbeitet und gepflegt werden. Bei der Übernahme der Werkaufträge könnte mit jeder möglichen Alternative eine Probeeinlastung gemacht und diejenige Alternative gewählt werden, die den Zielen am ehesten entspricht. Diese Alternativenauswahl könnte zu beliebigen Zeitpunkten wiederholt werden, sodaß ein Auftrag bei Störungen auf die nächstgünstige Alternative umgeleitet würde.

7.5 Terminierung

Im Leitstand benötigt man alle 3 Terminierungsarten:

- Die Rückwärtsterminierung dient der Bestimmung der spätesten Starttermine nach der Übernahme der Werkaufträge,
- die Vorwärtsterminierung wird nach jeder BDE–Meldung eingesetzt, um die Termine der nachfolgenden Arbeitsgänge zu aktualisieren und
- die Mittelpunktterminierung ist erforderlich, wenn bei Engpaßmaschinen Terminverschiebungen vorgenommen werden, um Überschneidungen zu beheben.

In Leitständen wird die Terminierungsstrategie 1 von Seite 170 im Gegensatz zur mittelfristigen Planung nur selten eingesetzt: Die Terminpuffer, die dafür notwendig wären, würden alle Terminfreiheiten verhindern und Verschiebungen unmöglich machen. Vielmehr nutzen die Leitstände die Tatsache, daß die Alternative 2 die Freiheitsgrade gegenüber der Alternative 1 vergrößert, um selbst bei vermeintlich knapp vorgegebenen PPS–Terminen noch Puffer für Störungen und Ausfälle zu haben. Für einen sehr kurzen Zeitraum (z. B. für die nächsten 2 Schichten) gibt es in Leitständen auch Simulationsprogramme (Alternative 3), die die optimale Reihenfolge der Aufträge auf allen Ressourcen festlegen. Dazu muß allerdings eine numerisch exakte, meßbare Zielfunktion vorliegen, die die 4 PPS–Ziele umfaßt.

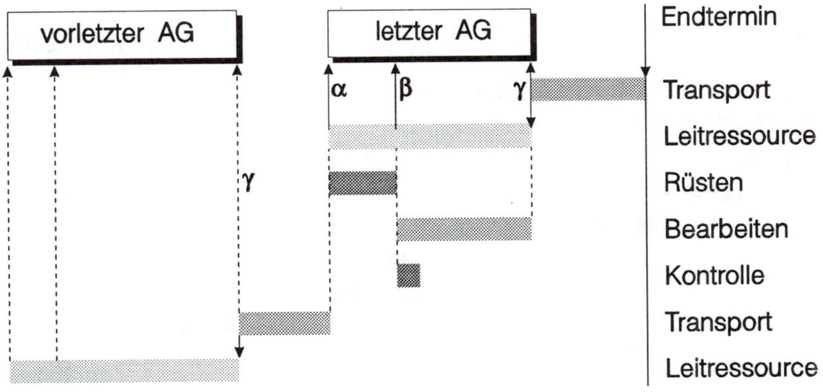

Abbildung 7.8: Alle Ressourcen zu einem Arbeitsgang müssen bei der Rückwärtsterminierung parallel terminiert werden.

Erschwerend wirkt bei allen Terminierungen, daß im Leitstand alle Ressourcen, die zu einem Arbeitsgang benötigt werden, parallel terminiert werden müssen. Die Rückwärtsterminierung in Abbildung 7.8 läuft folgendermaßen ab:

Der Endtermin der Anlieferung der Baugruppe oder des Produkts ans Lager ist vorgegeben. Aus der Transportzeitmatrix wird die Transportzeit zwischen dem letzten Arbeitsgang und dem Lager geholt und auf dem Schichtplan abgezogen. Man erhält den Endtermin des letzten Arbeitsgangs. Aus allen Ressourcen eines Arbeitsplatzes legt der Arbeitsplaner eine fest, die die terminbestimmende Komponente für diesen Arbeitsgang ist; meistens handelt es sich um die Maschine oder das Bedienpersonal. Diese Leitressource wird rückwärtsterminiert, indem die Dauer der Bearbeitung und des Rüstens auf dem Schichtplan der Maschine gemäß deren Leistung abgetragen werden. Es ergeben sich 3 Synchronisationspunkte: Der Arbeitsbeginntermin α, der Rüstendetermin β und der Arbeitsgangendtermin γ. Alle anderen Ressourcen des letzten Arbeitsgangs werden an diesen Synchronisationspunkten ausgerichtet. So wird das Bedienpersonal zwischen β und γ, das Rüstpersonal zwischen α und β, die Qualitätssicherung zur Nachprüfung der Erstteile von β aus eine Stunde lang benötigt. Zieht man vom Termin α die Transportzeit zwischen den Arbeitsplätzen des letzten und vorletzten Arbeitsgangs ab, so erhält man den Synchronisationspunkt γ des vorletzten Arbeitsgangs. Auf diese Weise erhalten alle Ressourcenbedarfe eines Auftrags einen spätesten Starttermin.

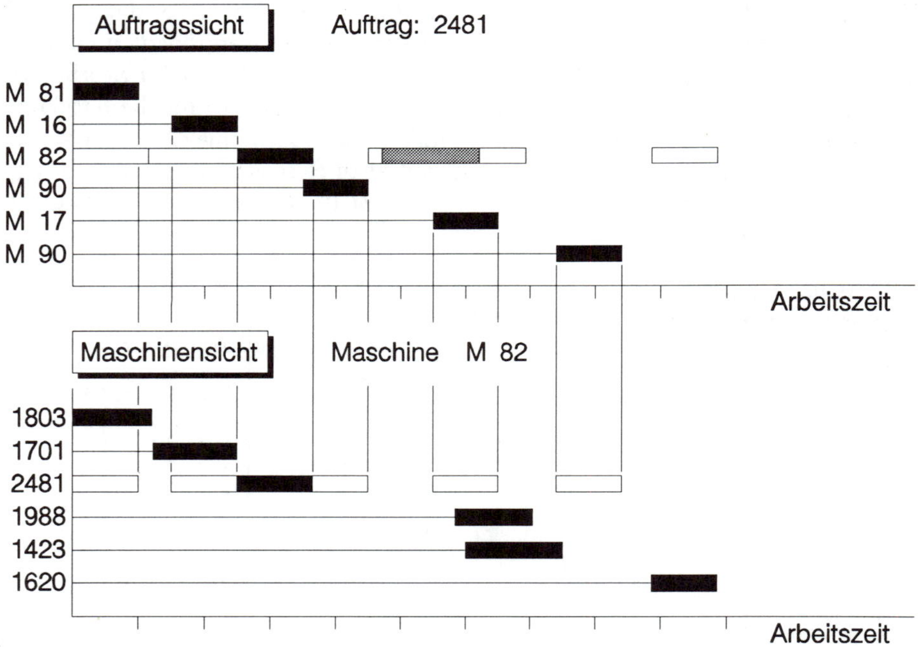

Abbildung 7.9: Die Auftragssicht zeigt einen Auftrag in seinem Ablauf über die Ressourcen, die Maschinensicht zeigt, welche Aufträge bei einer Ressource eingeplant sind.

7.6 Das Kapazitätskonto

Für die grafische Darstellung des Kapazitätskontos verwenden alle Leitstände das Gantt–Diagramm, bei dem das Kapazitätsangebot auf dem Zeitstrahl di-

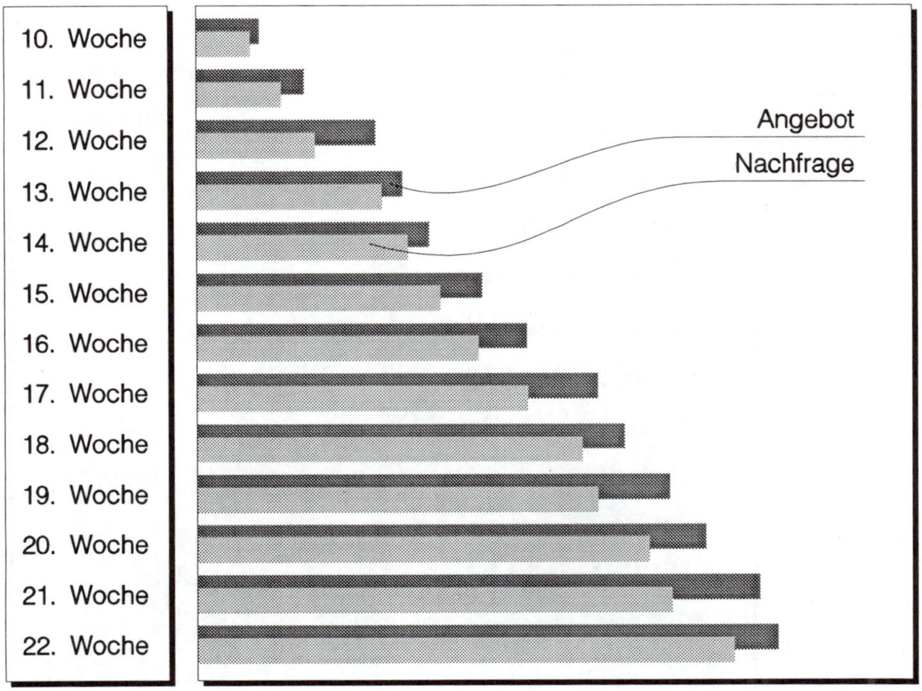

Abbildung 7.10: Es herrscht reichlich Kapazitätsüberhang, wenn alle Aufträge erst zum spätesten Termin eingeplant werden.

gital dargestellt wird: Zeiten der Nichtverfügbarkeit werden als farbiger Strich angezeigt, Zeiten der Verfügbarkeit sind farblos.

Die Kapazitätsbedarfe werden auf die farblosen Strecken des Zeitstrahls gelegt, wobei der Zustand jedes Bedarfs aus seiner Farbe ersichtlich ist. Rot zeigt an, daß sich Bedarfe überschneiden. Da diese Darstellung mehr verheimlicht, als sichtbar macht, gibt es auf elektronischen Plantafeln zwei gestaffelte Alternativen des einfachen Gantt–Diagramms: Die Auftragssicht und die Maschinensicht (Abb. 7.9).

Die Auftragssicht zeigt im Detail, über welche Maschinen ein Auftrag läuft, die Maschinensicht verdeutlicht, welche Aufträge an dieser Ressource bearbeitet werden. Leider wird in beiden Sichten stets die Leistung = 1 unterstellt. Mehrere Personen an einem Arbeitsplatz, Mehrmaschinenbedienung, Fertigungszentren und Fertigungsinseln, die gleichzeitig mehrere Aufträge bearbeiten und unterschiedliche Leistungsgrade der Werker werden einfach ignoriert. Obgleich sich die Plantafeldarstellung großer Beliebtheit bei den Praktikern erfreut, sagt sie doch wenig aus.

Eine wesentlich aussagefähigere Grafik ist die Summenkurve der Abbildungen 7.10 und 7.11. Sowohl das Kapazitätsangebot, wie auch der Kapazitätsbedarf werden summarisch dargestellt. Wie bei der Fortschrittszahlen–Methode werden weitere Bedarfe/Angebote stets dazu addiert. Ablesbar ist aus der Summengra-

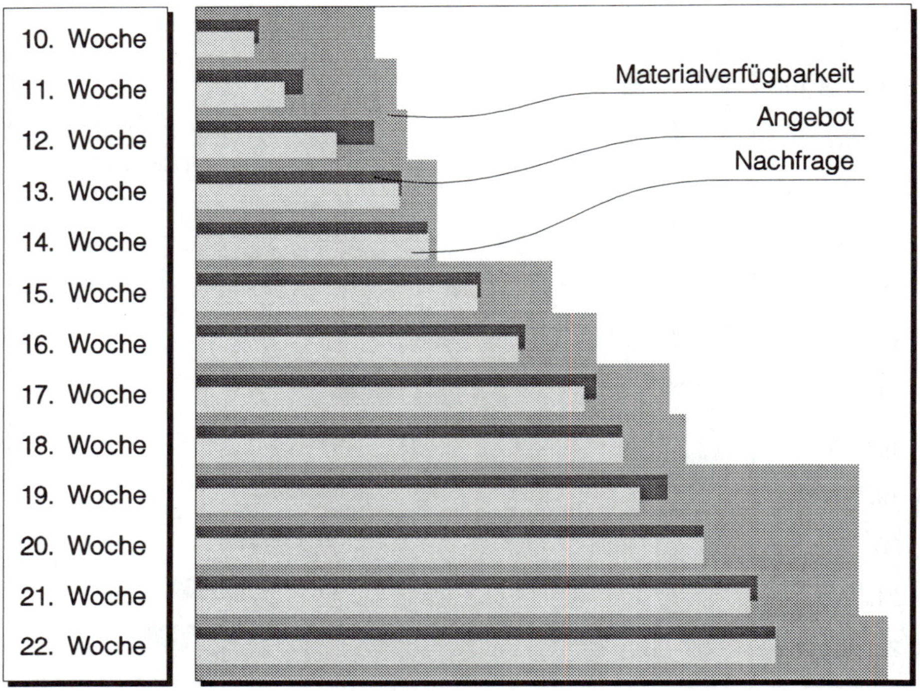

Abbildung 7.11: Durch Vorziehen kann die leerstehende Kapazität teilweise genutzt werden.

fik jeweils der Gesamtbedarf und die Gesamtnachfrage von der Gegenwart bis zum angezeigten Termin. Stellt man dem Kapazitätsangebot die Nachfragen zum spätesten Termin gegenüber, dann zeigt ein Angebotsüberhang, daß das Angebot bei dieser Ressource für eine pünktliche Lieferung ausreicht (Abb. 7.10).

Vergleicht man das Angebot mit der Nachfrage nach frühestem Termin, so deutet ein Nachfrageüberhang daraufhin, daß alle Kapazität nutzbar ist und keine auftragsbedingten Stillstandszeiten entstehen werden. In Abbildung 7.11 sind zwei Nachfragekurven gezeichnet: Die hintere zeigt die Nachfrage mit den Terminen, zu denen das Material frühestens vom vorhergehenden Arbeitsplatz angeliefert werden kann. Die vordere Kurve zeigt, wann an der betrachteten Ressource frühestens alle parallel erforderlichen Ressourcen verfügbar sind. Die Differenz dieser beiden Kurven entspricht den vor dem Arbeitsplatz zwangsläufig wartenden Aufträgen. Wenn also in Abbildung 7.10 stets Angebotsüberhang und in Abbildung 7.11 stets Nachfrageüberhang herrschen, dann ist dieses Ressourcenkonto unproblematisch.

Noch übersichtlicher ist die Auslastungssituation in dem Durchlaufdiagramm von Abbildung 7.12 dargestellt. Eingezeichnet sind die zur Verfügung stehende Kapazität, der Kapazitätsbedarf gemäß Materialverfügbarkeit und gemäß den Kundennachfrageterminen. Die Angebotskurve sollte stets zwischen den beiden Nachfragekurven verlaufen. Der waagerechte Abstand der beiden Nachfragekurven zeigt, wie groß die Wartezeiten an dieser Ressource maximal werden

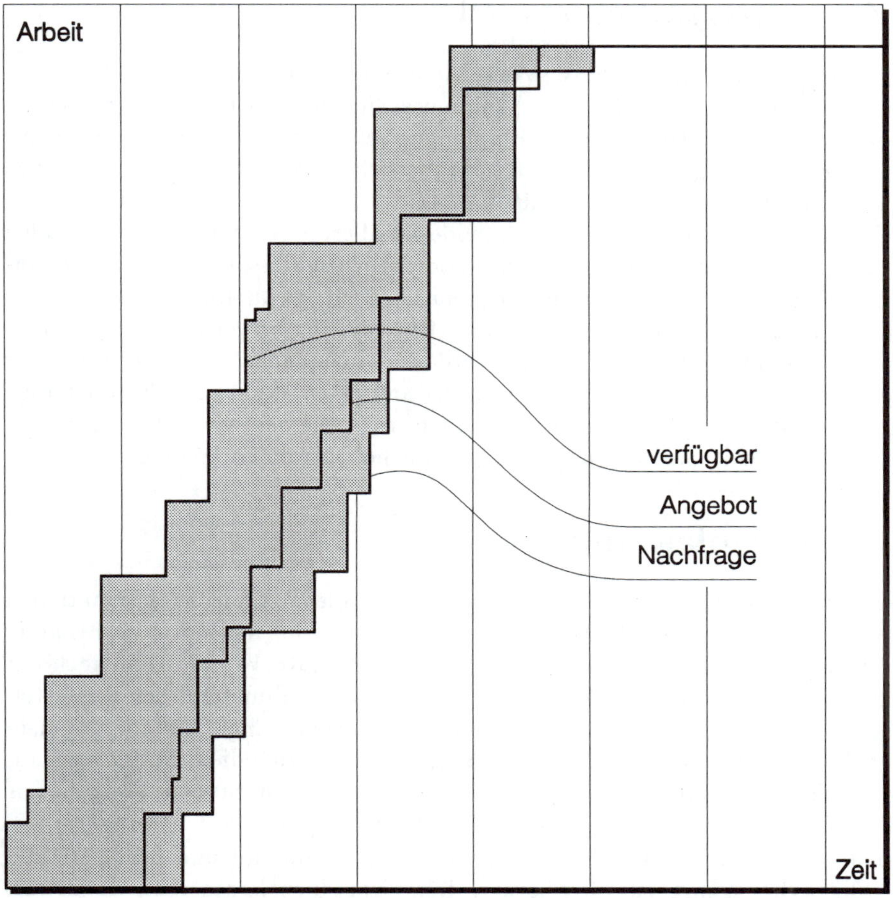

Abbildung 7.12: Das Durchlaufdiagramm zeigt die Termin–, Kapazitäts– und Warte–Situation an einer Ressource.

können, der senkrechte Abstand entspricht dem maximalen Werkstattbestand vor der Ressource. Je größer die graue Fläche ist, desto unkritischer ist die Terminsituation und desto besser sind die Kapazitätsauslastungsmöglichkeiten, desto länger werden aber die Durchlaufzeiten und desto höhere Bestände sind zu erwarten. Vorteilhaft ist bei der Darstellung von Abbildung 7.12, daß der Leistungsgrad des Angebots berücksichtigt wird.

7.7 Kapazitätsausgleich

Der auf Seite 185 im Abschnitt **Verschieben bei Überlast** geschilderte Kapazitätsausgleich muß im Leitstand zumindest für die nächste Schicht rollierend eingesetzt werden. Die manuelle Einplanung scheitert an der Fülle der einzuplanenden Arbeitsgänge und an der Unübersichtlichkeit der Zusammenhänge zwischen den Ressourcen. Dies gilt in besonderem Maße für eine Werkstättenfertigung. Eine Verfeinerung der Methode ist allerdings erforderlich: Bei allen Arbeitsgängen müssen die gemeinsam erforderlichen Ressourcen auch gemeinsam verfügbar sein. Es ist keineswegs ausreichend, wenn Rüstpersonal von 6 Uhr bis 7 Uhr, die Maschine aber von 7 Uhr bis 10 Uhr verfügbar ist, um einen Arbeitsgang mit einer Stunde Rüstdauer einzuplanen. Gerade durch die unerwarteten Bedarfsüberschneidungen bei ansonsten kaum ausgelasteten Ressourcen entstehen viele Störungen und Eilaufträge, die bei rechtzeitiger Planung im Rahmen des Kapazitätsausgleichs leicht behoben werden können.

7.8 Veranlassung

Hier endet die Analogie zur Kapazitätswirtschaft; alle jetzt folgenden Funktionen beziehen sich auf die Durchsetzung und die gibt es nur bei der Fertigungslenkung und nicht bei der Kapazitätsplanung. Häufig wird statt *Veranlassung* auch der Begriff *Freigabe* verwendet. Zwischen der Auftragsannahme und der Fertigstellung eines Auftrags gibt es aber mehrere Zustandsübergänge, die alle mit dem Begriff Freigabe gemeint sein können. So gibt der Vertrieb die bestätigten Kundenaufträge der Disposition frei, die Materialwirtschaft macht eine Freigabe zur Beschaffung von Zukaufteilen, die Qualitätskontrolle gibt eine Lieferung frei, die Arbeitsvorbereitung macht eine Freigabe an den Leitstand und der Leitstand gibt die Arbeitsgänge zur Bearbeitung frei. Nur diese letzte *Freigabe* ist mit *Veranlassung* gemeint.

Die Veranlassung der Arbeit erfolgt entweder durch Ausdrucken von Arbeitspapieren oder papierlos durch die Anzeige der Arbeitsvorgaben an einem Bildschirm. In beiden Fällen ist eine Änderung der Vorgaben nach der Veranlassung tunlichst zu vermeiden. Um aber bis zuletzt Vorgaben kurzfristig ändern zu können, sollte die Veranlassung so spät wie irgend möglich erfolgen. Der absolut späteste Zeitpunkt liegt unmittelbar nach der Fertigmeldung des davorliegenden Arbeitsgangs. Man nennt diese Veranlassungsform *Zug-um-Zug-Freigabe*, da der Werker erst durch die Rückmeldung eines Arbeitsgangs die Veranlassung des nächstfolgenden erreicht. Viel häufiger anzutreffen ist aber die Form, bei der etliche Stunden (oder gar Tage) vor dem Beginn des 1. Arbeitsgangs der gesamte Werkauftrag mit allen Tätigkeiten in Papierform an die Fertigung gegeben wird.

Je nachdem, welche der am Werkauftrag beteiligten Ressourcenarten angesprochen wird, unterscheidet man zwischen

Materialentnahmescheinen,
Arbeitsgang- oder Lohnscheinen für Arbeitsplätze und Personal,
Transportaufträgen,
Werkzeugbereitstellungsaufträgen,

Prüfaufträgen,
Rüstaufträgen und
Lagerzugangsscheinen.

Die Werkstattpapiere (oder Bildschirmanzeigen) enthalten mindestens

die Auftragsnummer,
die Arbeitsfolgenummer,
die Ressourcennummer,
die Soll–Menge,
den Soll–Termin,
nähere Angaben für die Durchführung der Arbeit und
einen Barcode mit der Identifikation des Scheins zur einfachen BDE.

Natürlich kann jederzeit eine Auftragsübersicht angezeigt oder gedruckt werden, die außer den obigen Daten für jeden Arbeitsgang noch den aktuellen Zustand zeigt. Abbildung 7.13 zeigt eine solche Auftragsübersicht, Abbildung 7.14 den Lohnschein für den Arbeitsgang *050 = Konturfräsen*.

Kunz KG **LAUFKARTE** 17.08.92 08:54

Auftragsnummer :	720	Endtermin :	01.09.92
Ident-Nr. :	71118023	Durchlzeit/Std.:	73,00
Zeichnungs-Nr. :	Z71118 V1.3	Auftragsmenge :	100,00
Bezeichnung :	Oberteil	TB-Nr :	Z7111 V1

SA	AVO	Masch.Gruppe Arbeitsplatz	tr	Dauer te		Starttermin
H		71118023		00,00	Std	01.09.92 07:00
			0	0,00		
A	070	Qual-8310		03,00	Std	31.08.92 12:00
		8310	0	3,00		
A	060	Mont-1200		15,00	Std	25.08.92 09:00
		1201	0	15,00		
A	050	Fräs-4090		20,50	Std	21.08.92 13:30
		4090	50,00	20,00		
A	040	Bohr-5010		04,00	Std	21.08.92 09:00
		5010	0	4,00		
A	030	Dreh-3080		15,50	Std	19.08.92 10:00
		3080	50,00	15,00		
A	020	Säge-2070		10,25	Std	18.08.92 13:00
		2070	25,00	10,00		

Abbildung 7.13: Auftragsübersicht über den Werkauftrag Nr. 720.

Kunz KG

LOHNSCHEIN

Ausstelltag : 17.08.92 08:54 R-NR: 00094793

Auftragsnummer	**: 720**	**Starttermin**	**: 21.08.92 13:30**
Ident-Nr.	**: 71118023**	**Vorgabezeit**	**: 20,00**
AVO	**: 050**	**te Mehrmasch.**	**:**
AVO-Menge	**: 100,00**	**Zeitart - AW**	**: 2 / A**
Masch.Gruppe	**: Fräs-4090**	**Bezugsart**	**:**
Arbeitsplatz	**: 4090**	**Personal-Nr.**	**:**
Kostenstelle	**: 620**	**Gutmenge**	**:**
		Gebr. Std.	**:**

Bezeichnung: konturfräsen

Abbildung 7.14: Lohnschein (Konturfräsen) mit Barcode für die BDE.

7.9 Rückmeldung (BDE)

BDE heißt Betriebsdatenerfassung. Aus historischen Gründen (Lohnabrechnung, Nachkalkulation) konzentriert sich die BDE auf die Erfassung der gefertigten Mengen und der dafür benötigten Zeiten. Falls man extreme Abweichungen zwischen Soll- und Ist-Mengen bzw. -Zeiten vorfindet, dann ist dagegen nichts einzuwenden. In solchen Fällen ist es wichtig, alle Daten einer Fertigmeldung, wie Auftragsnummer, Werker, Arbeitsplatz, Menge, Ausschuß, Dauer und Termin am Terminal erfassen zu lassen.

Sobald aber dauernde Ausreißer beseitigt sind und durch straffe Organisation sichergestellt ist, daß in den meisten Fällen die Vorgaben eingehalten werden, ist es angebracht, bei der BDE nur noch die Soll-Vorgaben bestätigen zu lassen: Der Werker bestätigt die auf dem Beleg gemachten Soll-Vorgaben in den meisten Fällen ohne zusätzliche Änderungen.

Viel krasser läßt sich der BDE-Aufwand vermindern, wenn vorher detailliert geplant wurde. Es genügt dann, daß irgendein Synchronisationspunkt des Arbeitsgangs gemeldet wird — die restlichen, mit diesem Arbeitsgang synchronisierten 5 bis 10 Ressourcen werden damit automatisch mitgemeldet.

Die gravierendste Änderung im Rückmeldeverfahren besteht darin, daß nicht der Anfang und das Ende einer Tätigkeit, sondern nur deren Anfang gemeldet wird. Denn mit der Anfangsmeldung eines Werkauftrags kann automatisch der vorhergehende Werkauftrag auf dieser Ressource abgemeldet werden. Nur bei schwerwiegenden Mengenabweichungen gegenüber der Sollmenge ist eine Endemeldung erforderlich. Das Ende der Tätigkeit ist zwar bedeutsam für alle Abrechnungssysteme. Für die Planung und Steuerung ist der Anfang einer Tätigkeit viel bedeutsamer: Ein angefangener Arbeitsgang kann keinesfalls mehr terminlich verschoben werden. Seine Fertigstellung kann mit großer Sicherheit erwartet werden. Auch bei einer Störung interessiert vor allem der Störungsbeginn, damit wartende Aufträge umgeleitet werden können. Das Störungsende ist demgegenüber höchstens für Statistiker von Bedeutung. Auch alle Unterbrechungen, Störungen und Ausfälle werden wie die normalen Tätigkeiten gemeldet, sodaß der Zeitstrahl lückenlos mit Rückmeldungen belegt ist (totale Transparenz).

Durch die Verlagerung vom Arbeitsende auf den Arbeitsbeginn wird die Terminmeldung bedeutsamer, als die Mengenmeldung. Und dies ist gerechtfertigt: Eine Fehlmenge betrifft im Grunde nur den einen Zugang, der aus dem Werkauftrag entstehenden Komponente. Ein Terminverzug betrifft aber alle, auch die parallel zu fertigenden Arbeitsgänge des Werkauftrags, da diese jetzt auch erst später benötigt werden.

Eine zeitgemäße BDE zeichnet sich dadurch aus, daß

- stets der Arbeitsbeginn gemeldet wird. Das Arbeitsende kann zusätzlich gemeldet werden, es kann aber auch aus dem Arbeitsbeginn des Folgeauftrags automatisch übernommen werden,
- nur Abweichungen von den Soll–Daten gemeldet werden, und das kommt hoffentlich nur selten vor,
- nur eine Meldung für alle Ressourcen eines Arbeitsgangs erfolgt.

Dadurch wird der Umfang der zu erfassenden Daten auf einen Bruchteil der heutigen BDE reduziert und die Genauigkeit der Termine wird nachhaltig verbessert.

Die über BDE erfassten Daten werden vom Leitstand gemäß den Anforderungen der Abrechnungssysteme verdichtet, aufbereitet und bis zur Datenübertragung zwischengespeichert. Für Abrechnungssysteme sind die exakten Daten des Leitstandes ein hochwillkommenes Abfallprodukt.

7.10 Überwachung

Jede Terminmeldung, jede Mengen– oder Daueränderung, jede Zustandsänderung, jede Umterminierung oder Reihenfolgeänderung, aber auch jede Störung und deren Beendigung muß im Rahmen der Soll–Ist–Überwachung vom Leitstand beobachtet werden. Eine Soll–Ist–Abweichung bei Mengen, Terminen oder bei der Dauer wird auf ihre Relevanz überprüft. Dazu wird die Differenz mit dem Grenzwert verglichen. Solche Grenzwerte könnten beispielsweise lauten:

> Jede Soll–Ist–Abweichung von Terminen, die kleiner ist als 2 Stunden, wird ignoriert; ist sie größer, dann wird eine automatische Vorwärtsterminierung angestoßen. Oder:
>
> Jede Soll–Ist–Abweichung von Mengen, die 5% der Vorgabemenge übersteigt, führt zu einer Korrektur der Auftragsmenge und zu einer neuen Einplanung des Auftrags.

Die Grenzwertvorgaben dämpfen das Leitstandsystem. Sie bewirken, daß geringfügige Abweichungen nicht sofort zu einem ausufernden Planungskarussel führen, gravierende Abweichungen dagegen eine Planänderung veranlassen.

Dieselben Dämpfungsalgorithmen wird man zweckmäßigerweise auch zwischen Leitstand und Kapazitätswirtschaft und zwischen Kapazitätswirtschaft und Grobplanung einsetzen.

> Kleine Planabweichungen werden ignoriert, größere Abweichungen führen zur Terminänderung im Leitstand,
>
> noch größere Abweichungen verursachen eine neue Kapazitätsplanung und
>
> gewaltige Abweichungen beeinflussen sogar die Grobplanung.

Abbildung 7.15 zeigt vier mit einander vermaschte, gedämpfte Regelkreise eines PPS–Systems. Die Rückmeldung von den unteren auf die oberen Regelkreise bringt zusätzliches Wissen von der Basis zu den höheren Planungsebenen. So kann beispielsweise aufgrund der Fehlteilemeldung der Ausschußprozentsatz, aufgrund der Entnahmen der Mengenfaktor der Stückliste und aufgrund der Auftragsanzahl die Wartezeitvorgabe angepaßt werden. Das PPS–System lernt aus den IST–Daten.

7.11 Statistiken, Kennzahlen

Die meisten Unternehmen haben zu viele Kennzahlen; sie ersticken im Informationsmüll. Im PPS–Bereich gibt es die vier eingangs erläuterten Ziele, nämlich

> hohe Lieferbereitschaft/Termintreue
> kurze Durchlaufzeit
> geringe Lagerbestände und
> hohe Kapazitätsauslastung.

Für diese vier Ziele benötigt jeder Manager Kennzahlen mit den erreichten und den erreichbaren Werten. Alle vier Ziele lassen sich grafisch mit dem Durchlaufdiagramm darstellen.

Für die Kontrolle der *Liefertermintreue* wird zuerst eine Kurve mit den vom Kundenwunsch hergeleiteten spätesten Terminen in ein Durchlaufdiagramm gezeichnet (Abb. 7.16). Dazu wird eine zweite Kurve ergänzt, die die tatsächlichen Liefertermine anzeigt. Die Gesamtfläche zwischen den beiden Kurven ist ein Maß für die Liefertermintreue. Kleine Flächen zeigen, daß die Wunsch– und Ist–Termine nahe beieinander liegen. Dabei kann man die Flächen der verfrühten Lieferungen mit denen der verspäteten Lieferungen leicht vergleichen.

Eine weitere Auswertung für die Liefertermintreue ist der Puffer zwischen den Kurven nach frühestem und spätestem Termin in Abbildung 7.12. Je größer die Pufferfläche wird, desto sicherer können die Termine der Zukunft eingehalten werden. Während sich die Darstellung in Abbildung 7.16 auf die Vergangenheit bezieht, analysiert die Grafik von Abbildung 7.12 die Zukunft.

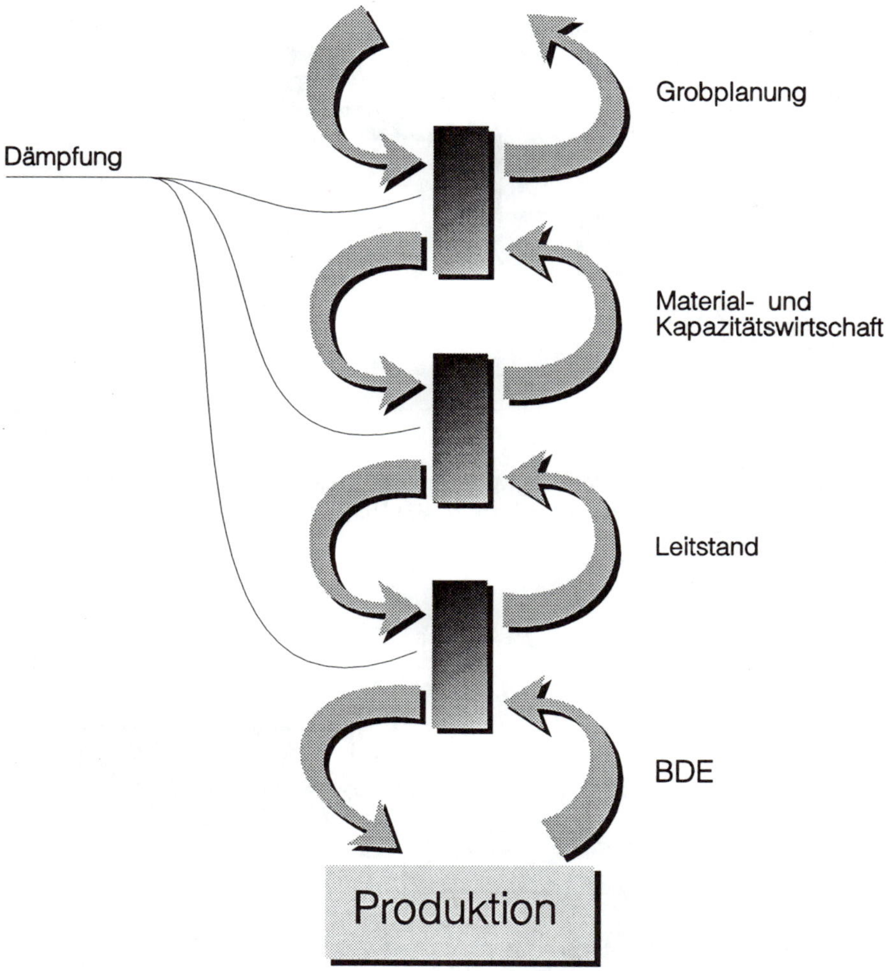

Abbildung 7.15: Dämpfungsglieder sorgen dafür, daß die vermaschten Regelkreise eines PPS–Systems nach einer Abweichung in den Ruhezustand zurückfinden.

Die *Durchlaufzeit* kann mit dem Standard-Durchlaufdiagramm gemessen werden (Abb. 7.17). Wählt man als eine Kurve die Anlieferungstermine an einem Arbeitsplatz oder an eine Abteilung und als zweite Kurve die Ablieferungstermine derselben Aufträge, so ergibt der waagrechte Abstand die tatsächliche oder zu erwartende Durchlaufzeit.

Selektiert man Lagerorte anstelle der Abteilungen, so zeigt das Standarddurchlaufdiagramm eine Kurve mit den Materialzugängen ans Lager und die zweite Kurve die Materialabgänge vom Lager, also echte Fortschrittszahlendiagramme (Abb. 7.18). Der senkrechte Abstand der beiden Kurven zeigt den tatsächlichen bzw. zukünftigen *Lagerbestand.*

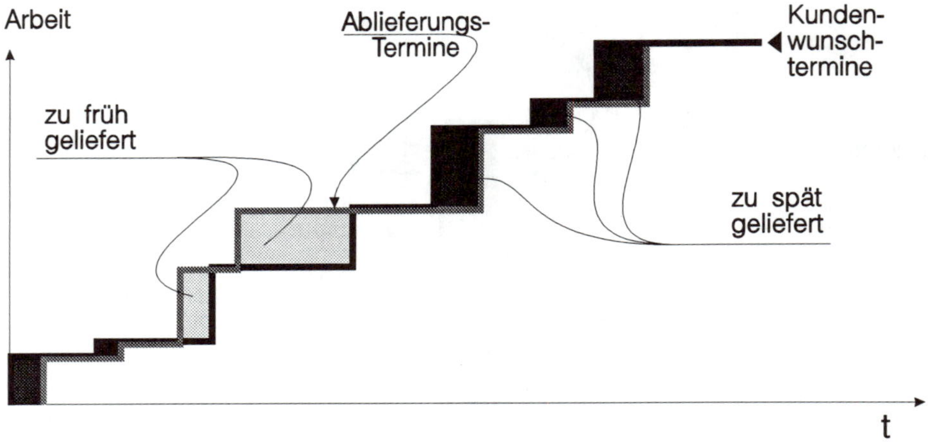

Abbildung 7.16: Das Durchlaufdiagramm mit den Kundenwunsch– und den Ablieferungsterminen macht die Termintreue sichtbar.

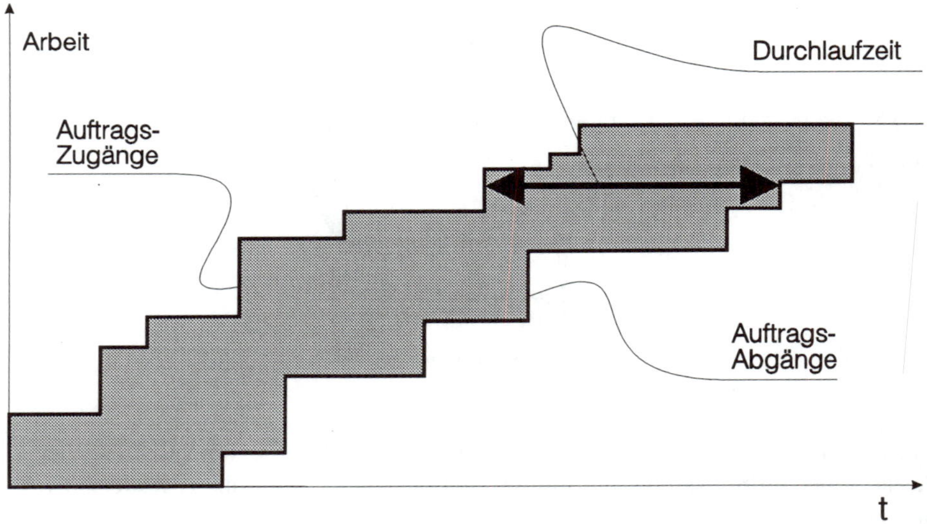

Abbildung 7.17: Der waagrechte Abstand im Standarddurchlaufdiagramm zeigt die Durchlaufzeit zwischen Anlieferung und Ablieferung an einem Arbeitsplatz.

Die Kontrolle der *Kapazitätsnutzung* erfolgt aufgrund der angebotenen Kapazität eines Arbeitsplatzes mit dem genutzten oder benötigten Kapazitätsbedarf aus den Aufträgen (Abb. 7.19). Die Fläche zwischen den beiden Kurven ist ein Maß für die nicht genutzte Kapazität.

Alle Durchlaufdiagramme können auch bewertet gezeichnet werden. Dann wird der Arbeitsinhalt nicht in Stunden oder Stück, sondern in DM angegeben. Auf diese Art kann man auch Lagerbestände, Durchlaufzeiten und Termintreue für Artikelgruppen, Abteilungen oder ganze Werke darstellen.

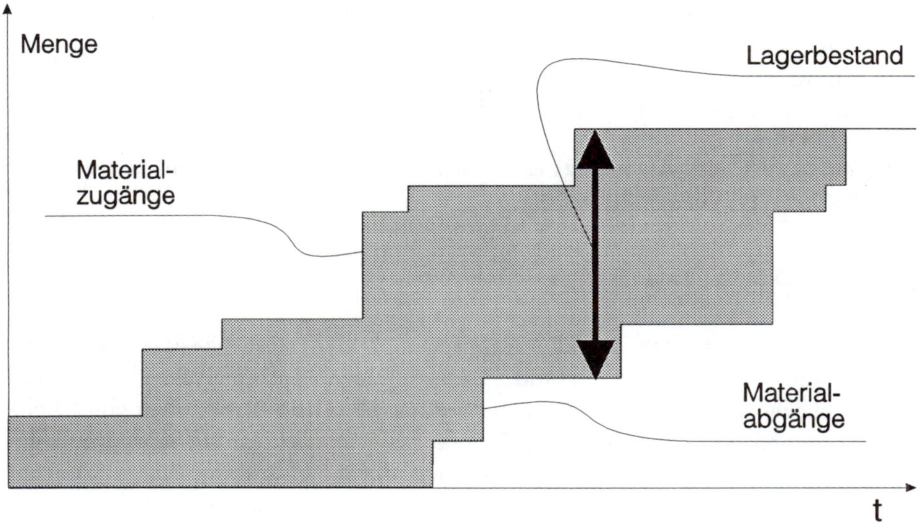

Abbildung 7.18: Der senkrechte Abstand zeigt für einen Lagerort den Lagerbestand, wenn die Materialzugänge und –abgänge als Kurven dargestellt werden.

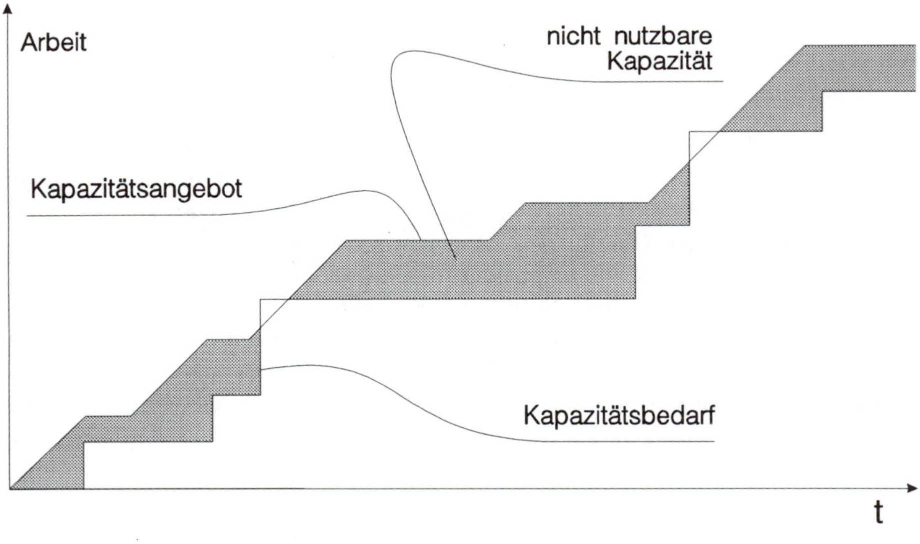

Abbildung 7.19: Die Fläche zwischen der Kapazitätsangebotskurve und der Kapazitätsbedarfskurve ist ein Maß für die nicht genutzte bzw. nicht nutzbare Kapazität.

Zusätzlich zu den Durchlaufdiagrammen benötigt der PPS–Controller oder –Disponent noch Klassendiagramme. Abbildung 7.4 zeigt ein Diagramm, aus dem die Verteilung der Durchlaufzeiten ersichtlich ist. Sehr aufschlußreich sind auch ABC–Analysen, aus denen hervorgeht, welche Aufträge den größten Beitrag zu einem der vier Ziele leisten. So kann man ABC–Verteilungen

mit zunehmender Liefertermintreue der Kostenträger,
mit abnehmender Durchlaufzeit der Kostenträger,
mit abnehmender Lagerdauer der Kostenstellen oder
mit zunehmender Kapazitätsauslastung der Kostenstellen

erstellen. Typischerweise genügt es, etwa 20% der Aufträge zu kontrollieren, um 80% des Erfolgs sicherzustellen.

7.12 PPS–Realität

Nur fünf der derzeit am Markt angebotenen PPS–Systeme besitzen einen ins PPS–System integrierten Leitstand. Unsere beiden Muster–Systeme SAP und VPPS gehören dazu. Beide Systeme enthalten alle Grundfunktionen eines Leitstandes gemäß Abbildung 7.2. Sie führen das Kapazitätsangebot sekundengenau, allerdings fehlen bei beiden Systemen die in Abbildung 7.6 erläuterten Synchronisationsmöglichkeiten von beliebig vielen Ressourcen je Arbeitsgang. Beide Systeme beherrschen die drei Terminierungsarten. Sie zeigen das Kapazitätsgebirge einzeln und summarisch. Die Darstellung der Kennzahlen als Durchlaufdiagramme ist in diesen beiden Leitstandsystemen noch nicht realisiert.

Ausblick

Es ist zu ahnen und zu hoffen, daß es keine Leitstände der 4. Generation mehr geben wird. Vielmehr werden sich die PP–Systeme und die Leitstände in einem gemeinsamen PPS–System unauflösbar vereinigen. Es ist zu erkennen, daß die grafischen Oberflächen der neuen Leitstände die alphanumerischen Bildschirmmasken der PPS–Systeme verdrängen werden. Aber auch die Dezentralisierungsansätze, die offene Software–Architektur, die Echtzeitverarbeitung und die wissenschaftlich fundierten Funktionen der Leitstände können die etwas angestaubten PPS–Systeme von der Basis her erneuern. Die 4. PPS–Generation wird den ganzen Bogen von der Grobplanung bis zur Durchsetzung umfassen und dabei das Look and Feel von Leitständen aufweisen.

Kapitel 8

PPS–Koppelung mit benachbarten Funktionen

8.1 CIM–Lösung für Vertrieb und PPS

Die Vertreter eines Möbelherstellers für Verkaufsräume besuchen Einzelhändler und Kaufhäuser. Gemeinsam mit den Abteilungsleitern wird der zu möblierende Raum, die Art und Bestückung mit Möbeln, die Anzahl der Schubladen, Fächer, Tische usw. festgelegt. Der Vertreter macht daraus eine Skizze der Möbel und erstellt ein Angebot mit Kostenvoranschlag und Liefertermin. Wird das Angebot zum Auftrag, werden aufgrund der gewählten Möbel die Beschläge und Materialien beschafft, die Möbel gefertigt, ausgeliefert und montiert.

Eine CIM–Studie hat verdeutlicht, daß folgender Ablauf mit CIM möglich ist (Abb. 8.1): Der Vertreter besucht seine Kunden mit einem Laptop, der ein einfaches KI–System zur Unterstützung der Möbelauswahl und –anordnung enthält. Im Frage– und Antwortspiel werden die Wünsche des Kunden gezielt erfasst. Das ebenfalls auf dem Laptop vorhandene CAD–System zeichnet die Grund– und Aufrisse der Möbel maßstabsgetreu aufgrund der Kundenwünsche. Die erfassten Kundenangaben werden in das umfassendere CAD–System der Konstruktionsabteilung übernommen. Automatisch werden Zeichnungen angefertigt, bemaßt und ausgeplottet. Die Stücklisten und Arbeitspläne werden ins PPS–System überspielt. Das PPS–System plant das Angebot ein und ermittelt den frühest möglichen Liefertermin. Die Kostenträgerkalkulation errechnet die Herstellkosten aufgrund der Stücklisten und Arbeitspläne. Die aus den Kosten ermittelten Preise und der Liefertermin werden als Angebot ausgedruckt und zusammen mit den geplotteten Zeichnungen dem Kunden zugeschickt. Akzeptiert der Kunde das Angebot, so werden die Materialien reserviert, entnommen und mit Hilfe von NC–gesteuerten Maschinen zugeschnitten. Die Auftragsverfolgung sämtlicher Möbel eines Auftrags erfolgt über Gantt–Diagramme am Bildschirm eines Leitstandes. Durch die BDE über Maschinenterminals und Barcode–Leser wird eine mitlaufende Kalkulation aktualisiert, sodaß stets die genaue Termin– und Kostensituation ersichtlich ist.

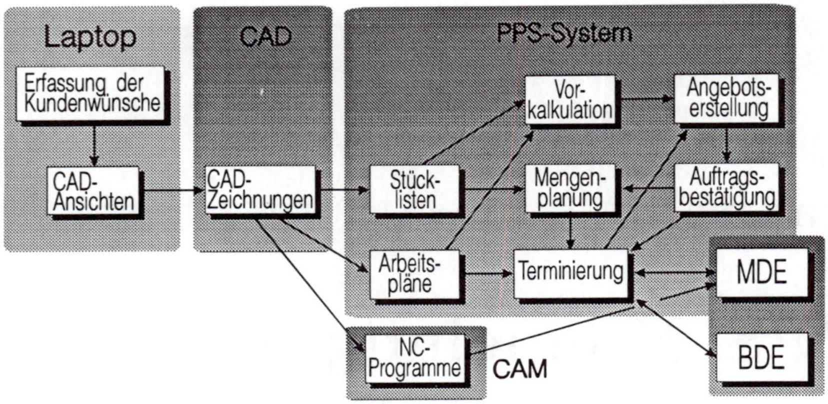

Abbildung 8.1: EDV–Ablauf einer komplexen CAD–PPS–BDE–Koppelung.

Dieses CIM–System koppelt

- den Vertrieb
- die Angebotsabteilung
- die Konstruktion
- die Arbeitsplanung
- die Materialwirtschaft
- die Arbeitsverfolgung
- die NC–Maschinensteuerung und
- die Kalkulation

miteinander.
Es ist nachweislich kein technisches Problem, dieses CIM–Konzept zu verwirklichen; es ist aber ein bedeutendes Investitions– und ein gewaltiges Organisations–Problem.

In den folgenden Abschnitten lernen Sie jeweils diejenigen Funktionen aus benachbarten Abteilungen kennen, die zu PPS–Funktionen ergänzend, redundant oder sogar widersprüchlich sind. Abschließend wird eine generelle Koppelungsmöglichkeit vorgestellt.

8.2 Vertrieb

Die obige Schilderung der CIM–Lösung für einen Einzelfertiger soll nun um die Aufzählung der Abläufe ergänzt werden, die beim Varianten– und Kleinserienfertiger zur Erhebung und Pflege der Primärbedarfe nützlich sind:

1. Die Erreichung der 4 PPS–Ziele hängt in hohem Maße von den Aktivitäten des Vertriebs ab. Der erste Anhaltspunkt, den das PPS–System vom Vertrieb erhält, ist der Absatzplan. Dieser Absatzplan wird nach Produktgruppen erstellt und berücksichtigt die Marktgegebenheiten und die

Marketingziele des Unternehmens. Vergleicht man die vergangenen Absatzpläne mit den Jahresverkaufszahlen, so stellt man häufig eine extreme Übereinstimmung fest: Absatzpläne sind also eine sichere Ausgangsbasis — leider sind sie aber nur sehr pauschal untergliedert. Die Absatzzahlen sind höchstens monatsgenau, die Zahlen sind oft keine Mengenangaben, sondern Umsatzangaben und der Absatzplan beinhaltet nur die wichtigsten Teilegruppen, ist also nicht auf Endprodukte aufgeschlüsselt. Die weitere Aufschlüsselung des Absatzplans auf Bedarfmengen, Tagestermine und Endprodukte ist mit großen Schätzfehlern behaftet. Rollierend wird der Absatzplan mit den Produktions- und Beschaffungsmöglichkeiten abgestimmt. Dazu wird der detaillierte Absatzplan manuell in einen Produktionsplan übergeleitet, der z.B. saisonale Absatzabweichungen durch bewußt eingeplante Bestandspuffer ausgleicht.

2. Der Produktionsplan kann mit Hilfe der Grobplanung vom PPS–System auf seine Machbarkeit geprüft werden. Die frühesten Termine geben an, wann mit den Produktionsplanmengen frühestens gerechnet werden kann. Rollierend wird der näher zur Gegenwart gelegene Teil des Produktionsplans vom Vertrieb durch Bedarfsschätzungen verfeinert. Diese Bedarfe werden vom PPS–System in Rahmen der normalen Nettobedarfsermittlung über die Stücklisten und Arbeitspläne komplett aufgelöst und dabei auf ihre Realisierbarkeit geprüft. Der Einbezug von Angeboten in die Bedarfe ist kritisch: Da nicht jedes Angebot zu einem Auftrag wird, erhöht sich der Bedarf und damit auch der Bestand bei den Baugruppen und Einzelteilen künstlich.

3. Für jedes Angebot sollten im PPS–System mit Hilfe der Rückwärts- und Vorwärtsterminierung der Liefertermin und mit der Kostenträger–Vorkalkulation die Kosten berechnet werden.

4. Für alle Endprodukte und Ersatzteile, für die kein Produktionsplan existiert, muß eine Vorhersage gemacht werden. Der Vorhersagehorizont muß länger sein, als die längste Wiederbeschaffungszeit für das Endprodukt.

5. Die Auftragsbestätigung verwandelt das Angebot in einen sicheren Bedarf. Der Auftrag wird (eventuell mit einer Zeichnung) bestätigt und im PPS–System fest eingeplant.

   Wünschenswert wäre es, daß der Vertrieb für ausgewählte Kundenaufträge den Auftragszustand und die Kosten grafisch am Bildschirm ablesen könnte. Abbildung 8.2 zeigt ein Gantt–Diagramm mit den Planterminen eines Kundenauftrags, der aus 5 Werkaufträgen besteht und etwas verfrüht zur Hälfte abgearbeitet ist.

6. Bei der Auslieferung wird vom PPS–System die SOLL–IST–Abweichung des Termins und der Menge statistisch fortgeschrieben. Die Mengenabweichung wird zur Berechnung des Sicherheitsbestandes verwendet. Die Terminabweichung ist eine wichtige Meßzahl für das Ziel Termintreue.

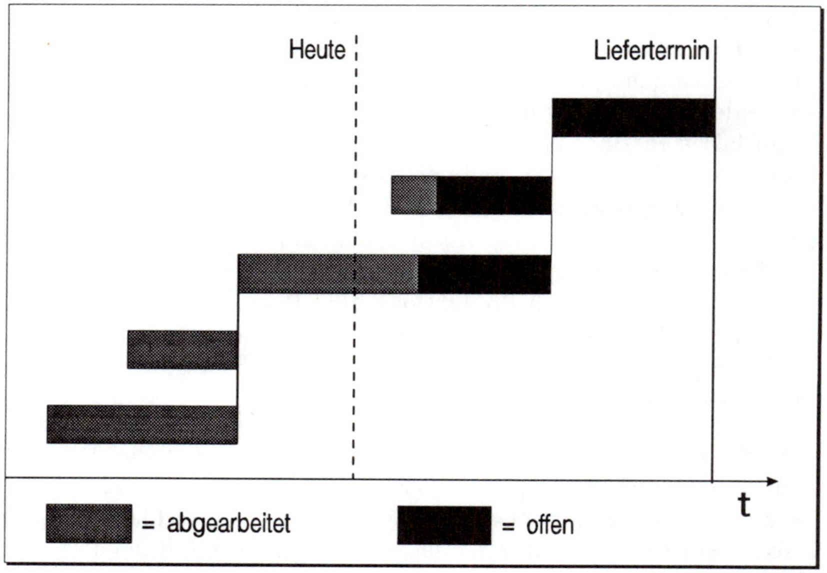

Abbildung 8.2: Gantt–Diagramm mit einem Kundenauftrag, der aus fünf Werkaufträgen besteht und etwa zur Hälfte erledigt ist.

7. Bei, vor oder nach der Auslieferung werden Papiere wie Lieferschein, Versandpapiere, Picklisten, Zollerklärungen, Frachtpapiere und die Rechnung gedruckt. Die Rechnungsdaten werden an die Debitorenbuchhaltung übergeben. Im Gegensatz zum Einkauf werden für Endprodukte die Zu– und Abgänge und damit auch die Bestandsführung, Disposition, Terminierung und Saldierung im PPS–System mit den dort enthaltenen Algorithmen bearbeitet. Die Koppelung zwischen dem Produktionsplan des PPS–Systems und dem Absatzplan des Vertriebs ist meistens ein wunder Punkt: Diese Koppelung ist zu lose und erfolgt zu selten.

Abbildung 8.3: Koppelung von PPS und Vertrieb.

Im VPPS–System sind die Vertriebsfunktionen integrierter Bestandteil des Systems. Alle Dispositions–, Terminierungs–, Bestandsführungs– und Auflösungsalgorithmen des PPS–Systems stehen auch dem Vertriebsmodul zur Verfügung. Durch das Net–Change–Prinzip wird die rollierende Planung unterstützt. Grob– und Feinplanung sind gleichermaßen vorgesehen. Auch eine detaillierte, kundenauftragsbezogene Kostenträgerkalkulation wird mitgeliefert.

Vorhersageprogramme sowie die Verwaltung von Rahmenaufträgen und der elektronische Anschluß an EDI (elektronischer Datenaustausch) sind nicht vorhanden. Andererseits wird aber ein frühester Termin je Primärbedarf errechnet, der angibt, wann ein Bedarf aus dem Produktionsplan oder aus einer Kundenanfrage frühest möglich und realistisch lieferbar ist.

Das SAP–System enthält einen umfassenden, integrierten Vertriebsbaustein, der alle Aktivitäten inklusive der oben geschilderten wirkungsvoll unterstützt. Eine integrierte Textverarbeitung, eine detaillierte Preisfindung, die Erstellung von Buchungssätzen für die Finanzbuchhaltung und ein Archiv für Kundenaufträge darf man heute von jedem Vertriebsmodul erwarten.

8.3 Einkauf

Der Ablauf im Einkauf tangiert in vielen Punkten die Funktionen des PPS–Systems.

1. Ausgangspunkt für den Einkauf ist die Bestellanforderungsdatei. In ihr stehen alle Bedarfe (mit Wunschtermin und Menge), die vom PPS–System über Stücklisten ermittelt wurden. Desweiteren stehen aber auch Bedarfe für Anlagen, Projekte, Verbrauchsmaterialien, Hilfs– und Betriebsstoffe und Gemeinkostenmaterialien in dieser Datei. Ein großer Teil dieser Bedarfe taucht im Einkauf zum ersten Mal auf. Für diese Bedarfe muß bei potentiellen Lieferanten eine Lieferanfrage veranlasst werden. Als Adressaten kommen in Frage

   - Firmen, die schon einmal geliefert haben und
   - Firmen aus Katalogen, die das entsprechende Artikelsortiment anbieten.

   Für beide Firmenklassen ist ein gutes Suchsystem dienlich, das die in Frage kommenden Firmen aus einer Datenbank aufgrund der eingegebenen Materialeigenschaften heraussucht.

   Die Angebotsaufforderungen werden mit EDV–Unterstützung geschrieben und als Brief oder elektronisch versandt (Fax, Telex, EDI, Datex...). Die abgeschickten Angebotsaufforderungen werden terminlich überwacht.

2. Die eingehenden Angebote müssen miteinander verglichen werden. Vor allem die Kriterien

   - Qualität
   - Liefertermintreue sowie
   - Preise und Konditionen

   gehen in die Lieferantenbewertung ein.

Die Angebotspreise des Lieferanten werden auf Einstandspreise frei Fabrik unter Berücksichtigung der Konditionen umgerechnet.

Die Qualität prüft der Wareneingang. Verfahren der statistischen Qualitätskontrolle (z.B. AQL–Standards) werden eingesetzt, um eine festgelegte Prüfsicherheit bei Stichprobenprüfungen zu gewährleisten. Die Qualitätskontrolle liefert eine Qualitäts– oder Ausschußkennzahl.

Die Liefertermintreue kann je Lieferant und Teil aufgrund der erfolgten Lieferungen als gewichteter Mittelwert der Terminabweichungen gebildet werden (siehe Seite 147: Sicherheitszeit).

Empirisch werden die 3 Kriterien über Gewichtungsfaktoren miteinander verbunden zu einer Lieferantenkennziffer (LKZ):

$$LKZ = \frac{f_p}{p} + f_q \cdot q + \frac{f_t}{t}$$

f = Gewichtungsfaktoren für Preis, Termintreue und Qualität
p = Einstandspreis
q = Qualitätskennzahl = (100– Ausschußprozentsatz)
t = Terminabweichungen

Leider kann die Lieferantenkennzahl erst gebildet werden, wenn ein Lieferant einen Artikel mehr als 10 bis 20 mal geliefert hat. Die Rangliste der Lieferanten soll dem Einkäufer als Entscheidungshilfe bei der Lieferantenauswahl dienen. Diese Auswahl hat erhebliche Rückwirkungen auf die Lieferzeit, den Preis und die Bestellmengen, also auf wichtige PPS–Daten.

3. Zur Lieferantenauswahl gehört auch die Bestellmengenermittlung. Die Mehrzahl der Einkaufsteile sind keine Stücklistenteile. Für sie schätzt der Einkauf den Bedarf mit Hilfe von Prognoseverfahren oder der Besteller (z.B. der Kostenstellenleiter oder der Reparaturarbeiter) bestimmt die Bedarfsmenge bei der Bedarfsmeldung. Bei Stücklistenteilen werden die Bedarfsmengen vom PPS–System übernommen. Das Einkaufssystem bestimmt für alle Einkaufsteile die Bestellmengen nach den gleichen Dispositionsmethoden, wie das PPS–System. Bei den dynamischen Losgrößenverfahren sind zusätzlich Rabattstaffeln zu berücksichtigen.

   Rahmenverträge vereinbaren die Abnahmemengen und Konditionen mit einem Lieferanten über längere Zeit. Kontrakte und Lieferpläne bestimmen die Mengen und Terminschranken für Abrufbestellungen. Die Bestellmengen sind von den Rahmenverträgen und Kontrakten abzuziehen.

4. Die anschließende Bestellschreibung und die Bestellüberwachung erfolgen EDV–gestützt. Der Wareneingang registriert die Anlieferung, die Qualitätskontrolle prüft die angelieferten Waren, die Bestandsführung bucht die Bestände, die Rechnungsprüfung stellt die sachliche und rechnerische Richtigkeit sicher und übergibt die Buchungssätzte an die Kreditoren–Buchhaltung.

5. Statistiken über Anzahl und Art der Anfragen und Bestellungen, Bestellobligo, Wareneingangsbestand, Reklamationen, Termintreue und Preiskorrekturen können für Einkaufsgruppen, Teilegruppen oder für einzelne Teile jederzeit abgerufen werden.

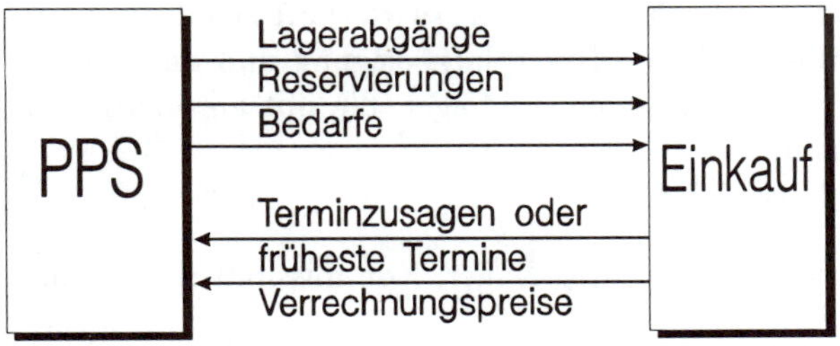

Abbildung 8.4: Koppelung von PPS und Einkauf.

Die Koppelung von PPS–Systemen zum Einkauf erfolgt am einfachsten so, daß alle Abgänge der Stücklistenteile wie Lagerentnahmen, Reservierungen und Sekundärbedarfe an den Einkauf übertragen werden. Der Einkauf erledigt die Disposition und die Verwaltung der Zugänge, die Anlieferungen, Qualitätskontrolle, offene Bestellungen, geplante Bestellungen, Kontrakte und Rahmenverträge. Wünschenswert wäre es für die Verfügbarkeitsrechnung, wenn der Einkauf für jeden Bedarf einen frühesten Termin zurückmelden würde.

Problematisch ist die *verlängerte Werkbank*. Das sind einzelne Arbeitsgänge oder Arbeitsgangfolgen, die an Fremdlieferanten vergeben werden. Sie sind einerseits wie Einkaufsteile zu bestellen, überwachen, prüfen und zu bezahlen, andererseits sind sie wie eigengefertigte Arbeitsgänge zu disponieren und zu terminieren.

Wünschenswert ist es, daß die Prognose, Disposition, Bestandsführung, Bestellmengenrechnung, Terminierung, Bestimmung der frühesten Termine und Sicherheitszeitberechnung nach den gleichen Algorithmen wie im PPS–System ablaufen, damit der Einkauf und die Produktion stets dieselben Ziele anstreben.

Beim SAP–System ist der Einkauf ein integrierter Bestandteil. Alle Dispositions–, Terminierungs–, Bestandsführungs–, Losgrößen– und Sicherheitsbestandsberechnungen erfolgen nach denselben Formeln und Algorithmen, wie im PPS–System. Alle Einkaufsfunktionen sind sehr umfassend und detailliert verfügbar. Auch die Funktionen der Lieferantenbewertung und –auswahl und der statistischen Wareneingangskontrolle nach AQL–Standards werden angeboten. Integrierte Textverarbeitung, Rechnungsprüfung, Errechnen von Standard– oder Verrechnungspreisen, Erstellung von Liefereinteilungen und die Übergabe von Buchungssätzen an die Finanzbuchhaltung und Kostenrechnung sind weitere Leistungen der SAP–Software. Besonders hervorzuheben ist eine gute Lösung für die Lohnbearbeitung, also die *verlängerte Werkbank*.

Auch beim VPPS–System sind der Einkauf und das PPS–System miteinander integriert. Bis auf die Preisberechnung und Lohnbearbeitung enthält das VPPS–System etwa denselben Funktionsumfang, allerdings längst nicht dieselbe Detaillierung, wie das SAP–System.

8.4 Lagerwirtschaft

Die Bestandsführung, die Bestandteil jeder Materialwirtschaft ist, führt die Bestände nach Menge und manchmal auch nach Wert. Die Lagerwirtschaft verfeinert diese Bestandsführung, indem sie auch den Lagerort und den Zustand der gelagerten Güter verwaltet. Die Lagerwirtschaft kennt die räumliche Aufteilung des Lagers, überwacht die Lagerplatzbelegung und die Transportvorgänge. Es handelt sich dabei bevorzugt um Lager, die mit automatischen Lagersystemen ausgerüstet sind.
Das gesamte Lager wird in

- Lagerarten (wie Hochregallager, Kommissionierlager) und
- Lagerplätze (also den Stellplatz für einen Behälter)

eingeteilt. Jede Ein- und Auslagerung erfolgt nach wählbaren Strategien. So kann für die Einlagerung

- der nächstgelegene leere Platz,
- ein beliebiger, zum Fassungsvermögen passender Platz,
- ein fest vorgegebener Stammplatz,
- ein Platz in der Nähe der restlichen Teile mit derselben Materialnummer

gesucht werden.
Auslagerungsstrategien können lauten:

- FIFO (First In First Out), was zuerst eigelagert wurde, wird auch zuerst ausgelagert,
- zuerst die angebrochenen Gebinde verbrauchen oder
- auslagern aus dem nächstgelegenen Platz.

Im Lagerwirtschaftssystem werden nur die physischen Zu- und Abgänge geführt — keine dispositiven Bewegungen und Bestände. Die Lagerwirtschaft erhält vom Vertrieb, von der Materialwirtschaft oder vom Einkauf Transportaufträge. Sie bucht alle Lagerbewegungen in der eigenen Datenbank, meldet sie aber auch an die Bestandsführung der dispositiven Funktionen, damit diese den Buchbestand entsprechend berichtigen können. Die Bestände werden also redundant geführt: Im Lagerwirtschaftssystem sind die Detaildaten der physischen Bestände, in der Bestandsführung die pauschalierten Daten gespeichert.

Alle Bestände des PPS-Systems werden aus den Zu- und Abgangsmeldungen durch Saldieren errechnet. Eine einzige fehlerhafte Buchung verfälscht ab diesem Moment alle weiteren Bestandsführungs- und Dispositionsergebnisse. Daher muß regelmäßig nachgezählt werden, ob der physische und der buchmäßige Bestand noch übereinstimmen. Bei der Inventur unterscheidet man

- Stichtags-Inventur
- permanente Inventur und
- Stichproben-Inventur

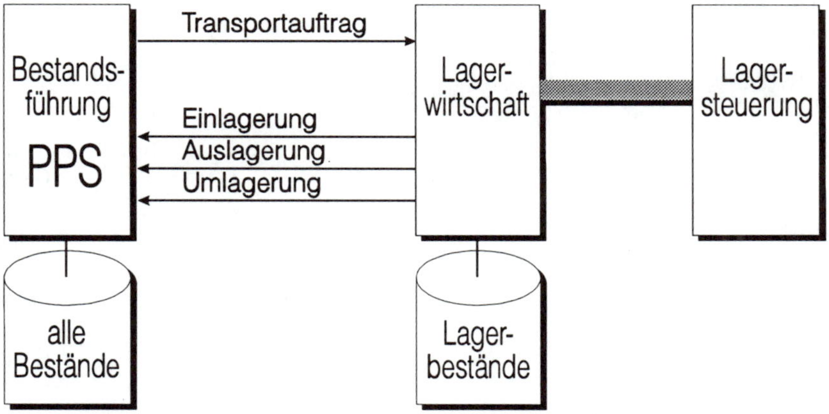

Abbildung 8.5: Koppelung zwischen PPS und Lagerwirtschaft.

Bei der *Stichtagsinventur* erfolgt an einem festgesetzten Tag im Jahr die Zählung der gelagerten Mengen aufgrund einer Zählliste. Bei der *permanenten Inventur* wird mehrmals während des Jahres eine Zählung vorgenommen. Gute Lagerwirtschaftssysteme schlagen die Teile dann zur Zählung vor, wenn diese gerade einen Null- oder Minimalbestand aufweisen. Die *Stichprobeninventur* setzt voraus, daß die Buchbestände mit den physischen Beständen stets übereinstimmen. Bei Hochregallagern mit maschineller Erfassung der Zu- und Abgänge ist dies realistisch. Die Richtigkeit der Bestände wird anhand von zufällig ausgewählten Stichproben bewiesen.

Eine etwas engere Koppelung der Lagerwirtschaft mit der Bestandsführung und Disposition ist bei der Chargenverwaltung erforderlich. Bei der Chargenverwaltung wird je Lagerort eine eindeutige Chargennummer, die Herkunft des Materials und deren Zustand festgehalten. Die Transportaufträge an das Lagersystem enthalten die Chargennummer, falls für einen Werkauftrag nur eine bestimmte Charge verwendet werden darf. In jedem Fall wird im Lagerwirtschaftssystem festgehalten, aus welcher Charge jeder Werkauftrag bedient wurde. Die Chargennummer wird also in beiden Systemen geführt: In der Lagerwirtschaft und in der Bestandsführung. Zusatzprogramme für die Chargenverfolgung sind erforderlich, um nachzuweisen oder vorwegzuplanen, welche Chargen in welchen Endprodukten verwendet werden.

Die neuen Gesetze zur Produkthaftung erzwingen den Nachweis, welche Lieferungen in welche Endprodukte eingeflossen sind. Die Chargenverwaltung ist eine gute Hilfe für den Nachweis der Ressoucenverwendung im Falle von Reklamationen oder Regressforderungen.

Das VPPS–System enthält zur Koppelung mit einem Lagerwirtschaftssystem einzelne Zu– und Abgänge. Es kann die Transportaufträge erstellen und den Lagerort oder die Chargennummer festhalten.

Im SAP–System ist ein Lagerwirtschaftssystem integriert. Chargenverfolgung, Inventur, Steuerung von Lagersystemen und die Verwaltung von Lagerorten mit verschiedenen Ein– und Auslagerungsstrategien sind verfügbar.

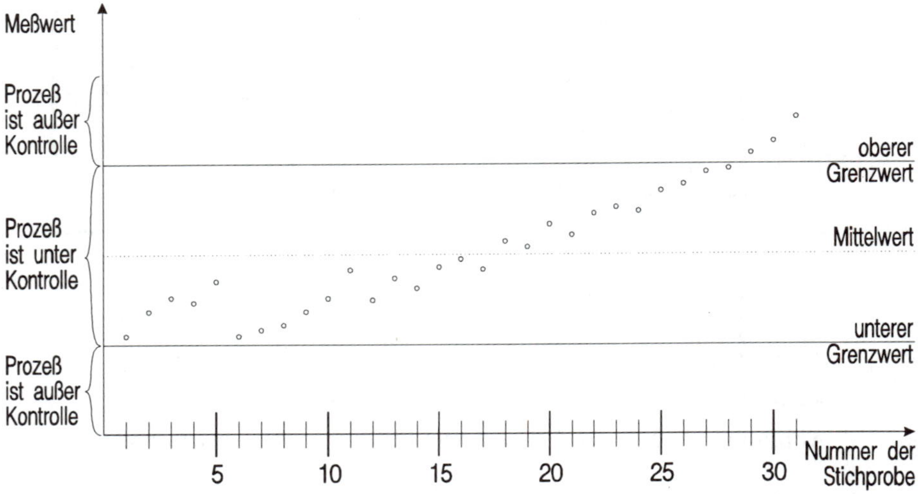

Abbildung 8.6: Darstellung einer Prozeßregelkarte am Bildschirm.

8.5 Qualitätssicherung

Alle Maßnahmen, die zur Erreichung einer geforderten Qualität führen, werden unter dem Begriff Qualitätssicherung (QS) zusammengefasst. In den letzten Jahren hat ein Sinneswandel im Bereich der Qualitätssicherung stattgefunden: Früher wurde das fertige Produkt geprüft — jeder Fehler wurde zu spät erkannt, war teuer in der Behebung und problematisch für die Disposition. Jetzt versucht man Fehler präventiv zu vermeiden. Die Qualitätssicherung ist dann nicht mehr ein losgelöster Prüfvorgang, sondern ein in die Planung, Disposition und Steuerung einzufügender Vorgang. Man unterscheidet bei CAQ (Computer Aided Quality Management)[1] zum einen die *Qualitätssicherung* im Wareneingang, die sicherstellen muß, daß nur qualitativ hochwertige Ware zur Weiterverarbeitung kommt und die *Prozeßsteuerung*, die während der Herstellung der Produkte Qualitätsabweichungen nivelliert und die Prozesse auf einem hohen Qualitätsniveau hält. Für die Wareneingangsprüfung werden AQL–Standardverfahren, für die Prozeßregelung werden Qualitätsregelkarten und SPC (Statistical Process Control) eingesetzt.

Die Abnahmeprüfung im Wareneingang prüft bei einem vorgelegten Los, ob der Ausschußanteil unter einer vorher festgelegten Grenze liegt. Um nicht alle Teile zu prüfen, wird mit statistischen Methoden ein Prüfplan erstellt, der angibt, wieviele Teile noch zu prüfen sind, damit eine gesicherte Aussage über die Qualität des Loses gemacht werden kann. Die DIN 40080 enthält Tabellen für die Abnahmeprüfung.

Die Prozeßregelung zielt auf die beherrschte Fertigungstechnik ab: Möglichst viele Stichproben werden im Prozeß gemessen. Die Meßergebnisse werden auf Mittelwert, Trend, Ausreißer sowie Streuung untersucht und auf Prozeßregelkarten dargestellt.

[1] Bläsing, Jürgen: CAQ, Braunschweig, Wiesbaden: Vieweg,1990.

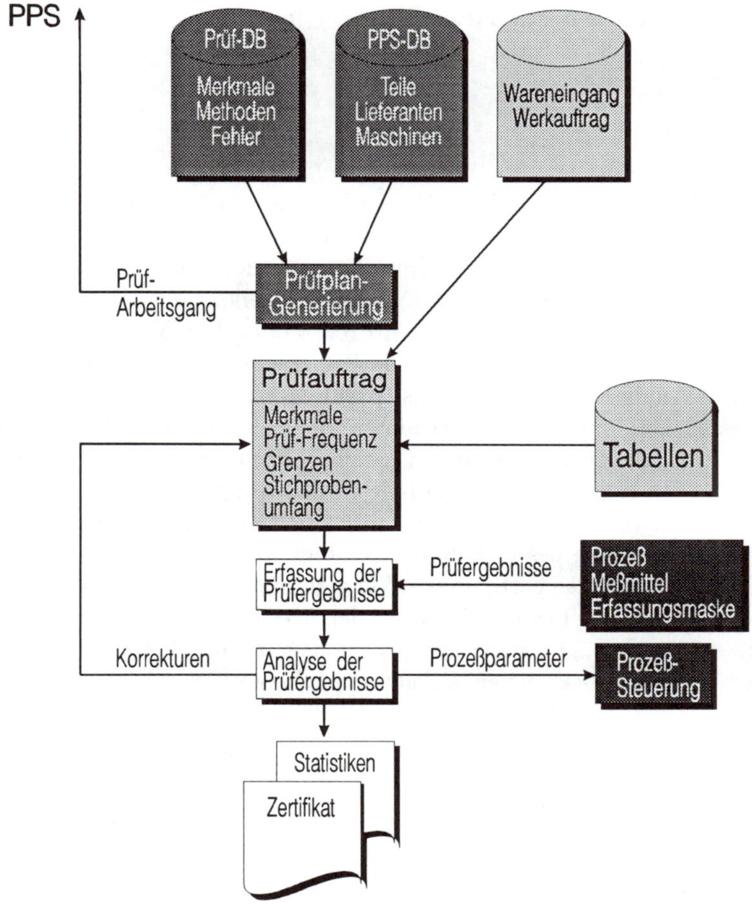

Abbildung 8.7: Struktur eines EDV–gestützten Qualitätssicherungs–Systems.

Natürlich werden solche Prozeßregelkarten zweckmäßigerweise am Bildschirm angezeigt und durch EDV–Programme statistisch ausgewertet. Bei einem Trendverlauf, wie in Abbildung 8.6, wird die NC–Maschine so geregelt, daß der Mittelwert möglichst genau mitten zwischen dem oberen und unteren Grenzwert liegt.

Abbildung 8.7 zeigt den EDV–gestützten Ablauf in einem QS–System. In beiden Fällen, bei AQL und SPC, sind Prüfpläne zu generieren und abzuspeichern. Diese Prüfpläne umfassen

- die Prüfmerkmale,
- die Prüfschritte und Prüfmethoden alsauch
- die Fehlerarten und Fehlerbehandlung.

Die Prüfpläne beziehen sich auf

- Teile
- Lieferanten
- Maschinen

also auf PPS–Daten.

Aus einem Prüfplan wird beim Wareneingang oder beim Starten eines Werkauftrags ein Prüfauftrag erzeugt. Er enthält die zu prüfenden Merkmale, die Prüffrequenz, die obere und untere Eingriffsgrenze der Regelkarte oder den AQL–Stichprobenumfang aufgrund der DIN 40080–Tabelle.

Die Meßergebnisse werden aus dem Prozeß oder dem Meßmittel direkt oder über eine Erfassungsmaske erfasst. Die Prüfergebnisse werden statistisch analysiert. Das Analyseergebnis kann als Qualitätszertifikat ausgedruckt, für Statistiken gespeichert und dafür verwendet werden, den Prozeß zu regeln und den nächsten Prüfauftrag zu modifizieren (Stichprobenumfang, Eingriffsgrenzen ...).

Die schwarz angelegten Bestandteile in der Abbildung 8.7 entsprechen der Stammdatenverwaltung des PPS–Systems. Sie sollten nach Möglichkeit in die Arbeitsplanverwaltung des PPS–Systems integriert sein. Die hellgrauen Komponenten sind eng mit der Fertigungslenkung zu koppeln. Gutmengen, Ausschuß, Qualitätszustand und Termine fallen bei der Abarbeitung eines Prüfauftrags an. Die weißen Kästchen sind reine QS–Funktionen. Zu den Meßplätzen, Prozessen oder NC–Maschinen ist eine enge Datenkoppelung erforderlich.

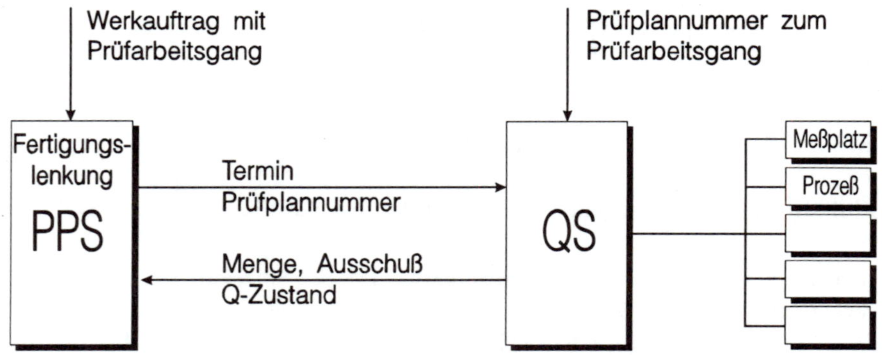

Abbildung 8.8: Koppelung zwischen PPS und QS.

Im VPPS–System ist kein System für die Qualitätssicherung integriert. Beim SAP–System gibt es ein integriertes Qualitätssicherungssystem mit Prüfplanverwaltung, Wareneingangsprüfung und Schnittstellen zu prozeßnahen Prüfsystemen.

8.6 Konstruktion

Für die EDV-gestützte Konstruktion gibt es eine Fülle von CAD-Systemen. Das Schwergewicht liegt bei diesen Systemen beim Drafting, dem Erstellen der Zeichnungen, und weniger beim Design, der Entwurfsunterstützung. So enthält jede CAD-Datenbank gute Möglichkeiten für die Speicherung von Zeichnungen aber im Vergleich zu PPS-Systemen nur magere Fähigkeiten für die Klassifikation und Merkmalssuche, für die Speicherung und Verwaltung von Stücklisten oder für die Kalkulation. Eine naheliegende Funktionsaufteilung zwischen PPS und CAD ordnet dem CAD-System die Speicherung und Verwaltung der grafischen Elemente, also der Zeichnungen, Abmessungen, Ansichten und Elemente und der Grunddatenverwaltung des PPS-Systems die Stücklistenverwaltung, die Merkmalssuche und -verwaltung und die Kostenträgerkalkulation zu.

Die primitivste Art der Koppelung besteht darin, daß das CAD-System aus den Zeichnungen die Elemente extrahiert und mittels Filetransfer an das PPS-System überträgt. Die Zeichnung wird als Baugruppe und die Elemente werden als Stücklistenpositionen in die PPS-Datenbank eingespeichert.

Ein Konstrukteur verbringt im Durchschnitt ein Drittel seiner Arbeitszeit mit Zeichenarbeiten. Dieser Prozentsatz könnte wesentlich reduziert werden, wenn das Zeichnen von Varianten automatisiert würde. Da selbst die Änderung einer einfachen Zeichnung etwa zehnmal so lange dauert, wie die Änderung einer numerischen Stücklistenposition, ist es nützlich, das automatische Erstellen von Zeichnungen anzustreben. Dazu ist aber eine innige Verbindung vom PPS- zum CAD-System erforderlich.

Der Konstrukteur parametrisiert dazu seine CAD-Zeichnungen (er trägt also offene Maße ein). Die Grunddatenverwaltung des PPS-Systems ersetzt diese offenen Maße bei der Variantenerzeugung durch die kundenspezifischen Maße und dabei wird automatisch eine kundenspezifische Zeichnung erzeugt. Der Konstrukteur ist also angehalten, prinzipielle CAD-Konstruktionen zu erstellen, aus denen ohne sein Zutun spezielle Varianten erzeugt werden können. Abbildung 8.9 verdeutlicht den Ablauf anhand eines CAD-gestützten Werkzeugentwurfs. Die Abbildung skizziert, wie aufgrund der Merkmale der Kundenanforderung mit Hilfe von Entscheidungstabellen eine kundenspezifische Stückliste im PPS-System erzeugt wird. Die kundenspezifischen Merkmale werden an das CAD-System übertragen. Das CAD-System erstellt aufgrund der parametrisierten Prinzipzeichnungen individuelle Kundenzeichnungen. Aus den endgültigen Zeichnungen werden die endgültigen Stücklisten ins PPS-System übertragen und dort kalkuliert, terminiert und aufgelöst.

Eine noch engere Koppelung zwischen CAD und PPS ist erforderlich, um die PPS-Ziele, hier insbesondere die Kapazitätsauslastung, Bestandsreduzierung und Durchlaufzeitverkürzung, gemeinsam zu erreichen.

Zu bedenken gilt: Der Konstrukteur legt 80% der Kosten und der Durchlaufzeit eines Erzeugnisses fest; nur 20% können vom Disponenten durch Losbildung, Reihenfolgeplanung, Splitten oder Rabattnutzung noch beeinflußt werden. Was kann also nützlicher sein, als den Konstrukteur so zu unterstützen, daß er die Alternative wählt, die den 4 PPS-Zielen am ehesten entspricht? Dazu muß das im CAD-System erstellte Produkt im PPS-System sofort auf seine Auswirkungen

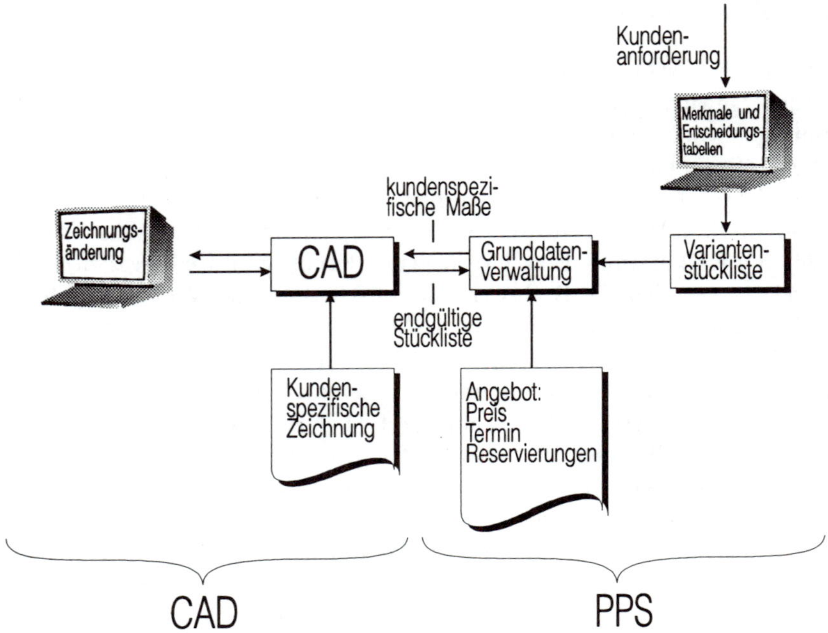

Abbildung 8.9: Koppelung zwischen PPS und CAD. Dargestellt ist der Ablauf zur Erzeugung einer Werkzeugzeichnung aufgrund der vom Kunden spezifizierten Merkmale.

geprüft werden. Die Ergebniskennzahlen werden dem Konstrukteur angezeigt. Er kann jetzt durch konstruktive Änderungen eine neue Alternative erzeugen und über das PPS–System prüfen, ob diese Alternative bessere Kennzahlen liefert.

Dazu zwei Beispiele: Bei einem Hersteller von hochwertigen, umfangreichen Ausrüstungen ist die Wiederbeschaffungszeit ein sehr wichtiger PPS–Faktor. Denn: Die Wiederbeschaffungszeit geht in die Lieferzeit ein und diese ist entscheidend für die Stellung am Markt. Der Konstrukteur wiederum entscheidet durch die Auswahl und die Anordnung der Baugruppen und Teile im wesentlichen die Wiederbeschaffungszeit, ohne sie aber zu kennen. In diesem Fall legt das Managnement eine maximal zulässige Wiederbeschaffungszeit für die Endprodukte fest. Im Anschluß an die CAD–Konstruktion übergibt der Konstrukteur die Stücklisten an das PPS–System. Dort werden die Durchlaufzeiten ermittelt und dem Konstrukteur als Dendrogramm angezeigt (Abb. 8.10). Er kann jetzt erkennen, ob und wo er die Soll–Durchlaufzeit überschritten hat.

Ein anderes Beispiel zeigt, wie das Bewußtsein der Konstrukteure für die Kapitalbindung gestärkt werden kann. Bewertet man alle Materialien und Baugruppen eines Auftrags und stellt die Summe als Kurve über der Wiederbeschaffungszeit dar, dann kann der Konstrukteur den Wertzuwachs erkennen (Abbildung 8.11). Je geringer die Fläche unter der Kurve, um so geringer ist die Kapitalbindung. Der Konstrukteur kann also sehen, daß beispielsweise eine etwas teurere Konstruktion, die aber wertvolle Teile erst bei der Endmontage benötigt, günstiger sein kann.

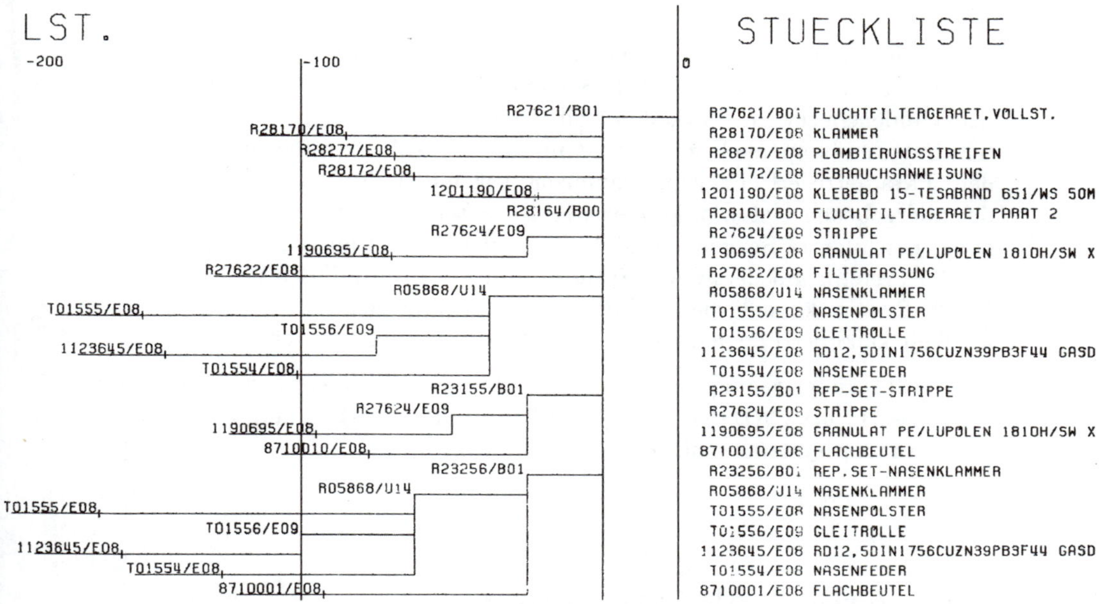

Abbildung 8.10: Ausschnitt aus dem Dendrogramm für die Darstellung der Soll-Durchlaufzeit und der errechneten Durchlaufzeit eines Produktes.

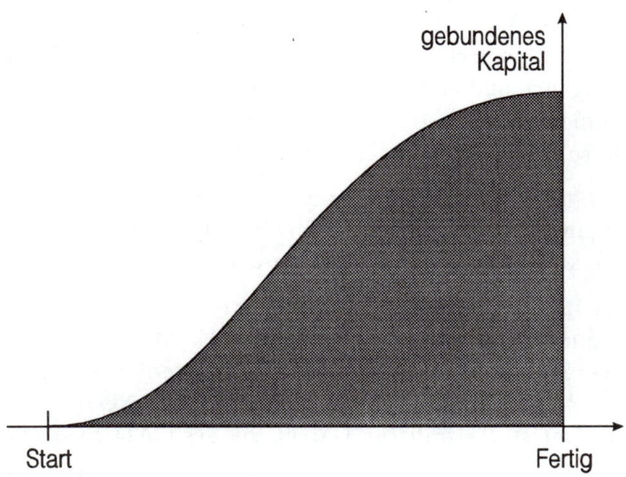

Abbildung 8.11: Darstellung der zu erwartenden Kapitalbildung eines Kundenauftrags als Flächendiagramm.

Diese Beispiele verdeutlichen, daß eine Einbahnstraßenverbindung von CAD zu PPS nur wenig Nutzen bringt, hingegen eine Dialogkoppelung die Konstruktionszeit gewaltig beschleunigt. Eine gemeinsame Nutzung von CAD– und PPS–Daten durch den Konstrukteur ermöglicht ihm durch Probeeinplanungen mit unterschiedlichen Alternativen die beste aller dispositiven Lösungen auszuwählen. In solchen Systemen arbeiten Konstrukteur und Disponent gemeinsam an der betriebswirtschaftlich günstigsten Lösung.

Die Koppelung zwischen CAD und PPS erfolgt beim SAP-System nur als Filetransfer vom CAD- zum PPS-System. Beim VPPS-System können zusätzlich kundenspezifische Varianten und deren Merkmale vom PPS-System mittels Entscheidungstabellen ermittelt und an das CAD-System übergeben werden. Parametrisierte Prinzipzeichnungen (sogenannte Makros) werden aufgrund der übergebenen Daten in kundenspezifische Zeichnungen verwandelt. Das eingangs geschilderte Beispiel des Möbelherstellers basiert auf einer Koppelung des VPPS-Systems mit dem CAD-System PC-Draft. Sowohl im SAP- wie auch im VPPS-System können die ins PPS-System übergebenen Auftragsstücklisten in Echtzeit kalkuliert, disponiert, terminiert und aufgelöst werden.

Die Rückübertragung der Terminierungs-, Dispositions- und Kalkulationsergebnisse in die CAD-Umgebung des Konstrukteurs ist bislang in keinem der PPS-Standardsysteme realisiert.

8.7 Arbeitsplanerstellung

Die automatische Arbeitsplanerstellung wird schon seit über 30 Jahren wissenschaftlich behandelt. Vor allem MTM, ein System vorbestimmter Zeiten, wurde von REFA dafür propagiert. Aus Elementarzeiten werden dabei in Baukastenform Teilarbeitsgänge und aus diesen ganze Arbeitsgänge und Arbeitspläne synthetisch zusammengesetzt. Mit Hilfe von KI-Systemen oder Entscheidungstabellen könnten so ganze Arbeitspläne automatisch erstellt werden.

Das MTM-System gilt nur für manuelle Verrichtungen. Da es sich zur Arbeitsplanerzeugung bislang nicht durchsetzen konnte und der Anteil der Handarbeit weiter sinkt, kann diese Entwicklung als gescheitert eingestuft werden.

Sehr starkes Interesse erntet demgegenüber die Erstellung von Maschinenanweisungen für numerisch gesteuerte Maschinen (NC-Maschinen). Aus den CAD-Zeichnungen werden die Steuerungs- und Werkzeugdaten automatisch hergeleitet und in NC-Programmbibliotheken abgelegt. Das NC-Programmiersystem verwendet dabei meist die grafische Datenbank des CAD-Systems.

Aus den NC-Programmen werden die erforderlichen Arbeitsgangdaten, wie Maschine, Werkzeuge und Prüfvorrichtungen sowie die Rüst- und Arbeitsgangdauer entnommen und der Terminierung und Verfügbarkeitsprüfung zur Verfügung gestellt.

Die gezielte Übergabe der NC-Programme an die NC-Maschinen und die Überwachung der Rückmeldungen erfolgt über die BDE/MDE (Maschinendatenerfassung) des PPS-Systems.

Das SAP-System besitzt derzeit keine Standardkoppelung zur MDE oder zur NC-Programmverwaltung. Das VPPS-System deckt den gesamten Pfad von der NC-Programmbibliothek bis zur NC-Maschine und die dazugehörigen Schnittstellen ab.

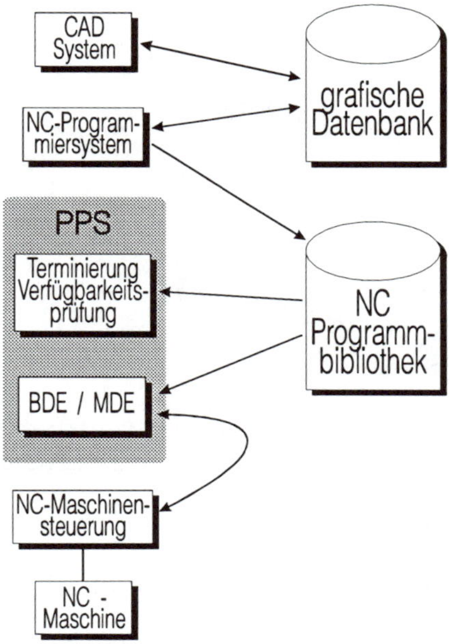

Abbildung 8.12: Fluß der grafischen Daten vom CAD–System über das NC–Programmiersystem und PPS–System bis zur NC–Maschine.

8.8 Instandhaltung

Jede Verringerung der Brachzeiten bringt eine Leistungssteigerung ohne zusätzliche Kosten zu verursachen. Störungsbedingte Brachzeiten und Zeiten der Ausserbetriebname können durch vorbeugende Instandhaltung minimiert werden: Die Anlagen werden routinemäßig instandgesetzt, ehe es zu einer Störung durch Maschinenausfall kommt. Die Reparaturkosten zur Behebung einer unerwarteten Störung und die Kosten zur vorbeugenden Instandhaltung hängen vom Wartungsintervall ab (Abb. 8.13).

Mit Hilfe statistischer Verfahren wird das günstigste Wartungsintervall aus den Wartungskosten, den Ausfallkosten und der Ausfallwahrscheinlichkeit ermittelt. Ist die Ausfallwahrscheinlichkeit schwierig zu ermitteln, dann wird im Rahmen regelmäßiger Inspektionen der Zustand der Anlage überprüft und damit der günstigste Instandhaltungszeitpunkt sicherer getroffen.

Die Instandhaltung wird in CIM–Installationen eine gewichtige Rolle spielen: Bedingt durch die zuhnemende Automatisierung und Technisierung des Fertigungsprozesses und die damit verbundene Werterhöhung der Anlagen, wird die Verfügbarkeit der Anlagen immer wichtiger für die Erreichung der Unternehmensziele: Die Terminsicherheit und vor allem die Kapazitätsauslastung hängen in hohem Maße von der Anlagenverfügbarkeit ab.
Die Funktionen der Instandhaltung sind:

- die Verwaltung und Archivierung der Leistungs–, Kapazitäts– und technischen Daten von Produktionsanlagen, Transporteinrichtungen, Lagereinrichtungen, Fahrzeugen, Werkzeugen usw.

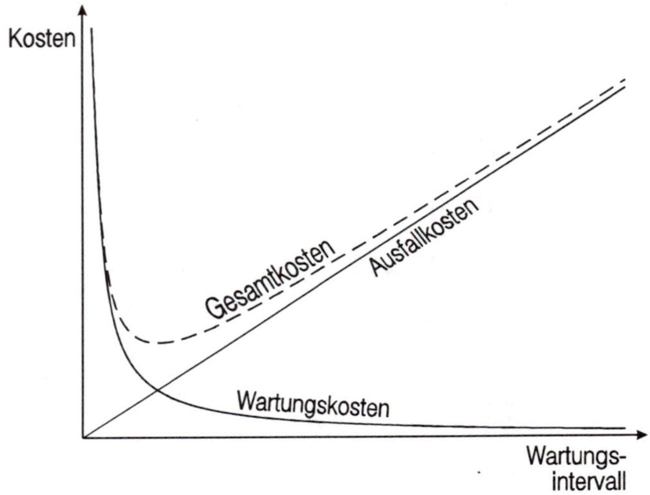

Abbildung 8.13: Diagramm zur Ermittlung des günstigsten Wartungsintervalls aus den Ausfall– und den Wartungskosten.

- Inspektionen veranlassen, Inspektionsergebnisse erfassen,
- Wartung, also vorbeugende Instandhaltung, zu terminieren, veranlassen und überwachen.
- die Eröffnung, Veranlassung und Überwachung von Reparaturaufträgen zur Behebung unerwarteter Störungen,
- die Kostenplanung und Wartungsauftragsabrechnung,
- die Analyse der Instandsetzungs– und Inspektionsmeldungen und das Erstellen von Statistiken.

Die EDV–Abläufe für die Eröffnung, Planung, Verwaltung und Überwachung der Instandhaltungsarbeiten haben große Ähnlichkeit mit der Auftragsverwaltung beim Anlagenbau oder beim Kleinserienfertiger:

- Es gibt Stücklisten mit den benötigten Einsatzteilen je Instandhaltungs– oder Reparaturauftrag.
- Es gibt Arbeitspläne mit den auszuführenden Inspektions– und Instandhaltungsarbeitsgängen.
- Es gibt wiederkehrende Aufträge für Inspektionen und vorbeugende Wartung.
- Es gibt Schnellaufträge bei unerwarteten Störungen.
- Instandhaltungaufträge belegen die Anlagen wie normale Werkaufträge.

Mit Hilfe einiger Zusatzprogramme (wie Ermittlung des günstigsten Wartungsintervalls, Ausfallstatistiken sowie spezielle Erfassungsmasken für Reparaturaufträge und Inspektionen) könnten die Instandhaltungsfunktionen problemlos im PPS–System abgebildet werden.

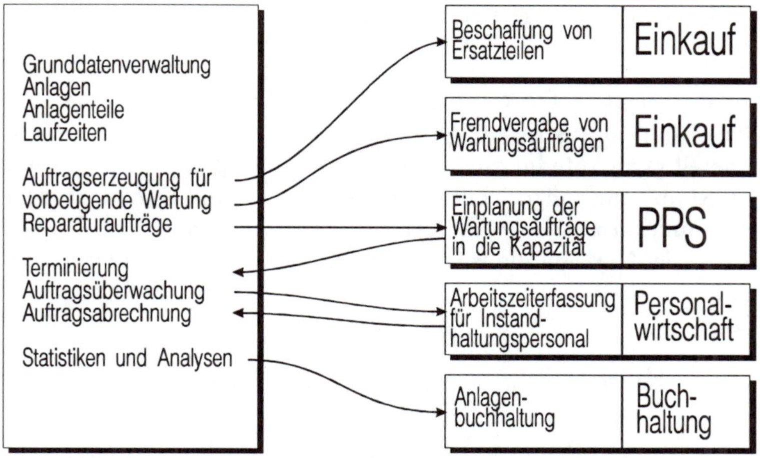

Abbildung 8.14: Koppelung der Instandhaltung mit den anderen betrieblichen Informationssystemen.

Die Schnittstellen zwischen der Instandhaltung und den anderen betrieblichen Informationsystemen zeigt Abbildung 8.14.

Beim SAP–System existiert ein Paket für die gesamte Instandhaltungsplanung, das einen erschöpfenden Funktionsumfang bietet. Nur die dynamische Ermittlung von Inspektionsintervallen fehlt. Die Schnittstellen zu allen restlichen SAP–Funktionen sind vollständig vorhanden. Beim VPPS–System gibt es keinen Modul für Instandhaltung. Instandhaltungsaufträge werden wie sonstige Werkaufträge verwaltet und bearbeitet.

8.9 Abrechnungssysteme

Zwischen der Betriebsdatenerfassung und der Lohnabrechnung, Kostenstellen– und Kostenartenrechnung, der Anlagenbuchhaltung, der Auftragsabrechnung und der Materialabrechnung reichen relativ einfache Schnittstellen, ja sogar periodischer Filetransfer, aus. Die BDE–Daten werden im Fertigungslenkungssystem erfasst, gesammelt und ergänzt und im vorgeschriebenen Format in einer Übergabedatei abgestellt. Von dort holt sich jedes Abrechnungssystem seine Sätze nach Belieben ab. Der Vorteil der gemeinsamen Versorgung der Abrechnungssysteme aus der Fertigungslenkung besteht darin, daß

- der Erfassungsaufwand sinkt, weil die Daten nur einmal erfasst werden,
- die Daten auf Plausibiltät geprüft und damit genauer sind,
- die an die Abrechnungssysteme übergebenen Sätze alle auf denselben Originaldaten basieren und damit konsistent und vergleichbar sind.

Eine Gefahr ist allerdings nicht zu vermeiden: Falsche Daten werden konsequent und sofort in alle angekoppelten Systeme verteilt. Die Bereinigung der Fehler muß ebenfalls systemgestützt und integriert erfolgen. Eine manuelle Korrektur in allen gekoppelten Systemen ist aufwendig und unzuverlässig.

8.10 Die Informationsmatrix

Abbildung 8.15 zeigt 16 Funktionen des CIM–Systems eines Beispiel–Unternehmens. Die Anzahl und Auswahl der relevanten Funktionen wurde von allen am Güterfluß beteiligten Abteilungsleitern gemeinsam festgelegt. Bei 16 Funktionen gibt es 240 Koppelungsmöglichkeiten, also 480 Sende– und Empfangsprogramme, wenn jede Funktion mit jeder anderen gegenseitig gekoppelt werden soll. Man muß sich also bei CIM auf die wichtigsten Informationsflüsse konzentrieren und das geht so:

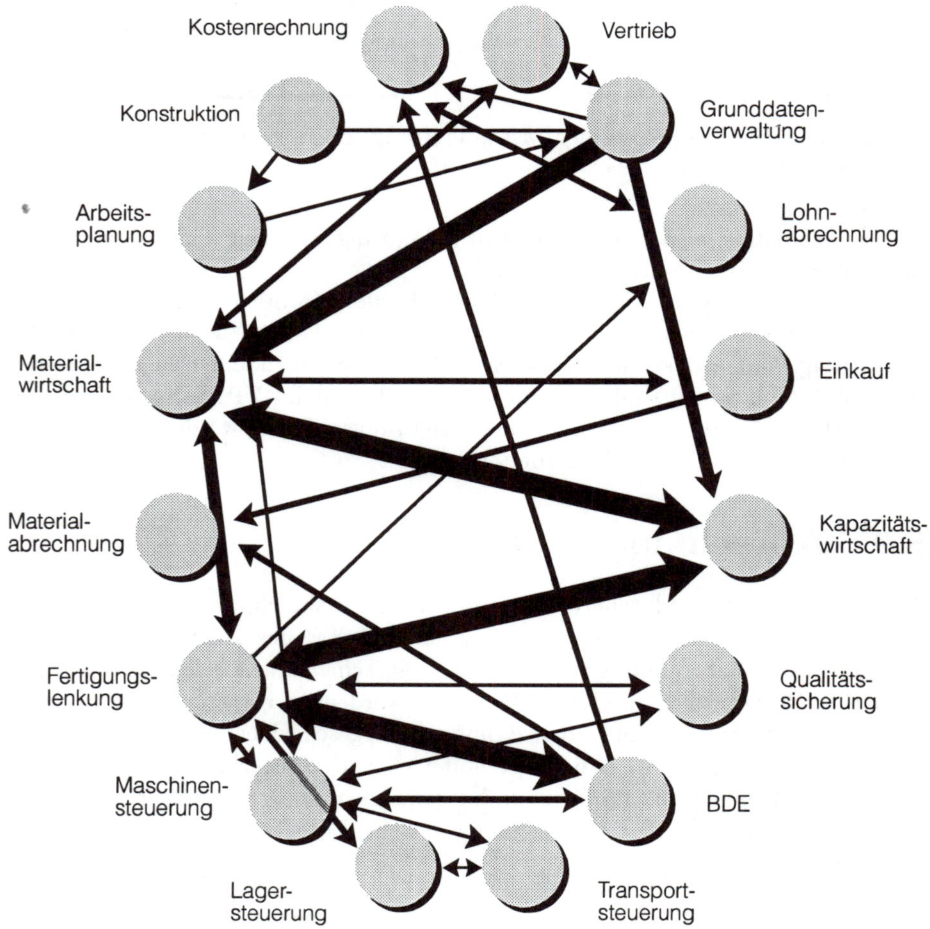

Abbildung 8.15: Kreisdiagramm mit 16 CIM–Funktionen und deren Datenaustausch für ein Beispielunternehmen.

In einer Matrix gemäß Abbildung 8.16 wird in jedem Kreuzungspunkt das geschätzte zukünftige Informationsaufkommen (z.B. in Bytes pro Monat) einge-

		a	b	c	d	e	f	g	h	i	k	l	m	n	o	p	q
a	Vertrieb		$\circ$											$\bullet$			
b	Grundd.	$\circ$				$\star$								$\star$			$\circ$
c	Lohnabr.																$\bullet$
d	Einkauf												$\bullet$	$\bullet$			
e	Kap-Wi.											$\star$		$\star$			
f	QS										$\circ$	$\circ$					
g	BDE										$\bullet$	$\star$		$\bullet$			$\bullet$
h	Transp.									$\circ$	$\circ$						
i	Lager								$\circ$			$\bullet$					
k	NC-St.						$\circ$	$\bullet$	$\circ$			$\bullet$					
l	Leitstd.			$\circ$		$\star$	$\circ$	$\star$		$\bullet$	$\bullet$			$\star$			
m	MatAbr.																
n	Mat-Wi.	$\bullet$			$\bullet$	$\star$						$\star$					
o	Arb-Pl.		$\circ$								$\circ$						
p	Konstr.		$\circ$												$\circ$		
q	Ko-Re.			$\bullet$													

Abbildung 8.16: Matrix mit dem Integrationsaufkommen zwischen 16 CIM–Funktionen. Es bedeuten: $\star$ = starker, $\bullet$ = mittlerer und $\circ$ = schwacher Datenfluß.

tragen. Die 8 stärksten Informationsflüsse werden in das Kreisdiagramm als dicke Pfeile eingezeichnet. Die nächsten 15 Informationsflüsse mit mittlerer Stärke, die nächstwichtigen 20 mit schlanken Pfeilen und alle restlichen, die aber noch über einem vorher festgelegten Grenzwert liegen, als Striche. Jetzt liegt die Informationsflußanalyse als Kreisdiagramm in übersichtlicher Form vor.

Der Löwenanteil des Informationsaustauschs erfolgt zwischen den mit dicken Pfeilen verbundenen Funktionen. Diese sollten ein ineinandergreifendes, integriertes System mit einer gemeinsamen Datenbank darstellen.

Die mitteldicken Pfeile sollten über Dialogschnittstellen miteinander gekoppelt werden. Das entspricht maximal 30 Kommunikationsprogrammen.

Bei den restlichen Pfeilen darf das Maß der Integration ruhig etwas abnehmen, wenn dadurch die Koppelung erleichtert wird. Filetransfer oder auch manuelle Eingaben kommen für lose Koppelungen in Frage — es handelt sich dabei höchstens noch um 5 bis 10 % des Informationsvolumens, das auszutauschen ist.

8.11 CIM–Bussysteme

Ein allgemeingültiger Ansatz, für den von Prof. Scheer, Prof. Becker und von uns an der Fachhochschule in Furtwangen Prototypen erstellt und getestet wurden, geht davon aus, daß ein Bussystem [2] für CIM–Koppelungen besser geeignet ist, als ein vermaschtes System. Bei einem Bussystem wird nicht jede Funktion mit jeder anderen Funktion einzeln verbunden. Stattdessen hängt jede Funktion an einem gemeinsamen Bus, über den alle Koppelungen realisiert werden. Bei 16 Funktionen sind also nur 32 Programme für Import und Export erforderlich, um alle Funktionen miteinander zu koppeln (Abb. 8.17).

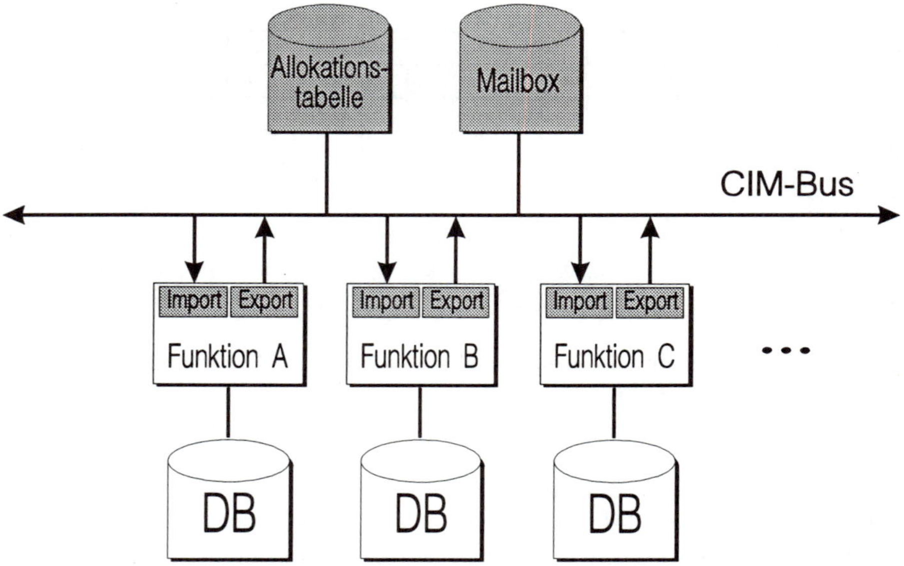

Abbildung 8.17: Ein CIM–Bussystem ermöglicht es, beliebige heterogene CIM–Systeme mit minimalem Aufwand zu koppeln.

Jede Funktion behält dabei ihre bisherige Datenbank und ihre Programmme unverändert bei. An der Datenbankschnittstelle wird ein einfaches Programm, der Komparator eingefügt: Er vergleicht bei jedem Datenbankzugriff, ob Daten verändert wurden. Ist dies der Fall, dann schickt er den Ordnungsbegriff und die Veränderungen an den Export–Modul. Dieser liest aus einer zentralen Datenbank, die dem Bussystem gehört, welche anderen Funktionen von der Datenänderung betroffen sind. Der Transport–Modul hinterlegt jeweils eine Nachricht mit dem Ordnungsbegriff, der Zielfunktion und den geänderten Daten in einer Mailbox. In regelmäßigen Abständen liest der Import–Modul jedes Zielsystems, ob in der Mailbox Sätze für ihn abgelegt wurden. Er liest seinen Mailsatz und führt die Veränderung in der Datenbank seines Zielrechners nach. Natürlich

[2] Im HMD 157 (1991) werden von Hess/Scheer und von Braun zwei Bus–Ansätze vorgestellt. Im HMD 161 (1991) erläutert Becker seine Bus–Lösung. HMD, Wiesbaden:Forkel–V.

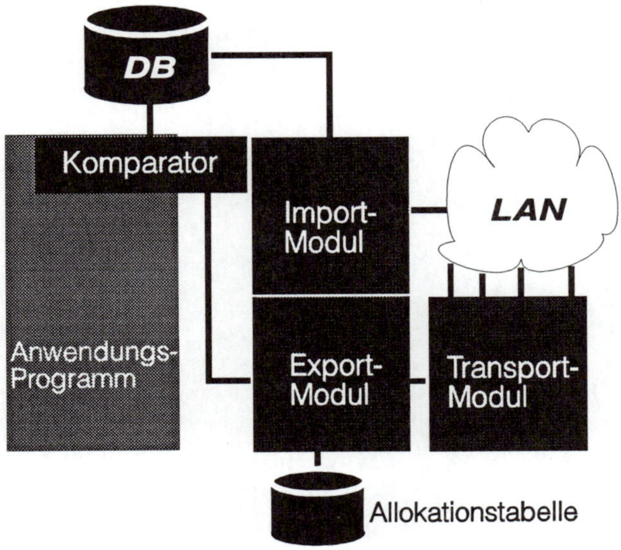

Abbildung 8.18: Mit 4 standardisierten Programmbausteinen kann ein CIM–Bus realisiert werden.

wird über ein Zwei–Phasen–Commit sichergestellt, daß zwischenzeitliche Änderungen auf dem Zielrechner nicht verloren gehen.

Bussysteme haben den Vorteil, daß beliebige Funktionen mit beliebigen Datenbanken durch eine einzige Anpassung bei der Datenbankschnittstelle und ein einfaches Importprogramm miteinander gekoppelt werden können. Voraussetzung ist nur, daß die Systeme dieselben Ordnungsbegriffe, wie Teilenummer, Auftragsnummer, Lieferantennummer usw. führen — aber das sollte selbstverständlich sein. Mit einem Bussystem lassen sich natürlich auch mehrer PPS–Systeme innerhalb eines Unternehmens elegant koppeln.

Die Koppelung heterogener Subsysteme wird eine tragende Rolle in CIM–Systemen erhalten: Viel wichter, als eine passende Funktionalität ist eine passende Koppelung. Funktionalität läßt sich relativ leicht und lokal in einem Modul ersetzen oder erweitern. Eine Änderung bei der Koppelung kann aber in einem System mit 50 Funktionen bis zu 4900 Koppelungsprogramme betreffen. Da PPS–Systeme in CIM–Systemen oft als zentrale Informationsdrehscheiben fungieren, kommt der Koppelung zwischen PPS–Systemen und den CAx–Komponenten eine große Bedeutung zu: Eine einmal schlecht gewählte Koppelungsarchitektur rächt sich viel stärker, als falsch gewählte Funktionalität. Daher werden sich Bus–Koppelungen mit ihrer flexiblen Struktur auf längere Sicht durchsetzen.

Kapitel 9

Überblick und Ausblick

9.1 Kurzübersicht über alle PPS–Funktionen

Anhand der Abbildung 9.1 erhalten Sie abschließend einen Überblick über die Funktionen der lang–, mittel– und kurzfristigen Planung und Steuerung. Für jedes Kästchen wird knapp angedeutet, welche Funktionen der vorher behandelten Kapitel dafür gelten. Die Tabelle kann als Hilfsmittel für die systematische Beurteilung der Funktionalität eines PPS-Systems verwendet werden.

1. Die Speicherung und Verwaltung der **Grunddaten** kann in allen vier Phasen mit dem einheitlichen Datenmodell laut Abbildung 2.32 (Ressourcen), 2.33 (Strukturen) und 2.35 (ER–Modell) erfolgen.

   (a) Im Bereich der Grunddatenverwaltung kennt die Grobplanung nur Material– und Kapazitätsengpässe. Je Endprodukttyp existiert eine stark vergröberte Ressourcenliste, in der die Ressourcenbedarfe und deren Profile festgehalten sind (S. 110).

   (b) Die mittelfristige Materialwirtschaft verwendet Stücklisten und Teilestammdaten (S. 27) als Planungsgrundlage.

   (c) Die Kapazitätsplanung basiert auf Arbeitsplänen und Arbeitsplätzen (S. 39).

   (d) Die Fertigungslenkung verfeinert die Arbeitsplatzsicht auf einzelne Personen, Werkzeuge, Maschinen, Meßmittel, Fördermittel und Lagerorte (S. 212).

2. Im Zeitpunkt der Auftragsgenerierung wird aus der neutralen Struktur eine auftragsspezifische Struktur erzeugt. Die auftragsspezifische Struktur enthält je Position einen (oder mehrere) Termin(e) und eine Menge. Die Auftragsstruktur kann für alle vier Phasen gemäß Abbildung 2.39 einheitlich ausgelegt werden.

   (a) Die Grobplanung erzeugt ein pauschales, einstufiges Auftragsnetz. Bei Einzelfertigern wird dieses Auftragsnetz im Zeitpunkt der Kun-

Bereich	a. Grob- planung	Mittelfristige Planung b. Material- wirtschaft	c. Kapazit.- wirtschaft	d. Fertiggs- lenkung
1. Grundd.- verwaltung	Engpässe	Stücklisten Teilestamm	Arbeitspläne Arbeitsplätze	Personen Meßmittel Maschinen
2. Auftrags- generierung	grobe Kunden- aufträge	geplante Kunden- und Lagerauftr.	geplante Werkaufträge	freigegebene Werkauftr.
3. Bedarfs- rechnung	Belastungs- profile	Auftragsnetze mit Material- und Kapazitäts- bedarfen		Extrabed. je Aggregat
4. Terminierg.	Rückwärts- Terminier.	vorwiegend Rückwärtstermi- nierung, teilweise Vorwärts- terminierung		Vor- & Rück- wärtstermi- nierung
5. Kap-Ausgl. Verfügbark.	Saldierung	Deckungs- (Netto-) Rechnung	Kapazitäts- anpassung	Kapazitäts- anpassung
6. Ziele an- peilen	KD-Auftr. verschieben	Losbildung SB-Berechng. max.Vorzieh.	Rüstoptim. Kapazitäts- Ausgleich	Splitten, Raffen Vorziehen
7. Freigabe	Auftragsbe- stätigung, Lagerauftr.	Fertigungsfreigabe		Ablieferung Fertig- meldung
8. Rückmeld.		Wareneing. Warenausg.	Zusatz- Schichten, Kalender	BDE
9. Statistik, Kennzahlen	Engpässe	Lagerbest. Termintreue	Durchlaufzt. Kapazitäts- auslastung	Termintreue Durchlaufzt. Kap-Auslast.
10. Störungen durch:	Kundenw. Progn.fehler	Bedarfs- schwankg. Eilaufträge		Kapazitäts- ausfälle Nacharbeit
11. Koppelung zu:	Vertrieb Pers.Plang. Entwicklg.	CAD Vers., Eink. Lagerverw.	CAP Anl.Wirtsch. Pers.-Plang.	CAM, CAQ, NC, BDE, MDE, FFS

Abbildung 9.1: Gegenüberstellung der Schwerpunkte einer lang-, mittel- und kurzfristigen Planung und Steuerung für 11 Tätigkeitsbereiche der PPS.

denanfrage erzeugt (S. 111), beim Serienfertiger wird es aus den Bedarfen des Produktionsplans erzeugt.

(b) Spätestens dann, wenn ein Kundenauftrag bestätigt wird oder wenn ein Bedarf des Produktionsplans rollierend in einen Lagerauftrag für das Fertigwarenlager verwandelt wird, wird das grobe Auftragsnetz in ein detaillierteres, mehrstufiges Auftragsnetz verwandelt. Aus den

Stücklisten werden für alle geplanten Bestellungen die Materialbedarfe der Baugruppen und Teile mit Menge und Termin hergeleitet (S. 92).

(c) Für jede geplante Bestellung wird aus dem Arbeitsplan der Kapazitätsbedarf ermittelt. Vielfach werden diese Kapazitätsbedarfe im Gegensatz zu den Materialbedarfen nicht gespeichert, sondern bei jedem Lauf aus den Arbeitsplänen neu erzeugt (S. 165).

(d) Sobald der erste Arbeitsgang einer geplanten Bestellung zur Ausführung ansteht, muß die geplante Bestellung in eine offene Bestellung, also einen Werkauftrag, verwandelt werden. Dabei werden die einzelnen Operationen detailliert, also von pauschalen Arbeitsplätzen auf Einzelressourcen, wie Transportmittel, Maschinen, Personen, Meßmittel und Werkzeuge, verfeinert (S. 212).

3. Die **Bedarfsrechnung** ermittelt aus den vorhandenen Auftragsnetzen den Bedarf je Position, indem beim Material die Bestellmenge mit dem Mengenfaktor multipliziert wird, bei der Kapazität aufgrund der Vorgabezeiten des Arbeitsplans errechnet wird. Diese beiden Rechenverfahren gelten generell für alle Auftragspositionen, erfahren jedoch spezifische Anpassungen, wenn besondere Aggregate, Personen oder Teilefamilien zu planen sind.

   (a) Bei der Grobplanung erfolgt die Bedarfsplanung zweckmäßigerweise über Belastungsprofile (S. 113), um den Effekt der groben Auftragsstruktur zu mildern.

   (b) Bei der Materialbedarfsermittlung wird die Bedarfsmenge für jede Auftragsposition einer geplanten Bestellung aus der Multiplikation der Bestellmenge mit dem Mengenfaktor (S. 92) gebildet.

   (c) Der Kapazitätsbedarf ergibt sich aus der Formel Bedarf $= tr + m \cdot te$ (S. 165). Bei der Zusammenfassung von Bestellungen zu Rüstfamilien muß die Rüstzeit tr dynamisch angepaßt werden.

   (d) Die obige Formel muß spätestens bei der Übernahme in den Wirkungsbereich der Fertigungslenkung je nach Aggregat verfeinert werden. So werden Öfen, Galvanikbäder, aber auch Personengruppen und Einzelpersonen mit speziell angepaßten Formeln bearbeitet (Seite 167).

4. Bei der **Terminierung** wird das Auftragsnetz entgegen oder entlang des Güterflsses terminiert (Rückwärts- und Vorwärtsterminierung). Der bedeutsamste Zeitanteil ist dabei die Warte- und Liegezeit. Sie ist schwierig zu bestimmen, da sie von der Auslastung der Kapazitäten durch andere Aufträge abhängt.

   (a) Für die Grobplanung ist standardmäßig die Rückwärtsterminierung vorzusehen (Seite 110): Vom Kundenwunschtermin ausgehend werden die Bedarfstermine auf den Engpässen ermittelt. Da aber eine

Vorwärtsterminierung in dieser pauschalen Phase sehr einfach zu verwirklichen ist, wird sie unterstützend eingesetzt: Sie ermittelt die frühesten Termine, zu denen alle Engpaßressourcen verfügbar sein könnten.

(b) Die Material- und

(c) Kapazitätswirtschaft verwenden zweckmäßigerweise dieselbe Terminierungsroutine. Unbedingt erforderlich ist die Rückwärtsterminierung, die aus den Terminen der geplanten Bestellungen die Bedarfstermine bei den Komponenten herleitet, indem die Rüst-, Bearbeitungs-, Liege- und Wartezeiten der Arbeitsgänge rückwärtsschreitend berechnet werden. Dabei wird zwar unterstellt, daß nur dieser eine Auftrag durch die Produktion zu schleusen sei; über vordefinierte Wartezeiten (S. 159) und Berücksichtigung der Leistung (S. 171) wird das Vorhandensein der anderen Aufträge sehr pauschal berücksichtigt. Gute PPS-Systeme verwenden schon in dieser Phase die Vorwärtsterminierung, um die Verfügbarkeit aller geplanten Bestellungen sicherzustellen (S. 102).

(d) Bei den offenen Werkaufträgen ist die Rückwärtsterminierung für das verfeinerte Auftragsnetz zu wiederholen. Zweckmäßigerweise findet eine ständige Verfügbarkeitsrechnung mit Vorwärtsterminierung statt, da ja im unmittelbar anstehenden Bereich Störungen und zwingende Kapazitätsänderungen sich besonders deutlich auswirken.

5. Die **Terminierung** und **Bedarfsrechnung** betrachten die Auftragsnetze und deren terminliche und mengenmäßige Zusammenhänge. Dagegen stellen die **Verfügbarkeitsrechnung** (Allotment) und der **Kapazitätsausgleich** die Kontensicht der Ressourcen (Abb. 2.36) in den Vordergrund. Die Zu- und Abgänge der Material- und Kapazitätskonten werden gemäß einer vorgegebenen Zielsetzung aufeinander abgeglichen. Für die Ermittlung der geplanten Bestellungen (Zugänge) aufgrund der Bedarfe (Abgänge) werden die spätesten Termine zur Saldierung herangezogen; die frühesten Termine der Zugänge ergeben die frühesten Verfügbarkeitstermine der Abgänge im Rahmen der Verfügbarkeitsrechnung.

(a) Die Grobplanung kommt mit einer einfachen Saldierungsrechnung aus. Sie muß allerdings die Zu- und Abgänge der mittel- und kurzfristigen Planung berücksichtigen. Daher empfiehlt sich für die Verfügbarkeitsrechnung eine integrierte Datenhaltung aller Konten entsprechend dem Vorschlag von Abbildung 2.36.

(b) Die Deckungs- oder Nettorechnung ist die Saldierung der Materialkonten nach spätesten Terminen (S. 79). Sie ist in jedem PPS-System unbedingt erforderlich.

(c) Die präzise Zuordnung der Kapazitätsbedarfe zu den Kapazitätszugängen ist deshalb bedeutsam, weil Kapazität nicht gespeichert werden kann (Abb. 6.21).

(d) Bei der Durchsetzung muß die Kapazitätsanpassung gelungen sein: Täler verursachen Gemeinkosten, Berge erzeugen Terminprobleme (S. 182). Im Durchsetzungsbereich sind die Methoden der Kapazitätsanpassung daher besonders ausgeprägt und verfeinert.

6. Die vier PPS–Ziele können bei der Terminierung und vor allem bei der Kapazitätsanpassung gezielt angepeilt werden. Parameter zur Beeinflussung der Ziele gibt es in jeder der vier Phasen.

   (a) In der Grobplanung werden die vier Ziele hauptsächlich durch die Fixierung der Lager– und Kundenauftragstermine bestimmt: Knappe Termine erschweren die Kapazitätsauslastung und Termintreue, beschleunigen aber dafür den Durchlauf und reduzieren die Lagerbestände.

   (b) Demgegenüber sind die Freiheitsgrade in der Materialwirtschaft schon begrenzt: Durch größere oder kleinere Lose (S. 80) und vor allem durch die Veränderung der Sicherheitsbestände (S. 141) wird die Erreichung der PPS–Ziele beeinflußt.

   (c) Die Parameter „maximales Vorziehen“ (Abb. 4.1) und „mittlere Wartezeit“ (S. 169) beeinflussen ganz entscheidend den Zeitpunkt der Materialbereitstellung und damit die vier PPS–Ziele. Die Kapazitätswirtschaft kann außerdem durch die Bildung rüstoptimaler Auftragsfolgen, viel entscheidender aber durch die Prioritätenregelung (Seite 188), beim Kapazitätsausgleich die PPS–Zielerreichung regeln.

   (d) Sehr bescheiden sind die Einflußmöglichkeiten der Fertigungslenkung auf die Zielerreichung: Splitten und Raffen von Aufträgen oder Vorziehen von dringlichen Aufträgen sind die Einflußgrößen im Steuerungsbereich.

7. Die Migration der Aufträge von der Grobplanung bis zur Fertigungslenkung sollte möglichst variabel und flexibel erfolgen. Die **Freigabe** oder Erledigung muß allerdings zu einem definierten Zeitpunkt spätestens erfolgt sein. Während die Auftragsgenerierung das Aufleben eines Auftrags in der entsprechenden Phase bestimmt, definiert die Freigabe dessen Ableben.

   (a) Sobald eine Auftragsbestätigung eines Kunden oder ein Lagerauftrag vom Vertrieb freigegeben ist, wird der Auftrag aus der Grobplanung entfernt und der mittelfristigen Planung übergeben.

   (b) Die Freigabe eines Werkauftrags (oder die Teilfreigabe einzelner Arbeitsgänge) bewirkt, daß der Werkauftrag aus der mittelfristigen Planung in die Sphäre der Fertigungslenkung wandert.

   (c) Die Ablieferung eines Werkauftrags ans Lager oder die Fertigmeldung des letzten Arbeitsgangs überstellt den Auftrag ins Archiv, wo er zu Abrechnungs– und Statistikzwecken weiter bearbeitet wird.

8. Zwischen der Auftragsgenerierung und der Freigabe kann der Status eines Auftrags verändert werden.

   (a) In der Grobplanungsphase kämen derartige Statusänderungen nur vor, wenn der Vertrieb zwischen vagen und sicheren Anfragen unterscheiden würde.

   (b) Die Stati der Materialwirtschaft ändern sich bei jedem Zu– und Abgang von Lagerteilen, also bei allen Buchungen gemäß Tabelle 3.6.

   (c) Eher selten erfolgen Rückmeldungen, die den Status der Vorgänge in der Kapazitätswirtschaft verändern. Solche Rückmeldungen könnten sein: Die feste Vereinbarung zusätzlicher, mittelfristiger Überstunden oder Zusatzschichten.

   (d) Die eigentlichen Statusveränderungen der Kapazitätswirtschaft erfolgen in der Phase der Fertigungslenkung: Der Auftragsfortschritt, Maschinen– oder Personalstörungen und die Auftragserledigung werden gemeldet (S. 222).

9. Zur Überwachung der Planungs– und Steuerungsergebnisse, aber auch zur Kontrolle der Zielerreichung dienen **Statistiken und Kennzahlen** (S. 224).

   (a) Im Grobplanungsbereich interessieren nur Statistiken über Engpaßressourcen. Die Verläufe der Kennzahlen *Kapazitätsauslastung der Engpäße, mittlere Auftragsdurchlaufzeit* und *Termintreue* sind wichtige Unterlagen für den Vertrieb.

   (b) Naturgemäß stehen in der Phase Materialwirtschaft Kennzahlen und Statistiken über den *Lagerbestand* und die *Termintreue/Lieferbereitschaft* im Vordergrund.

   (c) Kennzahlen über *Auftragsdurchlaufzeiten* und *Kapazitätsauslastung* liefert die Kapazitätswirtschaft in Form von Kapazitätsgebirgen und Durchlaufdiagrammen.

   (d) Die Fertigungslenkung steuert die Ist–Daten für alle vier PPS–Ziele bei: *Lagerbestandshöhe, Termintreue, echte Durchlaufzeiten* und die reale *Kapazitätsauslastung* werden im Durchsetzungssystem erfaßt, geprüft und ausgewertet.

10. Je knapper die terminliche und mengenmäßige Planung erfolgt, desto häufiger treten **Störungen und Abweichungen** auf.

   (a) Ändern die Kunden die Auftragsmengen und –termine oder verschätzt sich die Prognose, so wirken diese Änderungen als Störungen im langfristigen Primärbedarf. Die Grobplanung wird versuchen, solche Störungen durch terminliche/mengenmäßige Puffer abzufangen.

   (b) Lieferanten mit beklagenswerter Liefertermintreue, terminliche und mengenmäßige Unsicherheiten im Bedarf und vor allem Eilaufträge verursachen Störungen bei der mittelfristigen Planung.

(c) Die Wirklichkeit bringt stets eine Vielfalt von Störungen mit sich. Vor allem Kapazitätsausfälle und Qualitätsmängel führen zu Nacharbeit und Terminverzügen.

11. Im Kapitel 9 werden die **Koppelungen** zu angrenzenden Funktionen behandelt.

(a) Die Grobplanung muß eng mit den Auftragsverwaltungsfunktionen des Vertriebs zusammenhängen. Für die langfristige Personaleinsatzplanung ist die Grobplanung ein hervorragendes Hilfsmittel. Die Entwicklung kann mit Hilfe der Grobplanung zukünftige Absatzschätzungen auf ihre Machbarkeit prüfen.

(b) Die Stücklisten der Materialwirtschaft kommen aus den CAD–Systemen der Konstruktion. Die Koppelung zur Distribution erfolgt über den Versand, die zur Beschaffung über die Bestellverwaltung und den Wareneingang. Falls ein selbständiges Lagerverwaltungssystem existiert, muß dieses mit der Bestandsführung verbunden sein.

(c) Die Arbeitspläne für NC–Maschinen können aus CAP–Programmen halbautomatisch erzeugt werden. Die Kapazitätszuflüsse der Maschinen verwaltet die Anlagenwirtschaft, die des Personals die Personalplanung.

(d) Die Fertigungslenkung kann die NC–Programme der CAM–Systeme an die NC–Maschinen verteilen; sie muß wegen der Terminplanung und der Gutstückzahlen eng mit der Qualitätssicherung verbunden sein. Die aktuelle Rückmeldung der Betriebsdaten über BDE und MDE ist ein integrierter Bestandteil jeder Fertigungslenkung. Falls flexible Fertigungssysteme, Lagersteuerungen und andere autarke Inseln im Bereich der Produktion existieren, sollten diese im Datenaustausch mit der Fertigungslenkung stehen.

9.2 Schlanke Produktion – Schlanke PPS

Schlank, auf amerikanisch lean, bedeutet behende, wendig, drahtig, flexibel. Es steht keinesfalls für mager, ausgehungert oder dürr. Der Begriff **lean production** wurde von John Krafcik an dem berühmten Massachusetts Institute of Technology 1985 erfunden. Im Rahmen eines groß angelegten Projektes, das die Automobilproduktion unter die Lupe nahm, wurden die Produktionsbedingungen von allen bedeutenden Kfz–Herstellern in Japan, USA und Europa untersucht. Das Ergebnis dieser Studie ist in dem Buch „Die 2. Revolution in der Autoindustrie“ [1] veröffentlicht. Die Autoren teilen die Produktionsstrukturen der Kfz–Industrie in drei Generationen ein:

Bei der *handwerklichen Produktion* werden möglichst wenige, einfache Werkzeuge, Maschinen und Vorrichtungen eingesetzt. Jedes Teil wird individuell

[1] Womack, Jones, Roos: Die 2. Revolution in der Autoindustrie, Campus 1992.

hergestellt und angepaßt. Ein Kfz–Mechaniker bearbeitet möglichst viele Arbeitsgänge umfassend an einem Produkt. Die handwerkliche Kfz–Produktion ist heute fast ausgestorben — nur noch ein paar exklusive Modelle werden so hergestellt.

Die 2. Generation ist die *Massenfertigung*, die von Henry Ford eingeführt wurde. Bei der Massenfertigung werden die Arbeitsgänge so weit untergliedert, daß ein Hilfsarbeiter innerhalb weniger Minuten in die Arbeit eingewiesen werden kann. Jeder Werker bearbeitet nur einen atomar kleinen Teil an einem Auto nach Vorschrift. Teure Spezialmaschinen übernehmen die schwierigen und kraftaufwendigen Arbeitsanteile. Für Störfälle werden Puffer an Material, Zeit und Raum angelegt.

Lean production ist die 3. Generation. Sie wurde von Toyota entwickelt und hat sich mittlerweise über die gesamte Welt erfolgreich verbreitet. Massenfertigung setzt voraus, daß große Stückzahlen einer Serie gebaut werden. Da bei Toyota nur kleinere Stückzahlen gefragt wurden, mußten neue Wege beschritten werden. Lean production übernimmt aus der Massenfertigung die hochentwickelten Anlagen und Werkzeuge, aus der Handwerkerfertigung die Qualifikation der Mitarbeiter und deren Qualitätsarbeit sowie die Kundenorientierung der Produktion.

Die Erfolge von lean production sind laut MIT–Studie überwältigend:

Reduzierung des Flächenbedarfs in der Produktion auf die Hälfte,
Halbierung der Investitionen in Betriebseinrichtungen,
gleichbleibende Kosten bei höhrerer Variantenvielfalt,
Reduzierung der Lagerbestände,
Halbierung der Auftragsdurchlaufzeit,
Reduzierung des Personaleinsatzes auf der gesamten Prozeßkette,
Elimination der Qualitätsprobleme,
Elimination aller Produktionsfehler.

Die beiden Kerngedanken von lean production lauten

Vermeide alle Puffer!
Verrichte Deine Arbeit so gut, daß kein Nachfolger Probleme bekommt!

Folgende Voraussetzungen müssen für die schlanke Produktion geschaffen werden:

- Die Mitarbeiter sind so auszubilden, daß sie ihre Arbeit fehlerfrei erledigen können.
- Sie müssen den gesamten Herstellungsprozess bis zum Ende überblicken, damit sie die Auswirkungen ihrer Arbeit auf nachfolgende Stellen abschätzen können.
- Gegenseitige Information und Hilfe bei Problemen ist selbstverständlich.
- Gemeinsam wird so geplant, daß alle Termin– und Materialpuffer vermieden werden. Alle Mitarbeiter bemühen sich, den Güterflß reibungslos zu gestalten. Hier können die PPS–Systeme der 3. Generation eine besonders wirkungsvolle Unterstützung bieten.

Die Analogie zu PPS–Systemen liegt nahe. Auch bei der Planung des Güterflusses kann sicherlich die Durchlaufzeit mindestens halbiert werden. Wenn man alle Terminjäger und ein paar Gruppen– und Abteilungsleiter einspart sowie die wöchentlichen Sitzungen für Eilaufträge vermeidet, kann das PPS–Personal wesentlich reduziert werden. Die Qualitätsprobleme der Produktion entsprechen den Terminproblemen im PPS–System. Jeder Termin, der im schlanken PPS–System geplant wird, wird sofort mit allen anderen Abteilungen abgestimmt und ist dann richtig.
Fünf Forderungen sind an schlanke PPS–Systeme zu stellen:

1. Alle Ressourcen eines Auftrags müssen simultan geplant werden. Die separate Planung von Material, Personal, Maschinen, Werkzeugen und Transportmitteln erfordert gewaltige Puffer, da bei einer separaten Planung des Materials vorausgesetzt wird, daß Personal– und Maschinenkapazität im Überfluß vorhanden sei. Die Durchlaufzeit der Aufträge, die derzeit mit der 10–fachen Bearbeitungszeit geplant wird, kann leicht auf ein Drittel reduziert werden, wenn alle Ressourcen simultan geplant werden.

2. Alle Ressourcen müssen ehrlich und knapp geplant werden. Es geht nicht an, daß jeder Disponent Sicherheitspuffer einplant und bei Maschinen wertvolle Kapazität für eventuelle Störungen freigehalten wird. Eine knappe, ehrliche Planung halbiert die Bestände.

3. Alle Termine müssen knapp geplant werden. Terminpuffer verlängern die Durchlaufzeiten, erzeugen künstliche Eilaufträge, verleiten zu unnötiger Losbildung und zu hohen Werkstattbeständen. Jeder Auftrag muß wie ein Eilauftrag geplant werden. Damit aber jeder Disponent sehen kann, welchen Terminspielraum ein Bedarf hat, sollte mit Hilfe einer dynamischen Verfügbarkeitsrechnung auch der früheste Starttermin für jeden Bedarf errechnet werden. Die Methoden der Netzplantechnik mit ihren frühesten und spätesten Terminen, aus denen jeder den Puffer und den kritischen Weg ersehen kann, sind für schlanke PPS–Systeme eine gute Basis.

4. Die Aktualität der Datenbank ist wichtig. Alle Disponenten informieren sich gegenseitig, indem sie ihre geplanten Aktivitäten in die Datenbank schreiben. Echtzeitprogramme, wie z.B. Netchange, sorgen dafür, daß alle Daten in der Datenbank so schnell wie möglich aktualisiert werden. Ein zusätzlicher, eiliger Kundenauftrag kann die Termine aller später eingeplanten Kundenaufträge verändern, die dieselben Ressourcen verwenden. Hierfür wird die Leistungsfähigkeit heutiger EDV–Anlagen sinnvoll genutzt.

5. Im PPS–System darf jeder Disponent alle Daten sehen und verändern. Eine Veränderung wird er immer dann vornehmen, wenn dadurch ein Terminproblem in einer davor– oder dahinterliegenden Abteilung vermieden werden kann. Dies erfordert hochqualifizierte Disponenten, die ganze Prozessketten überschauen und auch die Situation im angrenzenden Bereich beurteilen können.

Mit diesen fünf Forderungen an schlanke PPS–Systeme schließt sich der Kreis zur Einführung auf Seite 13, wo genau diese Forderungen an PPS–Systeme der 3. Generation aufgestellt wurden. In Analogie zur schlanken Produktion der Kfz–Industrie (Seite 259) basieren schlanke PPS–Systeme auf folgenden organisatorischen Voraussetzungen:

- Die Disponenten sind so auszubilden, daß ihre PPS–Tätigkeit kein Terminproblem bei nachfolgenden Disponenten oder in der Produktion hervorrufen wird. Das bedeutet, daß die Auftragsannahme keine Aufträge akzeptiert, die zu gravierenden Engpäßen in der Produktion führen würden. Es bedeutet auch, daß der Materialdisponent die Beschaffungsprobleme und die Kapazitätsauslastungsprobleme bei seiner Losbildung berücksichtigt.

- Die Disponenten führen ihre eigene Arbeit so aus, daß Nachbesserungen möglichst unterbleiben. Die Mengen und vor allem die Termine sind stets so festzusetzen, daß sie zwar knapp, aber realistisch sind. Falsche Termine sind gemeinsam zu eliminieren.

- Alle seine geplanten Aktivitäten verbucht der Disponent in der Datenbank. Die PPS–Datenbank ist die Informationsbörse, die das Telefon ablöst. Listenausdrucke sind zu vermeiden.

- Falls irgendwo Termin– oder Materialpuffer entstehen, helfen alle anderen Disponenten mit, den Fehler zu lokalisieren und in Zukunft zu vermeiden.

- Das Management setzt die langfristig zu erreichenden PPS–Ziele bezüglich Termintreue, Durchlaufzeit, Lagerbestandshöhe und Kapazitätsauslastung fest. Die Erreichung der Ziele wird auf die Dispositionsgruppen und Disponenten deligiert. Hohe Prämien belohnen eine gute, gemeinsame Zielerreichung.

- Im PPS–System gibt es keine Geheimnisse und auch keine Passwörter. Jeder darf jede Arbeit ausführen, die Schaden von den anderen Abteilungen abzuwenden hilft. Die Aufbauorganisation kann um ein paar Stufen flacher gemacht werden.

PPS–Systeme der 3. Generation gibt es bereits seit 5 Jahren. In den Abschnitten **PPS–Realität** am Ende jedes Kapitels ist aufgezeigt, daß die wichtigsten Forderungen von modernen PPS–Systemen weitgehend erfüllt werden. Es ist jetzt an der Zeit, mit diesen modernen PPS–Systemen den Schritt zur schlanken Organisation zu wagen.

Literaturverzeichnis

Bösherz, Friedrich: *Die Arbeitsvorbereitung*, Stuttgart:Taylorix 1981.

Geitner, Uwe: *Betriebsinformatik für Produktionsbetriebe, REFA-Anwendungsmethodik der Betriebsinformatik*, 3 Bd. München:Hanser 1983.

Goldratt, Eliyahn: *Das Ziel – Höchstleistung in der Fertigung*, Hamburg/New York:McGraw-Hill 1987.

Grochla, E.: *Grundlagen der Materialwirtschaft*, Wiesbaden:Gabler 1978.

Grupp, Bruno: *Stücklisten- und Arbeitsplanorganisation mit Bildschirmeinsatz*, Wiesbaden:Forkel 1989.

Grupp, Bruno: *Fertigungssteuerung mit Bildschirmeinsatz*, Wiesbaden:Forkel 1989.

Grupp, Bruno: *Aufbau einer integrierten Materialwirtschaft*, Wiesbaden:Forkel 1991.

Heinen, Edmund: *Industriebetriebslehre*, 9.Aufl. Wiesbaden:Gabler 1991.

Mertens, Peter: *Integrierte Informationsverarbeitung 1*, 8.Aufl. Wiesbaden: Gabler 1991.

Mertens/Griese: *Integrierte Informationsverarbeitung 2*, 6.Aufl. Wiesbaden: Gabler 1991.

REFA: *Methodenlehre der Planung und Steuerung*, 3 Bd. München:Hanser 1985

RKW: *PPS-Fachmann:Grundlagen, Planung, Steuerung*, 6 Bd. Köln:TÜV Rheinland 1987.

Sauerbrey, Gerhard: *Betriebliche Organisation im Informationszeitalter*, Heidelberg:Hüthig 1989.

Scheer A.-W.: *EDV-orientierte Betriebswirtschaftslehre*, 4.Aufl. Berlin/Heidelberg:Springer 1990.

Scheer A.-W.: *Wirtschaftsinformatik*, 3.Aufl. Berlin/Heidelberg:Springer 1990.

Steinbuch/Olfert: *Fertigungswirtschaft*, Ludwigshafen:Kiehl 1978.

Tempelmeier, Horst: *Materiallogistik*, Heidelberg/New York:Springer 1988.

VDI: *Elektronische Datenverarbeitung bei der Produktionsplanung und -steuerung*, Düsseldorf:VDI (Bd. T23 1974, Bd. T28 1975, Bd. T61/62 1974).

Vollmann/Berry/Whybark: *Manufacturing Planning and Control Systems*, 2. Aufl. Homewood:R. D. Irwin 1988.

Wiendahl, H–P.: *Belastungsorientierte Fertigungssteuerung*, München/Wien: Hanser 1987.

Womack/Jones/Roos: *Die zweite Revolution in der Autoindustrie*, 6.Aufl. Frankfurt/New York:Campus 1992

Zimmermann, Gero: *Produktionsplanung variantenreicher Erzeugnisse mit EDV* Heidelberg/Berlin:Springer 1988.

Index